KURSBUCH UMWELT

ZIELE FÜR EIN ZUKUNFTSFÄHIGES HAMBURG

Ein Fachprogramm der Umweltbehörde Hamburg

Februar 2001

VORWORT

„Wenn ein Kapitän nicht weiß, welches Ufer
er ansteuern soll, dann ist kein Wind der richtige."
Lucius Annaeus Seneca

Wer nur mit dem Wind segelt, fährt das Risiko, niemals anzukommen. Damit die Fahrt nicht zur Irrfahrt wird, müssen Ziele und Etappenziele gesetzt werden. In der Seefahrt leuchtet dieses Prinzip unmittelbar ein. Aber wenn es um politische Aufgaben geht? Auch dann tut man gut daran, sich die Spruchweisheit des römischen Philosophen Seneca in Erinnerung zu rufen: Wenn ein Kapitän nicht weiß, welches Ufer er ansteuern soll, dann ist kein Wind der richtige.

Der Kapitän – das ist in diesem Fall die Hamburger Umweltbehörde. Wenn sie jetzt, am Beginn des 21. Jahrhunderts, zu neuen Ufern aufbrechen will, dann hat das im Wesentlichen zwei Gründe. Zum einen will Umweltschutz von heute nicht nur die Sünden der Vergangenheit beheben, sondern Vorsorge für die Zukunft treffen. Zum anderen sind heutige Umweltprobleme nicht lokal begrenzt, sondern globaler Natur: Der Schutz des Klimas, die Schonung der Ressourcen gehen unseren Globus insgesamt und damit auch Hamburg an.

Lokale Vorsorge und globale Verantwortung: Diese neuen Leitbilder sind Forderung im doppelten Sinn – Anforderung und Herausforderung für Hamburg. Mit ihrem „Kursbuch Umwelt – Ziele für ein zukunftsfähiges Hamburg" steuert die Umweltbehörde kleine und große Ziele an für eine nachhaltige und umweltverträgliche Entwicklung der Stadt. Kommen Sie an Bord und reisen Sie, lesen Sie mit!

Alexander Porschke

Alexander Porschke
Umweltsenator der Freien und Hansestadt Hamburg

Umweltgerechte, nachhaltig
–EIN NEUES LEITBILD

ntwicklung FORDERT HAMBURG

„Ja, ich sage es bestimmt, unsere Nachkommen werden schöner und glücklicher sein als wir. Denn ich glaube an den Fortschritt, ich glaube, die Menschheit ist zur Glückseligkeit bestimmt, und ich hege also eine größere Meinung von der Gottheit als jene frommen Leute, die da wähnen, er habe den Menschen nur zum Leiden erschaffen."

Heinrich Heine: Zur Geschichte der Religion und Philosophie in Deutschland. 1. Buch

Dass der Fortschritt des Menschen unaufhaltsam sei, daran hat man rund 200 Jahre geglaubt. Fortschritt, das bedeutete Wohlstand, Arbeit und ein hohes technologisches Niveau. Nur für die ökonomische und technische Entwicklung müsse man sorgen, so schien es, und alles andere würde sich dann wie von selbst ergeben: soziale Absicherung, gute Lebensbedingungen, eine intakte Natur. Der Glaubensfortschritt wurde zum Fortschrittsglauben.

Heute zeigt sich: Man hat die Rechnung ohne den Wirt gemacht. Denn der Wirt – unser Globus mit seinen natürlichen Lebensgrundlagen – wurde nicht nur genutzt und gebraucht, sondern nicht selten verbraucht, ja stellenweise unbrauchbar gemacht: Wirtschaft und Wohlstand haben auch vergiftete Böden, verschmutzte Luft und verunreinigtes Wasser hinterlassen. Deshalb stellt sich die Frage nach dem Fortschritt für die heutige Generation anders: Wie müssen wir leben, um auch unseren Kindern und deren Kindern die Lebenschancen zu erhalten?

Dieses andere Leitbild, das nicht den Fortschritt um jeden Preis kalkuliert, sondern den Preis des Fortschritts mit einrechnet, wird als nachhaltige Entwicklung bezeichnet. Das Bild von der Nachhaltigkeit stammt dabei aus der Waldwirtschaft und besagt, dass nur so viele Bäume gefällt werden dürfen, wie natürlicherweise nachwachsen können. Was aber bedeutet Nachhaltigkeit übertragen auf den Schutz unserer Umwelt? Und was bedeutet dieses Leitbild konkret für die Stadt Hamburg?

„Sustainable Development“

Was muss heute passieren, damit wir unseren Kindern und deren Nachkommen die Lebenschancen erhalten? Wie können wir unsere Ansprüche und Bedürfnisse befriedigen, ohne dabei auf Kosten nachfolgender Generationen zu leben? „Sustainable Development“ oder „Nachhaltige umweltgerechte Entwicklung“ soll Antwort auf diese Fragen geben. 1992 hat sich die Staatengemeinschaft auf der UN-Konferenz über Umwelt und Entwicklung in Rio de Janeiro auf dieses neue Leitbild verständigt.

Danach dürfen die natürlichen Ressourcen als die Basis allen Lebens und Wirtschaftens nicht in höherem Maße verbraucht werden, als sie sich regenerieren. Auch dürfen sie mit Schadstoffen nicht stärker belastet werden, als für den Naturhaushalt verträglich ist. Die Ressourcen sind endlich, das setzt ihrer ökonomischen Ausbeutung Grenzen. Andererseits muss innerhalb dieser Grenzen eine ökonomische Entwicklung zum Wohle der Menschen möglich bleiben.

Was aber nachhaltige Entwicklung konkret bedeutet und wie eine solche Entwicklung erreicht werden kann, muss jede Gesellschaft für sich beantworten. Hier geht die Arbeit erst richtig los. Ein Industrieland steht dabei vor anderen Herausforderungen als ein Entwicklungsland. Für die Entwicklungsländer geht es in erster Linie um eine wirtschaftliche Entwicklung, mit der die Armut überwunden und ein menschenwürdiges Leben für alle erreicht werden kann. Übertrüge man aber den Ressourcenverbrauch der reichen Länder auf die Entwicklungsländer, so würde dies zum Kollaps der Ökosysteme der Welt führen.

Die Industrieländer müssen vorrangig ihre ressourcenintensive und die Umwelt belastende Lebens- und Wirtschaftsweise von Grund auf erneuern. Das bedeutet, sie mit den natürlichen Lebensgrundlagen in Einklang zu bringen und dabei den wachsenden Ressourcenbedarf der Entwicklungsländer zu berücksichtigen.

Café an der Elbe (Nienstedten)

Die Elbe im Hamburger Hafen

Foto: Port of Hamburg

Ökologie, Ökonomie und Soziales

Das Leitbild einer umweltgerechten, nachhaltigen Entwicklung berücksichtigt, dass umweltpolitische Probleme nicht isoliert von der wirtschaftlichen und sozialen Entwicklung betrachtet werden können, sondern ein ganzheitlicher Ansatz erforderlich ist. Die bisherige Praxis der Industrieländer, zunächst ökonomischen Wohlstand zu erreichen und die sozialen und ökologischen Folgen später zu reparieren, hat sich als untauglich erwiesen. Das neue Denken erfordert eine Integration von ökologischen, ökonomischen und sozialen Belangen.

Nachhaltige Entwicklung bedeutet:

- effizientes Wirtschaften, das den Wohlstand sichert und die Beschäftigungslage verbessert
- soziale Gerechtigkeit, die den Menschen gleiche Chancen gibt, sie friedlich miteinander auskommen lässt und darauf setzt, ihre Schaffenskraft und Kreativität zu aktivieren
- ökologisch verantwortliches Handeln, das durch nachhaltiges Wirtschaften heutige Bedürfnisse deckt, ohne die Naturschätze zu zerstören und die Entfaltungsmöglichkeiten künftiger Generationen zu schmälern

Die ökologische, ökonomische und soziale Leistungsfähigkeit der Volkswirtschaften soll verbessert und sichergestellt werden. Dieses globale Ziel muss jeweils national, regional und lokal entsprechend konkretisiert werden.

Auch in Hamburg muss es in den kommenden Jahren darum gehen, die zukünftige Entwicklung der Stadt am Leitbild der Nachhaltigkeit und Umweltverträglichkeit zu orientieren, wie es in der lokalen Agenda 21 niedergelegt ist. Diese Herausforderung richtet sich nicht nur an die Umweltpolitik. Vielmehr fordert die Agenda 21 alle Politikbereiche auf, Strategien für eine nachhaltige Entwicklung zu formulieren und darin ökologische, ökonomische und soziale Ziele zu berücksichtigen.

Foto: Tourismuszentrale

Foto: G. Helm

Naturnahes Fließgewässer im Naturschutzgebiet Heuckenlock

Unser Vorgehen

Bei der Umsetzung von Nachhaltigkeitsstrategien können drei Arten des methodischen Vorgehens unterschieden werden, die jede für sich ihren eigenen Stellenwert und ihre eigene Berechtigung haben und daher miteinander verzahnt werden sollten:

- projektorientiertes und exemplarisches Vorgehen mittels gezielter Einzelvorhaben. Hamburger Beispiele sind die Initiative „Arbeit und Klimaschutz" oder „100 Haushalte auf neuen Wegen"
- beteiligungsorientiertes, die Bürger einbeziehendes und prozesshaftes Vorgehen. Hamburger Beispiele sind die Unterstützung des Zukunftsrates oder Bürgerbeteiligungsverfahren wie in Niendorf
- systematisches und übergreifendes Vorgehen, wie zum Beispiel die Entwicklung konkreter Ziele und Indikatoren, mit deren Hilfe eine nachhaltige Entwicklung in den Bereichen Ökologie, Ökonomie und Soziales gesteuert werden kann

Mit dem „Kursbuch Umwelt – Ziele für ein zukunftsfähiges Hamburg" will die Umweltbehörde für den Bereich der Ökologie in dieser Stadt ein systematisches Nachhaltigkeitskonzept vorlegen. Es greift über die Umweltmedien Boden, Luft und Wasser hinaus, definiert im Sinne einer Vorsorge zukunftsfähige Umweltzustände und liefert damit Maßstäbe für eine umweltverträgliche, zukunftsfähige Entwicklung Hamburgs. Kurz und gut: Im Bereich des Umweltschutzes bekommt das Leitbild der Nachhaltigkeit seine Konturen in dem vor Ihnen liegenden Buch.

Foto: Alster-Touristik GmbH

Strategien Hamburger Umweltpolitik

In Hamburg ist – wie in der Bundesrepublik Deutschland insgesamt – ein hoher Standard des Umweltschutzes erreicht worden:

- Die Schadstoffkontrolle durch Filter, Katalysatoren und andere technische Entwicklungen in der Industrie, bei Kraftwerken, Verbrennungsanlagen und Klärwerken hat Luft und Wasser deutlich sauberer gemacht. Dieser Standard muss erhalten bleiben
- Hinterlassenschaften von mehr als hundert Jahren Industriegeschichte – gespeichert in Böden, Sedimenten, stellenweise auch im Grundwasser – werden systematisch erfasst und saniert oder sicher eingschlossen. Diese Arbeiten können in absehbarer Zeit abgeschlossen werden
- Nicht nur die Versorgung der Stadt mit Trinkwasser, sondern auch die Entsorgung von Abfällen und Abwässern ist auf hohem Umweltniveau gesichert. Alle genannten Bereiche bedürfen allerdings auch weiterhin erheblicher Investitionen, betrieblicher Aufwendungen und der Anpassung der Strukturen an veränderte Rahmenbedingungen bei Sicherung des hohen Umweltniveaus
- Hamburg hat einen hohen Anteil seiner Fläche als Natur-, Landschafts- und Wasserschutzgebiete unter besonderen rechtlichen Schutz gestellt. Diesen Schutzanspruch gilt es umzusetzen

Dies sind die Erfolge einer Politik der Abwehr von Gefahren für die menschliche Gesundheit, die noch Anfang der achtziger Jahre die umweltpolitische Debatte geprägt haben. Nun kommt es darauf an, den Blick auf die heute ungelösten Umweltprobleme zu richten. Unter globalen Gesichtspunkten ist die vorherrschende Lebens- und Wirtschaftsweise der Industrieländer nicht zukunftsfähig. Das liegt vor allem am hohen Ressourcenverbrauch und den Einträgen in die Umwelt, die das Klima und die Natur nicht verkraften können. Die Stadt Hamburg bildet hier keine Ausnahme. Das hiesige Modell der Produktion und des Konsums ist nicht weltweit übertragbar. Nicht minder schwer wiegende Probleme sind der hohe Verbrauch an Fläche und die gesundheitsgefährdende Lärmbelastung in Teilen der Stadt, auch wenn ihre Auswirkungen zunächst lokal begrenzt sind.

Das Umweltbewusstsein der Bevölkerung hat sich widersprüchlich entwickelt. Nach wie vor genießt der Umweltschutz eine hohe Wertschätzung, auch wenn das Thema in Meinungsumfragen nicht mehr auf den ersten Plätzen liegt. Die Bereitschaft der Menschen, sich für den Umweltschutz einzusetzen, ist unterschiedlich. So besteht zum Beispiel weiterhin eine hohe Bereitschaft, Abfälle und Wertstoffe zu trennen. Ein vernünftiges Verhältnis zur Nutzung des Autos ist aber deutlich weniger verbreitet. Die Lösung sozialer Probleme wie Arbeitslosigkeit oder soziale Sicherung hat insgesamt eindeutig Vorrang erhalten.

Eine wichtige Ursache für die Entwicklung des Umweltbewusstseins ist darin zu suchen, dass viele in den siebziger und achtziger Jahren dominierende Umweltprobleme sinnlich wahrnehmbar waren, wie etwa der Wintersmog oder die Gewässerverschmutzung. Gleichzeitig ging von ihnen direkt eine Gefahr für die menschliche Gesundheit aus. Viele heutige Umweltprobleme sind demgegenüber nicht greifbar und abstrakt, wie etwa der Artenschwund. Andere sind weit entfernt oder betreffen, wie der Treibhauseffekt, in vollem Umfang erst künftige Generationen. Die Gegenmaßnahmen erfordern dagegen einschneidende Veränderungen in der Gegenwart.

Hamburgs grüne City an der Außenalster

Zehn strategische Ansätze

Das Leitbild operationalisieren

Nachhaltigkeit bleibt als Leitbild abstrakt, solange es nicht gelingt, die Ziele der Umweltpolitik präzise herauszuarbeiten, klar zu begründen und gesellschaftlich möglichst tief zu verankern. Sie müssen deshalb als konkrete, möglichst messbare und nachvollziehbare Umweltqualitäts- und Umwelthandlungsziele benannt werden. Klar erkennbar muss dabei der Bezug zu den Schutzgütern bleiben. Denn nur wenn klar ist, was durch Umweltschutzmaßnahmen behütet werden soll oder was ohne sie verloren geht, kann Umweltschutz Legitimation und Akzeptanz in der Gesellschaft gewinnen.

Bei den fünf Schutzgütern, denen dieses Kursbuch jeweils ein eigenes Kapitel widmet, handelt es sich um:

- den Schutz der menschlichen Gesundheit als erste Voraussetzung menschenwürdiger Lebensbedingungen für jeden Einzelnen
- den Schutz des Naturhaushalts als Lebensgrundlage der Menschen, Tiere und Pflanzen
- den Erhalt und die Schonung natürlicher Ressourcen als Basis für die dauerhafte Sicherung menschlicher Grundbedürfnisse und für die Wirtschaftstätigkeit heutiger und künftiger Generationen
- den Klimaschutz als globale Voraussetzung für stabile, menschenwürdige und sozial verträgliche Lebensbedingungen auf dem Planeten Erde
- die kommunale Lebensqualität als Maß für eine soziale und lebenswerte Umwelt in der Stadt

An diesen Schutzgütern muss sich der Umweltschutz grundsätzlich orientieren und ebenso an den Qualitäts- und Handlungszielen, die sich daraus ergeben. Handlungsstrategien, Instrumente und einzelne Schritte müssen dabei mit sozialen und ökonomischen Erfordernissen abgewogen werden.

Umweltschutz in andere Politikfelder einbeziehen

Vor allem Verkehr, Wirtschaft und Landwirtschaft, aber auch andere Bereiche der Gesellschaft haben erheblichen Einfluss auf die Umwelt. Damit der Umweltschutzgedanke in diesen Politikfeldern stärker als bisher wirksam werden kann, brauchen wir eine gesellschaftliche Einigung über konkrete Ziele der Umweltpolitik. Das gilt besonders für drängende Problemfelder wie zum Beispiel den Klimaschutz oder den Flächenverbrauch. In einem zweiten Schritt kann dann diskutiert und verabredet werden, mit welchen Instrumenten die Akteure veranlasst werden können, zur Erreichung des Ziels beizutragen.

Internationales Umweltrecht für die Globalisierung fit machen

Das Umweltrecht setzt gleiche und damit wettbewerbsneutrale Normen für die Wirtschaft wie auch für die einzelnen Bürgerinnen und Bürger. Es ist damit ein wesentliches Instrument für eine erfolgreiche Umweltpolitik. Denn die Erfolge der Umweltpolitik in der Bundesrepublik Deutschland und gerade auch in Hamburg basieren auf dem Vollzug eines entwickelten Ordnungsrechts. Kooperative oder vertragliche Lösungen von Umweltschutzfragen sind ohne ein Ordnungsrecht im Hintergrund in der Regel nicht zu erwarten. Nachhaltigkeitspolitik lässt sich zwar nicht allein durch rechtliche Regelungen realisieren, aber auch kaum ohne sie.

Die ökonomische und politische Globalisierung schreitet voran. Das Umweltrecht muss dementsprechend internationalisiert werden. Die Europäische Union kann hierbei zunehmend eine positive Vorreiterrolle übernehmen, indem sie für den Wettbewerb auf dem Binnenmarkt mit seinen 300 Millionen Bürgerinnen und Bürgern einen ökologischen Rahmen setzt. Über Europa hinaus ist eine weiter gehende Internationalisierung des Umweltrechts durch völkerrechtliche Verträge (wie etwa die Klimarahmenkonvention) und internationale Organisationen wie die Welthandelsorganisation notwendig. Das Ziel sind gleiche Umweltstandards zur Vermeidung von Öko-Dumping und der damit verbundenen Aushöhlung geltender Standards in umweltpolitisch fortgeschrittenen Ländern.

Bürgerbeteiligung, Bürgerengagement, Kooperation

Nachhaltige Entwicklung braucht Bürgerinnen und Bürger und gesellschaftliche Gruppen. Die Ursachen der heutigen Umweltbelastungen sind vielfältig und komplex und sie hängen eng mit der vorherrschenden Produktions- und Lebensweise zusammen. Das lässt eine alleinige Lösung über das Ordnungsrecht nicht zu. Nur wenn rechtliche Regelungen in der Gesellschaft akzeptiert werden, können sie auf hohem Niveau geschaffen und aufrechterhalten werden. Auch ihre Umsetzung können die staatlichen Institutionen nicht einfach ohne die Mitwirkung der Bürgerinnen und Bürger vollziehen. Ob in Unternehmensleitungen, im mittleren Management oder bei den Beschäftigten, die Menschen müssen ihre Handlungsmöglichkeiten kennen und nutzen. Das Gleiche gilt für die staatlichen Verwaltungen, anderen Dienstleistungseinrichtungen, Freizeitorganisationen wie Sportverbände und für jede Bürgerin und jeden Bürger zu Hause. Die Initiativen und Aktionen im Rahmen der kommunalen Agenda 21 dienen dazu, durch entsprechende Beteiligungs- und Kooperationskonzepte die Bereitschaft zum Handeln im Sinne der Zukunftsfähigkeit zu fördern und zu unterstützen.

Umweltbildung

Damit Hamburgs Bürger und Bürgerinnen nachhaltige Entwicklung als eigenverantwortliche Aufgabe verstehen, müssen sie zunächst von der Bedeutung der oben genannten Schutzgüter überzeugt werden. Hierfür ist die Umweltbildung ein wichtiges Instrument. Es sollen:

- Umweltschutz und Nachhaltigkeit in den allgemein bildenden Schulen umfassend berücksichtigt werden
- Kindern, Jugendlichen und Erwachsenen positive Naturerfahrungen vermittelt werden
- Beteiligungsprojekte für Kinder und Jugendliche die Bereitschaft zum Handeln im Alltag im Sinne der Zukunftsfähigkeit fördern
- Freizeitgestaltung und Berufsfindung von Kindern und Jugendlichen in eine die Umwelt schonende Richtung gelenkt werden, zum Beispiel durch Werbung für innovative und zukunftsfähige Berufsfelder

Moderierte Diskussionsveranstaltung zum Thema „Wie geht's weiter mit dem in Niendorf

Umweltbildung mit Kindern im „Hamburger Umweltzentrum Karlshöhe"

Foto: Umweltbehörde Hamburg

Effizienzrevolution und neue Technologien

Bei der Schadstoffkontrolle und der Ressourceneffizienz müssen alle technischen Möglichkeiten genutzt und weiterentwickelt werden. Das Ziel einer Energieversorgung, die auf regenerativen Energien basiert, erfordert eine revolutionäre technische Entwicklung in diesem Bereich. Gleiches gilt für das Ziel der ressourcensparenden Produktion.

Und doch ist die Steigerung der technischen Effizienz allein noch kein Allheilmittel für die Umwelt. Das belegt die Entwicklung der Kohlendioxidemissionen des Kraftfahrzeugverkehrs: Die Effizienzsteigerung in der Antriebstechnik wird durch Zunahme der Geschwindigkeit, des Fahrzeuggewichts und der gefahrenen Kilometer wieder aufgehoben. Es kommt daher auf die Richtung der Effizienzsteigerung und deren Einbettung in umweltverträgliche gesellschaftliche Verhaltensmuster an. Wir brauchen eine Art von Innovation, die uns in die Lage versetzt, einerseits neue Technologien zielstrebig zu entwickeln und einzusetzen, andererseits aber auch Wertvorstellungen und Verhaltensmuster, die unsere bisherigen Leitbilder prägen, auf ihre Zukunftsfähigkeit zu prüfen.

Umweltschutz und soziale Gerechtigkeit

Zukunftsfähiger Umweltschutz hat nur dann eine Chance, wenn er auf breite Unterstützung in der Gesellschaft trifft. Umweltschutz und die Lösung sozialer Probleme dürfen weder argumentativ noch konzeptionell und in der Durchsetzung in einen Gegensatz gebracht werden. Umweltschutz braucht auch die Unterstützung gesellschaftlich benachteiligter Gruppen und muss daher den Anspruch dieser Gruppen auf gesellschaftliche Teilhabe unterstützen. Gerade in einer Großstadt belasten die Umweltprobleme den sozial schwächeren Teil der Bevölkerung besonders stark. Insbesondere die Ziele im Bereich Lärmschutz oder Kommunale Lebensqualität sollen der Ungleichverteilung von Umweltlasten entgegenwirken.

Foto: M. Birzer

Foto: H. Struck

Leitbildkonferenz in Niendorf (Juli 1999)

Globale Verantwortung

Die Agenda 21 will die Aufgaben des Umweltschutzes und der wirtschaftlichen Entwicklung im Zeichen der globalen Gerechtigkeit miteinander verbinden. Den Menschen und Regierungen in den Ländern des Südens sind dabei ihre eigenen wirtschaftlichen Entwicklungschancen näher als Probleme in Deutschland und Hamburg. Das Verlangen nach einem gerechten Anteil an den Ressourcen und Umweltgütern der Erde steht dort im Vordergrund. Die Industriestaaten des Nordens haben erst nach mehr als 150 Jahren industrieller Entwicklung auf einem hohen Wohlstandsniveau damit begonnen, den Umweltschutz als eine wichtige und notwendige politische Aufgabe zu begreifen und die Umweltprobleme systematisch zu bekämpfen.

Die Industriestaaten müssen ihre Hausaufgaben machen. Sie müssen die von ihnen verursachten Umweltbelastungen reduzieren und einen eigenen Beitrag zur Schonung der globalen Umwelt und der Ressourcen leisten. Dazu gehört der Export von effizienten Umwelttechniken wie beispielsweise solchen zur Luftreinhaltung, Abwasserklärung und zur Nutzung regenerativer Energien. Der Norden muss aber auch das Recht der Länder des Südens anerkennen, an wirtschaftlicher Entwicklung und den Gütern und Ressourcen der Erde teilzuhaben, schon um auch im eigenen Interesse diesen Ländern die Lösung ihrer Umweltprobleme zu ermöglichen.

Transparente Ziele, nachprüfbare Erfolge

Steuern über Ziele – das erfordert Transparenz, wenn es um die Frage geht, welche Ziele wann in welchem Umfang erreicht worden sind. Die Quantifizierung der Ziele mit Hilfe von Soll-Indikatoren (Welcher Zustand soll erreicht werden?), ermöglicht es darzustellen, wie nah man dem Ziel in den einzelnen Handlungsfeldern bisher gekommen ist und welche Beiträge die jeweiligen Akteure erbracht oder auch nicht erbracht haben.

Das kann zu verstärkten Anstrengungen führen, liefert aber in jedem Fall den Maßstab für Erfolg und Misserfolg und unterstützt die Schwerpunktsetzung und die Verteilung der Ressourcen. Die Umweltberichterstattung liefert Basisdaten für eine rationale öffentliche Diskussion und politische Planung.

Moderne Umweltverwaltung

Die Umweltverwaltung kann die entwickelten Ziele nur koordiniert und erfolgreich ansteuern, wenn sie hoch qualifiziert, motiviert und selbstbewusst arbeitet, nach modernen Managementmethoden geführt wird und technisch hinreichend ausgestattet ist. Sie wird den Prozess jedoch nicht allein steuern können, sondern nur im Zusammenwirken mit Partnern in Politik und Wirtschaft, mit Verbänden, Bürgerinnen und Bürgern. Sie wird Instrumente der Kooperation, Mediation und Beteiligung einsetzen, ihren Zielen – wo notwendig – aber auch durch Einsatz der entsprechenden hoheitlichen Instrumente den nötigen Nachdruck verleihen.

Foto: Umweltbehörde Hamburg

Konzeption des Kursbuches Umwelt

Vom Leitbild zu konkreten Zielen

Mit dem vor Ihnen liegenden „Kursbuch Umwelt – Ziele für ein zukunftsfähiges Hamburg“ will die Umweltbehörde das Leitbild einer nachhaltigen und umweltverträglichen Entwicklung der Stadt operationalisieren. Das heißt: Sie will ihre Vorstellungen und Zukunftsvisionen in konkrete, überschaubare, überprüfbare Ziele und Etappenziele übersetzen, diese übersichtlich darstellen – und natürlich erreichen.

Beim Kursbuch handelt sich um ein Fachprogramm der Umweltbehörde. Im Zeichen der Vorsorge benennt es Umweltqualitäts- und Handlungsziele, indem es wünschenswerte Umweltverhältnisse definiert. Genauer: aus dem Stand der Naturwissenschaften abgeleitete und politisch erwünschte Zustände. Damit sind Maßstäbe und Wegweiser in eine zukunftsfähige Entwicklung Hamburgs aufgestellt.

Die Umweltbehörde Hamburg – ein Verwaltungsgebäude mit ökologischem Charakter

Mit diesem Konzept des Kursbuches knüpft Hamburg an internationale und auch nationale Nachhaltigkeitsstrategien an, namentlich an solche des Bundesministeriums für Umwelt (BMU), des Umweltbundesamtes (UBA) und der Enquete-Kommission „Schutz der menschlichen Gesundheit“. Das Kursbuch wird zu einem wichtigen Steuerungsinstrument der Umweltbehörde für eine nachhaltige Entwicklung in Hamburg werden und damit für den Agenda 21-Prozess in der Stadt.

Im Kursbuch werden Kriterien für eine zukunftsfähige Entwicklung in Form von Umweltqualitätszielen (UQZ) und Umwelthandlungszielen (UHZ) zusammengefasst. Die Begriffe werden weiter unten erläutert. Zunächst galt es, den Begriff „Umwelt“ in handhabbare Einheiten zu zerlegen. Eine pragmatische und übertragbare Gliederung dieses weiten Feldes, wie sie zur Entwicklung und Ableitung von Qualitätszielen erforderlich ist, muss sich von einer Sichtweise lösen, die nur an den so genannten Umweltmedien Boden, Wasser und Luft orientiert ist. Vielmehr fließen sowohl funktionale Umweltbereiche wie Naturhaushalt (Biotope) oder Ressourcenschonung in die Betrachtung ein als auch funktions- und medienübergreifende Bereiche wie Gesundheit oder Lärmschutz.

Das Vermeiden starrer Hierarchien erlaubt eine variable Zuordnung von Umweltqualitätszielen zu jeweils mehreren Umweltbereichen. Dementsprechend gehen Erfordernisse der Strukturvielfalt, Biotopvernetzung und des Artenerhalts ebenso in die Zielformulierung ein wie Aspekte der Gewässer- und Bodenqualität. Bodenqualitätsziele – nur ein Beispiel – berühren die Bereiche Siedlung, Landwirtschaft, Naturraum, Oberflächengewässer, Grundwasser und Abfallwirtschaft, ohne dass sie in einem dieser Bereiche hinreichend repräsentiert werden könnten.

Die Zielformulierungen des Kursbuches erstrecken sich auf alle umweltrelevanten Bereiche und orientieren sich an den weiter oben schon genannten übergeordneten Schutzgütern Naturhaushalt, Ressourcenschonung, Klima, Menschliche Gesundheit und Kommunale Lebensqualität im Lebensraum Stadt.

Operationalisierung durch Qualitäts- und Handlungsziele

So unterschiedlich der Mensch Natur und Umwelt erlebt, so sehr nehmen sie für den Menschen vielfältige Funktionen wahr. Scheinbar entwickeln sie sich in Kreisläufen. Diese sind jedoch nicht geschlossen. Sowohl die natürlichen Rahmenbedingungen als auch die Stoffströme selbst verändern sich. Wegen der laufenden Veränderungen durch die eigene Entwicklungsdynamik als auch durch menschliche Eingriffe gibt es keine eindeutigen Bezugspunkte, die es erlauben würden, wissenschaftlich zu entscheiden, was optimale Umweltzustände sind.

Die übergeordnete umweltpolitische Zielvorstellung ist die globale Erhaltung und Verbesserung der Umweltqualität. Grundsätzlich wäre es daher folgerichtig, für alle Umweltbereiche anzustrebende Umweltqualitätsziele zu formulieren. Ein solch vollständiges Konzept ist zu komplex, und der sich daraus ergebende enorme Informationsbedarf überfordert nach wie vor die wissenschaftliche Analyse.

Vor diesem Hintergrund haben die Enquete-Kommission „Schutz der menschlichen Gesundheit“ und der Sachverständigenrat für Umweltfragen fünf grundlegende Regeln zur Sicherung der Funktionsfähigkeit des Naturhaushalts, der Nutzung von Naturgütern sowie der Risikovorsorge aufgestellt:

- Erneuerbare Ressourcen sollen nur in dem Maß genutzt werden, in dem sie sich regenerieren. Dies entspricht der Forderung nach Aufrechterhaltung der ökologischen Leistungsfähigkeit
- Nicht erneuerbare Ressourcen sollen nur in dem Umfang genutzt werden, in dem ein physisch und funktionell gleichwertiger Ersatz geschaffen wird, sei es in Form erneuerbarer Ressourcen oder in Form höherer Produktivität
- Stoffeinträge in die Umwelt sollen sich an der Belastbarkeit der Umweltmedien orientieren, wobei alle Funktionen zu berücksichtigen sind
- Bei Eingriffen in die Umwelt muss die Zeit angemessen berücksichtigt werden, die für ihren Ausgleich notwendig ist
- Gefahren und unvertretbare Risiken für die menschliche Gesundheit durch anthropogene Einwirkungen sind zu vermeiden

Um dem gerecht zu werden, hat sich die Umweltbehörde darauf beschränkt, eine überschaubare Anzahl von Umweltqualitäts- und Umwelthandlungszielen für die wichtigsten Problemfelder zu erarbeiten. Trotzdem ist für jedes einzelne dieser Ziele schon eine Fülle von Angaben erforderlich, um es handhabbar und überprüfbar zu machen. Mit den ermittelten beziehungsweise abgeleiteten Qualitäts- und Handlungszielen sind erste Pflöcke eingeschlagen, die es nach und nach noch genauer zu positionieren und fester zu verankern gilt.

Wie man beim Lesen den Kurs hält

Am Ende der einzelnen Abschnitte des Kursbuches finden Sie die „Ziele für Hamburg" immer in Form einer tabellarischen Übersicht (Matrix) zusammengefasst. Vielfach sind ihr die „Überregionalen Ziele" in Form einer ähnlichen, jedoch vereinfachten Übersicht vorangestellt. Die folgende Erläuterung gilt für den stets gleichen Aufbau der Matrix „Ziele für Hamburg".

Zuerst sind dort die Umweltqualitätsziele genannt. Sie beschreiben den auf weite Sicht angestrebten zukunftsfähigen Zustand, zum Beispiel: „Die Qualität der Hamburgischen Badegewässer ist gesichert." Formuliert wurden diese Qualitätsziele mit Blick auf die konkreten Umweltprobleme; sie sollen sich nicht etwa nur an dem orientieren, was aus heutiger Sicht machbar erscheint, sondern zukunftsfähige Visionen formulieren. Die Ableitung von Umweltqualitätszielen ist damit nicht eine Modernisierung von Grenzwerten, sondern sie repräsentiert einen weiter gehenden Ansatz. Beim Qualitätsziel wird die Zielaussage in der Regel unterteilt in eine allgemeine Aussage („Welcher Zustand wird in der Zukunft angestrebt?") und ein operationalisiertes Qualitätsziel („Was bedeutet das konkret?"). Bei dem Beispiel der Badegewässer bedeutet das: Langfristig sollen nicht nur die Grenzwerte, sondern auch die strengeren Richtwerte der EG-Richtlinie in allen Badegewässern Hamburgs eingehalten werden.

Aus den Umweltqualitätszielen resultieren langfristige Umwelthandlungsziele, die im folgenden Teil der Matrix dargestellt sind. Beispiel: „Zur wirksamen Bekämpfung der Eutrophierung und Blaualgen-Massenentwicklung werden die Nährstoffgehalte in diesen Gewässern auf ein mesotrophes Niveau reduziert." Wohlgemerkt sind die Handlungsziele aus den Qualitätszielen abgeleitet und nicht bloß aus den ohnehin geplanten Maßnahmen hochgerechnet. Auch hier findet sich die Unterteilung in allgemeine („Wie soll das Qualitätsziel langfristig erreicht werden?") und operationalisierte Handlungsziele („Was bedeutet das konkret?"). Wenn möglich, enthält dieser Teil der Matrix bereits konkrete Zahlenvorgaben.

Durch den Vergleich der Handlungsziele mit der Hochrechnung der laufenden Handlungsprogramme lassen sich die Handlungslücken identifizieren und schließen.

Dadurch, dass die Umweltqualitätsziele an dieser Stelle sehr langfristig formuliert sind – die Zeitdimension ist ungefähr 2050 –, signalisieren sie Verlässlichkeit und schaffen Planungssicherheit sowohl für die Verwaltung als auch für die Wirtschaft. Das Kursbuch soll auf diese Weise sowohl den Handlungsrahmen für Aktions- und Fachprogramme der Umweltbehörde liefern als auch die Basis dafür schaffen, dass Verabredungen mit den gesellschaftlichen Akteuren über weitere konkrete Schritte getroffen werden können, die über den klassischen ordnungsrechtlichen Rahmen hinausgehen und die Stadt nachhaltig weiterentwickeln.

Es folgen aber in der Matrix auch noch mittelfristige Handlungsziele, das heißt solche, die bis 2010 erreicht sein sollen. Dort gibt es keine „allgemeinen" Handlungsziele, sondern ausschließlich die operationalisierte Ansage („Was soll konkret bis 2010 erreicht werden?").

Noch einmal: Die Ziele sind Vorgaben für die Umweltbehörde und damit Grundlage ihrer fachlichen Arbeit – beim Formulieren von Fachprogrammen, bei Vereinbarungen mit gesellschaftlichen Akteuren, Stellungnahmen zu den Vorhaben anderer Fachbehörden und anderer politischer Ebenen. Dass die Ziele verbindlich gültig sind, soll daher auch einerseits durch Vereinbarungen mit gesellschaftlichen Akteuren erreicht werden und andererseits mit Hilfe eigener Fachplanungen wie zum Beispiel zum Bereich Arbeit und Klimaschutz, zur Lärmminderung, zum Grundwasserschutz oder zur Abwasserbeseitigung. Solche Fachplanungen werden durch den Senat beschlossen und durch Einwirkung auf die Fachplanungen anderer Behörden bekräftigt.

Was die Umweltqualitätsziele angeht, ist der Stadtstaat Hamburg natürlich nicht immer genau identisch mit dem Gebiet, für das Qualitätsziele in sinnvoller Weise formuliert werden können. Weder die Treibhausgaskonzentration in der Atmosphäre noch etwa Grundwasserbildung und -fließrichtung sind von Landesgrenzen beeinflusst. Die Umwelthandlungsziele müssen dagegen für Hamburg definiert sein, bedürfen aber zum Teil auch der Abstimmung mit den Nachbarn (im Regionalen Entwicklungs-Konzept REK) oder der Ableitung von bundespolitischen Handlungszielen.

520 | Kommunale Lebensqualität

Überregionale Ziele

Zielebene	*Das Umweltqualitätsziel*	*Das Umwelthandlungsziel*
International	Zum Schutz der menschlichen Gesundheit sowie des Naturhaushaltes sind Grenz- und Richtwerte für ▪ mikrobiologische, ▪ physikalische und ▪ chemische Parameter in der EG-Richtlinie 76/160/EWG festgelegt. **Ausblick:** Mittelfristig ist eine Neufassung der Richtlinie geplant.	
National	Die EG-Richtlinie wurde am 15.05.1990 in eine „Hamburgische Verordnung über Badegewässer" mit den Grenzwerten der o. g. Richtlinie umgesetzt. **Ausblick:** Die hamburgische Verordnung soll an die geänderte Richtlinie angepasst werden.	

Worum es geht

Umweltmedium/Be

Schutzgüter

Qualitätsziel
- Welcher Zustand wir der Zukunft angestre
- Operationalisiert: Was bedeutet das ko

Handlungsziel lang
- Wie soll das Qualitä langfristig erreicht w

Handlungsziel mitt
- Was soll konkret bis erreicht werden?

Indikatoren zur Erf

Erfolgskontrolle mittels Indikatoren

Durch regelmäßige Berichterstattung, sei es zur Umweltsituation insgesamt (Umweltatlas Hamburg), zu Schwerpunktthemen (Luftreinhaltung 1982 bis 2000) oder Kampagnen („Hamburg setzt auf Sonnenwärme") und über aktuelle Messdaten im Internet wird die Öffentlichkeit bereits umfassend und detailliert über die hamburgische Umweltpolitik und den ökologischen Zustand der Stadt informiert. Noch aber hat Umweltpolitik im Gegensatz zu anderen Politikbereichen zu wenige allgemein anerkannte Maßstäbe für Erfolg und Misserfolg.

Es fehlt an repräsentativen aussagekräftigen Messgrößen (Indikatoren) analog zum Bruttosozialprodukt, zur Inflations- und Arbeitslosenrate oder zum Dow-Jones-Index, die eine Beurteilung der Umweltsituation ermöglichen und damit eine Leitfunktion für die umweltpolitische Diskussion übernehmen können.

Dem will die Umweltbehörde abhelfen und den Umweltschutz in der politischen Diskussion über nachhaltige Entwicklung an eine zentrale Position rücken und Entwicklungen transparenter machen. Deshalb soll auch die Umweltentwicklung mit Indikatoren zur Erfolgskontrolle beschrieben werden, die die Umweltberichterstattung überschaubarer und transparenter gestalten. Auf Basis der bestehenden Fachinformationssysteme entwickelt die Umweltbehörde zu diesem Zweck ein Set von Leitindikatoren. Diese Leitindikatoren sollen übersichtlich verdeutlichen, wie es um eine zukunftsfähige, umweltverträgliche Entwicklung in Hamburg bestellt ist. Sie zeigen an, wie weit das Ziel entfernt ist, und ermöglichen eine regelmäßige Überprüfung von Richtung und Tempo der Entwicklung sowie eine Diskussion und Nachsteuerung.

Kommunale Lebensqualität | 521

Ziele für Hamburg

mweltbehörde will

ewässer
er –

e Gesundheit
halt
e Lebensqualität

er hamburgischen Badegewässer ist gesichert.

erte der EG-Richtlinie sollen in allen Hamburger
sern eingehalten werden.

z der menschlichen Gesundheit und zum Gewässerschutz
ende Grenz- und Richtwerte (EG-Richtlinie 76/160/EWG):

	Richtwert	Grenzwert
forme Bakterien	500/100 ml	10.000/100 ml
rme Bakterien	100/100 ml	2.000/100 ml

ungstendenzen und Blaualgen-Massenentwicklungen
kämpft, indem der Nährstoffgehalt so reduziert wird, dass
ologische Zustand der Badegewässer auf einem
en Niveau (mittleren Nährstoffgehalt) stabilisiert.

und Freizeitnutzung einzelner Gewässer ist durch Sanierung
rierung gesichert; erste Priorität haben der Öjendorfer See,
umsee und der Hohendeicher See.

werte der EG-Richtlinie bzw. der hamburgischen
g sind in allen Badegewässern und die Richtwerte in der
r Badegewässer eingehalten.

wasserüberlaufe werden saniert, damit die Grenzwerte
htlinie auch in bisher kritischen Teilbereichen urbaner
ser eingehalten werden.

gleich mit den Daten aus der Badegewässerüberwachung
Gewässer, der die Richt- und Grenzwerte erfüllt

1 Schutz des NATURH

AUSHALTS

„Hochmütig begann der Mensch zu glauben, er als Höhepunkt und Herr der Schöpfung verstehe die Natur vollständig und könne mit ihr machen, was er wolle“

Václav Havel (1989)

Hochmut kommt bekanntlich vor dem Fall. Noch ist es unvorstellbar, dass wir etwa Stadtkindern erklären müssen, wie ein Spatz aussieht. Aber unsere Städte und ihre Umgebung werden für Tiere und Pflanzen zunehmend unwirtlicher. Immer mehr Arten aus Tierwelt und Vegetation sind bedroht. Sogar der Spatz fühlt sich nicht überall wohl.

Naturschutz bedeutet in Hamburg, einen Balanceakt zu bewerkstelligen zwischen den Interessen einer großen Wohnbevölkerung, den Anforderungen eines Wirtschaftsstandortes und den Voraussetzungen für einen intakten Naturhaushalt. Dabei sollte sich der „Herr der Schöpfung“ bewusst sein, dass die Natur den Menschen nicht zwingend braucht. Der Mensch aber braucht die Natur.

Hamburg betreibt seit mehr als zwei Jahrzehnten eine aktive Umweltschutzpolitik. Die Hansestadt ist sogar das Bundesland mit dem höchsten Anteil an Naturschutzgebieten.

Wer die Natur auch für die Zukunft schützen will, muss heute schonend, also nachhaltig mit ihr umgehen. Dafür haben wir langfristige Ziele formuliert, die in die nächsten Jahrzehnte hineinreichen und gleichzeitig Maßnahmenpakete entwickelt, die hier und heute die Lebensqualität sichern und verbessern. Schließlich wollen wir in Hamburg sowohl die Taube auf dem Dach als auch den Spatz in der Hand.

Ein intakter Naturhaushalt mit sauberem Wasser, unverschmutztem Boden, reiner Luft sowie einer vielfältigen Vegetation und artenreichen Tierwelt ist Ziel der Hamburger Umweltpolitik. Gerade in einem Stadtstaat wie Hamburg muss dem Schutz des Naturhaushalts ein besonderer Stellenwert zukommen. Die einzelnen Ressourcen sind hier zum Teil erheblich begrenzter als in einem Flächenland. Beim Schutz des Naturhaushalts geht es sowohl um den Schutz der Natur um ihrer selbst willen als auch um den Erhalt einer gesunden und lebenswerten Umwelt für den Menschen.

Im Mittelpunkt des Naturschutzes steht die Pflege der heimischen Tier- und Pflanzenarten, ihrer Lebensräume und Lebensbedingungen. Hamburgs Bilanz kann sich sehen lassen: Mit einem Anteil der Naturschutzgebiete von über 6 Prozent liegt die Stadt seit Jahren an der Spitze der Bundesländer. Auch aus internationaler Sicht leistet Hamburg viel. 4.800 Hektar EG-Vogelschutz- und FFH-Gebiete sind ein wichtiger Beitrag zum europaweiten Netz Natura 2000. Die Vielzahl der Arten wild wachsender Pflanzen und wild lebender Tiere sind ein für jedermann sichtbarer Ausdruck der biologischen Vielfalt in der Großstadt. Allerdings sind verschiedene Tier- und Pflanzenarten durch Veränderung ihrer Lebensräume im Bestand gefährdet. Hier liegen die Aufgaben der Zukunft.

Die Bedeutung des Bodens wurde lange Zeit unterschätzt. Über Jahrzehnte wurden Müllkippen angelegt und Gifte im Boden abgelagert, ohne dass die Verantwortlichen über die dabei auftretenden Schadstoffeinträge nachdachten oder Vorsorge trafen. Generell gilt, dass Schäden, die Böden zugefügt werden, meist nicht mehr rückgängig gemacht werden können. Selbst wenn Schadstoffe entzogen oder Flächen entsiegelt werden, bleiben in der Regel erhebliche Beeinträchtigungen des natürlich gewachsenen Bodens zurück. Der Boden als Schadstoffsenke, Standort verschiedener Nutzungen oder Behältnis von Hinterlassenschaften ist beredtes Zeugnis menschlichen Lebens, Wirkens und Versagens.

Landwirtschaftliche Betriebe mit ökologischer Bewirtschaftung sowie das Biotopschutz- und Extensivierungsprogramm sind wichtige Beiträge zum Schutz des Naturhaushalts in der Landschaft. So können große Flächen für den Umweltschutz gewonnen werden – ein Ansatz, den Hamburg intensivieren wird.

Der Hamburger Staatswald wird in schonender und nachhaltiger Weise bewirtschaftet. Er umfasst drei Viertel aller Waldflächen in Hamburg. Seit 1998 erhält der Staatswald das international maßgebliche Zertifikat des „Forest Stewardship Council“.

Wasser ist ein unverzichtbarer Teil aller Ökosysteme der Erde und wird darüber hinaus in allen Lebensbereichen des Menschen benötigt. Es ist Lebensraum für Pflanzen und Tiere und hat eine überragende Bedeutung als Trinkwasser. Als Brauchwasser wird es für die Versorgung von Industrie und Gewerbe benötigt. Die erneuerbare Ressource Wasser ist immer wieder Gefährdungen durch menschliches Einwirken ausgesetzt. Hierzu gehören etwa Verschmutzungen durch industrielle oder landwirtschaftliche Nutzung. Der Schutz und die nachhaltige Bewirtschaftung der Wasserressourcen hat deshalb entscheidende Bedeutung für einen intakten Naturhaushalt und die Daseinsvorsorge des Menschen.

Es liegen große Herausforderungen vor uns, um Hamburgs Natur für die Zukunft zu bewahren. Die Qualitäts- und Handlungsziele für den Schutz der Lebensräume von Pflanzen und Tieren sowie Boden und Wasser werden in den folgenden Abschnitten dargestellt. Die Themen Grundwasser, Luft und Klimaschutz werden in den Kapiteln 2, 3 und 4 behandelt.

1.1 LEBENSRÄUME FÜR PFLANZEN UND TIERE

Hamburg ist das Bundesland mit dem größten Flächenanteil an Naturschutzgebieten: 6,3 Prozent des Stadtgebietes sind derzeit unter besonderen Schutz gestellt. Das ist ein schöner Erfolg, aber kein Grund, sich zurückzulehnen. Auch in Hamburg bedrohen allgegenwärtige Trends wie der zunehmende Flächenverbrauch durch Wohnungsbau und Wirtschaft die Artenvielfalt von Pflanzen und Tieren.

In den nächsten Jahren soll deshalb der Anteil von Natur- und Landschaftsschutzgebieten an der Landesfläche ausgebaut werden. Der Naturschutz muss aber auch neue Wege gehen. Es müssen nicht nur bestehende Richtlinien und Verordnungen entsprechend überarbeitet werden, sondern auch gleichzeitig Naturschutz in europäischer Dimension betrieben werden. Hamburg unterstützt deshalb aktiv das europäische Programm Natura 2000.

Genauso wenig, wie sich Pflanzen und Tiere an Landesgrenzen halten, sollte auch Naturschutz nicht auf abgegrenzte Schutzgebiete beschränkt bleiben. Fledermäuse nisten auch auf den Dachböden der Innenstadt und heimisches Wild fühlt sich oft in den Gärten am Stadtrand wohl. Diese Nischen für die Pflanzen- und Tierwelt in unserer alltäglichen Umgebung will Hamburg erhalten. So füllt sich der Begriff der kommunalen Lebensqualität im wahrsten Sinne des Wortes mit Leben.

1.1.1 Schutz ohne Grenzen für Europas Natur

Watt, Heide, Hochmoor, Auwald und Orchideenrasen, Braunbär, Wachtelkönig, Stör und Schierlings-Wasserfenchel – all diesen Lebensräumen und Arten ist gemeinsam, dass sie in Europa selten und in ihrem Fortbestand bedroht sind. Dem Schutz dieser Lebensräume und Arten dienen zwei EU-Richtlinien, die Vogelschutzrichtlinie von 1979 und die Flora-Fauna-Habitat(FFH)-Richtlinie von 1992.

Mit der FFH-Richtlinie soll ein ökologisches Netz von Schutzgebieten über ganz Europa gespannt werden. Dieses umfassende Biotopnetz trägt den Namen Natura 2000 und schließt auch die Gebiete der EG-Vogelschutzrichtlinie mit ein. Den einzelnen Mitgliedsstaaten obliegt die Benennung und anschließende Ausweisung dieser Gebiete. In Deutschland sind die einzelnen Bundesländer für diese Verfahren zuständig.

Foto: Natura 2000

Die Löffelente – eine echte Europäerin

Wie notwendig in der heutigen Zeit solche staatenübergreifenden Netzwerke von Schutzgebieten sind, verdeutlichen insbesondere großräumig wandernde Tierarten. So ist ein lokaler Schutz von bestimmten Vogelarten, Fledermäusen, Meeressäugern, Fischen oder Schmetterlingen in ihren Fortpflanzungsbiotopen sinnlos, wenn gleichzeitig diese Arten in ihren Rast- und Überwinterungsgebieten keine Lebensgrundlage mehr finden. Die Löffelente als echte Europäerin wandert zum Beispiel im Spätsommer von ihren Brutgebieten in Finnland und Russland unter anderem zu den Wattflächen der Elbe in Hamburg. Hier findet sie die nötige Nahrung, um genügend Energie für den Weiterflug aufzutanken. Von dort aus zieht sie dann in ihre Überwinterungsgebiete in der Camargue (Frankreich), Coto Donana (Spanien) oder weiter nach Nordafrika. Wird eines dieser Gebiete vernichtet, so kann dies bei fehlenden oder unzureichenden Ausweichmöglichkeiten zu gravierenden, möglicherweise existenzbedrohenden Verlusten in der Vogelpopulation führen. Nur ein europaweiter Schutz aller Lebensstätten im Sinne des Netzwerkes Natura 2000 sichert den Fortbestand dieser Art.

Schließlich ist der Hamburger Beitrag für das Netzwerk Natura 2000 auch ein Beitrag für die kommunale Lebensqualität. Die Schutzgebiete dienen den Städtern als grüne Oasen zur Erholung. Sie sichern gleichzeitig wichtige natürliche Ressourcen für kommende Generationen.

Hamburg – Metropole europäischer Naturschätze

Hamburg hat zusammen mit seinem in der Elbmündung vorgelagerten Nationalpark Wattenmeer immerhin 33 Lebensräume und 20 Arten der FFH-Richtlinie vorzuweisen. Daneben brüten hier 26 Arten der EG-Vogelschutzrichtlinie, wobei für eine Vielzahl von hier rastenden Zugvogelarten bestimmte Gebiete einen national oder sogar international bedeutsamen Status besitzen.

Zu diesen Lebensräumen zählen beispielsweise Auwälder, Buchenwälder, trockene Heiden, Bracks, Hochmoore und Tidelebensräume. Zu den geschützten Tierarten gehören zum Beispiel Seehund, Kamm-Molch, Bitterling, Wachtelkönig, Löffelente, Seeadler und Schierlings-Wasserfenchel.

Dieser Reichtum an europäischen Schutzgütern in einer Metropolregion ist herausragend. Hamburg verdankt diese Naturschätze der an vielen Stellen erhalten gebliebenen landschaftlichen Vielfalt im Urstromtal der Elbe.

Alte Süderelbe

Hamburger Naturschätze: Schachbrettblume

Foto: Natura 2000

Nicht nur Geest und Marsch treffen hier aufeinander, auch der Übergang von atlantischem zu kontinentalem Klimaeinfluss schafft Lebensbedingungen für eine Vielzahl unterschiedlicher Tier- und Pflanzenarten. Vor allem aber die Elbe als Lebensader selbst bewirkt, dass Hamburg über solch vielfältige Lebensräume verfügt und so einen wichtigen Beitrag zum Aufbau des europäischen ökologischen Netzwerks Natura 2000 leisten kann.

In Hamburg sind 6,3 Prozent der Landesfläche als Gebiete nach der EG-Vogelschutz- und/oder FFH-Richtlinie benannt. Dazu gehören folgende Naturschutzgebiete (NSG): NSG Hainesch-Iland, NSG Duvenstedter Brook, NSG Wohldorfer Wald, NSG Neßsand, NSG Fischbeker Heide, NSG Heuckenlock, NSG Schweenssand, NSG Zollenspieker, NSG Kiebitzbrack, LSG Mühlenberger Loch und der Moorgürtel in den Süderelbmarschen, NSG Schnaakenmoor, NSG Kirchwerder Wiesen (inklusive eines Teils des Neuengammer Durchstichs und der Gose-Elbe), NSG Die Reit (inkl. der angrenzenden Fläche Die Hohe), NSG Boberger Niederung (zentraler Bereich mit Düne und Hangterrassen) sowie die Borghorster Elblandschaft. Zu diesen Flächen im Stadtgebiet kommt noch der Hamburger Anteil am Nationalpark Wattenmeer hinzu.

Konsequenter Schutz – die Aufgaben der Zukunft

Hamburg ist bei der Ausweisung von Schutzgebieten weit vorangeschritten. Jetzt müssen die Hamburger Schutzgebietsverordnungen für diese Flächen um die Anforderungen aus den europäischen Richtlinien ergänzt werden. Dabei müssen vor allem Schutzzwecke sowie Ge- und Verbote in den jeweiligen Verordnungen angepasst und umgesetzt werden. Dies soll für alle 13 Schutzgebietsverordnungen in naher Zukunft geschehen. Der Nationalpark Hamburgisches Wattenmeer wurde 1993 von der UNESCO in das internationale Netz der Biosphärenreservate aufgenommen und besitzt daher einen Sonderstatus.

Darüber hinaus will die Umweltbehörde bestehende Schutzgebiete wie die „Kirchwerder Wiese“ und „Die Reit“ vergrößern. Mit dem Moorgürtel hat sie 740 Hektar Landesfläche benannt, die als EG-Vogelschutzgebiet neu ausgewiesen werden soll. Ein Ziel der Schutzgebietsausweisungen ist es, die gegenwärtige Form der Bewirtschaftung dieser Gebiete fortzuführen. Die verbleibenden Flächen des „Mühlenberger Loches“ sollen nach der vorgesehenen Erweiterung des Flugzeugwerks der Firma EADS als Naturschutzgebiet ausgewiesen werden, wenn sich dies als sinnvoll erweist.

Foto: Natura 2000

Foto: Umweltbehörde Hamburg

Neuntöter

Qualitätssicherung im Naturschutz

Die Umweltbehörde muss die Qualität der einzelnen Schutzgebiete im Sinne der EG-Vogelschutz- und FFH-Richtlinie kontinuierlich sichern und verbessern, um den Anforderungen des europäischen Naturschutzrechts nachzukommen. Dies geschieht durch Managementpläne, also Pläne für die Pflege und Entwicklung der geschützten Lebensräume und Arten. Sie sind das zentrale Instrument, mit dem die Ziele von Natura 2000 umgesetzt werden. In ihnen sind Pflege- und Entwicklungsmaßnahmen für bedrohte Lebensräume und seltene Tier- und Pflanzenarten festgeschrieben.

In einem Zeitabstand von 6 Jahren verlangt die EU-Kommission von allen Mitgliedsländern einen Bericht über die in diesen Gebieten durchgeführten Maßnahmen. Ein solcher Bericht soll auch Angaben über den Zustand der einzelnen Lebensräume und Arten von europäischer Bedeutung enthalten. Aus diesem Grund etabliert Hamburg ein Monitoringprogramm. Mit dessen Hilfe soll eine verlässliche Datenbasis für die gewünschten Angaben erstellt und die Maßnahmen der Managementpläne auf ihre Effektivität überprüft werden.

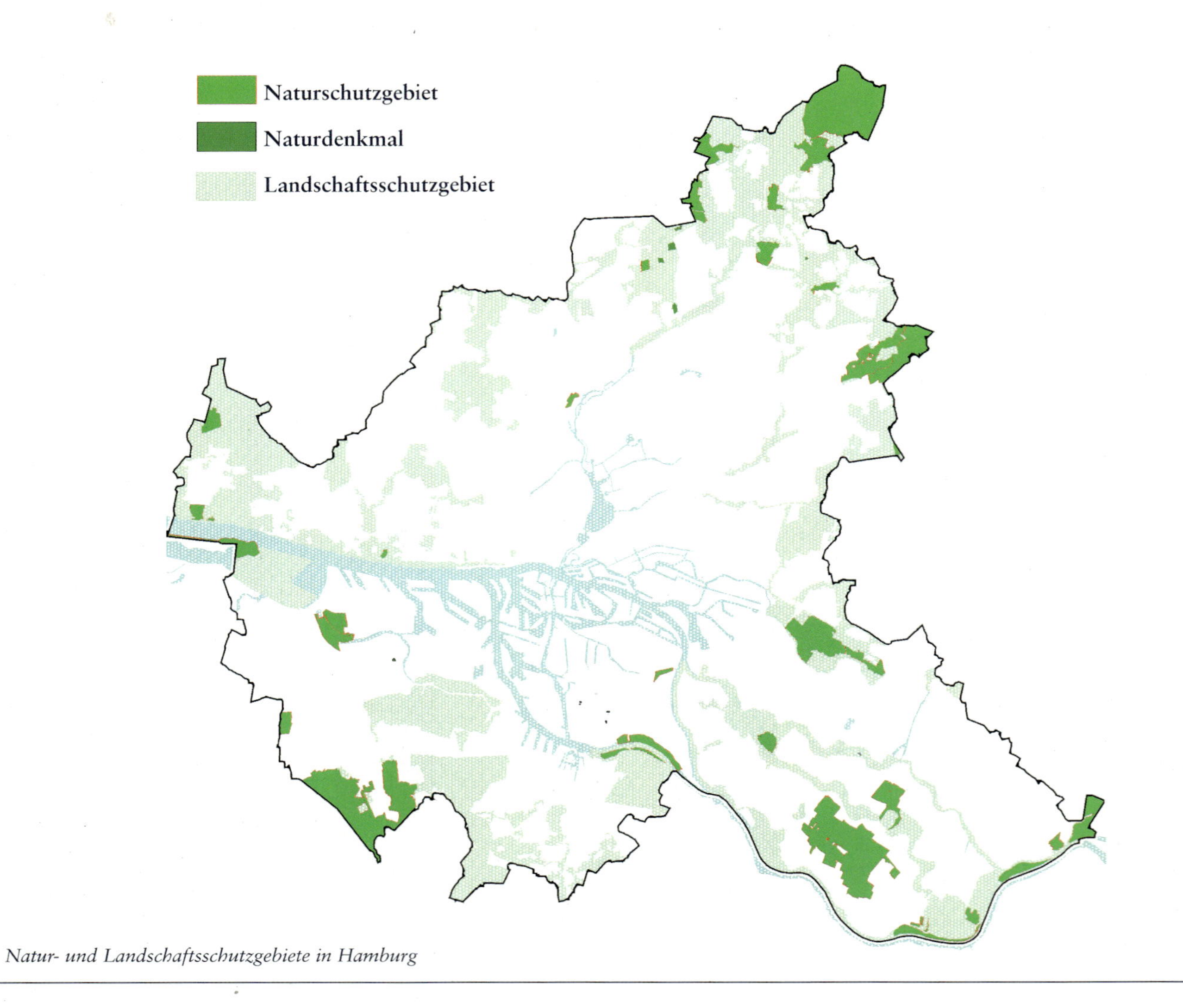

Natur- und Landschaftsschutzgebiete in Hamburg

Überregionale Ziele

Zielebene	*Das Umweltqualitätsziel*	*Das Umwelthandlungsziel*
International	Wild lebende Tiere, Pflanzen und ihre Lebensräume mit europaweiter Bedeutung sollen erhalten und gefördert werden. (Übereinkommen über die biologische Vielfalt (Konferenz von Rio de Janeiro 1992) sowie die EU-Richtlinien 79/409/EWG/VS-RL und 92/43/EWG/FFH-RL)	Es wird ein europaweites ökologisches Netzwerk (Natura 2000) aufgebaut. Entsprechend der FFH- und EG-Vogelschutzrichtlinie werden Schutzgebiete für europaweit seltene und gefährdete Lebensräume sowie Tier- und Pflanzenarten eingerichtet.
National	Die Richtlinien sind durch Änderung des BNatSchG vom 26.03.1998 umgesetzt worden.	▪ Gebiete, die die Auswahlkriterien der EU-Richtlinien erfüllen, werden gemeldet. ▪ Es werden Schutzgebiete als nationaler Beitrag für das Programm Natura 2000 eingerichtet.

Ziele für Hamburg

Worum es geht	*Was die Umweltbehörde will*
Umweltmedium/Bereich	Naturschutz/Flächenschutz – Europaweites ökologisches Netzwerk –
Schutzgüter	▪ Naturhaushalt ▪ Kommunale Lebensqualität
Qualitätsziel ▪ Welcher Zustand wird in der Zukunft angestrebt?	Wild lebende Tiere und Pflanzen sowie ihre Lebensräume mit europaweiter Bedeutung werden erhalten und gefördert. Hamburg leistet so seinen Beitrag zum Aufbau des europaweiten ökologischen Netzwerkes Natura 2000.
▪ Operationalisiert: Was bedeutet das konkret?	In Hamburg sind das 32 Lebensräume und 17 Arten nach der FFH-Richtlinie sowie eine bedeutende Zahl von Arten nach der EG-Vogelschutzrichtlinie. Diese sollen auf 6,3 % der Landesfläche (ohne Nationalpark) mit einem hohen Schutzstandard geschützt werden.
Handlungsziel langfristig ▪ Wie soll das Qualitätsziel langfristig erreicht werden?	Die Schutzgebiete sollen in der ausgewiesenen Form erhalten bleiben. Die Schutzgebietsausweisung selbst kann bereits mittelfristig realisiert werden.
▪ Operationalisiert: Was bedeutet das konkret?	Die Schutzgebietsvorschriften sollen an die Anforderungen der FFH- und EG-Vogelschutzrichtlinie angepasst und streng eingehalten werden.

Worum es geht	*Was die Umweltbehörde will*
Handlungsziel mittelfristig ▪ Was soll konkret bis 2010 erreicht werden?	Es werden auf Grundlage der beiden EU-Richtlinien Schutzgebiete ausgewiesen, für die dort aufgelisteten seltenen und gefährdeten Lebensräume sowie Tier- und Pflanzenarten. Die europaweit festgelegten Schutz-, Pflege- und Entwicklungsbestimmungen werden umgesetzt durch: ▪ Anpassung von 13 bestehenden Schutzgebietsverordnungen an die Anforderungen der FFH- und EG-Vogelschutzrichtlinie. Dazu gehören die Gebiete Hainesch-Iland, Duvenstedter Brook, Wohldorfer Wald, Neßsand, Die Reit, Fischbeker Heide, Heuckenlock, Schweenssand, Zollenspieker, Kiebitzbrack, Schnaakenmoor, Kirchwerder Wiesen, Boberger Niederung ▪ Neuausweisung eines Naturschutzgebietes für das Vogelschutzgebiet Moorgürtel in einer Größe von ca. 740 ha ▪ Aufstellung von Managementplänen für diese Gebiete und Umsetzung von gezielten Pflege- und Entwicklungsmaßnahmen zum Schutz der Arten und Lebensräume ▪ Aufbau eines Monitorings ausgewählter Zielarten und Lebensräume in den Vogelschutz- und FFH-Gebieten (z. B. Wachtelkönig im Moorgürtel, Heideflächen in der Fischbeker Heide, Schierlings-Wasserfenchel im Heuckenlock, Totholzentwicklung im Wohldorfer Wald, Löffelente im Mühlenberger Loch, Seeschwalben und Seehunde im Hamburger Wattenmeer)
Indikatoren zur Erfolgskontrolle	▪ Ist-Soll-Vergleich der ausgewiesenen Schutzgebietsflächen von Vogelschutz-/FFH-Gebieten ▪ Ist-Soll-Vergleich hinsichtlich der Anzahl novellierter Naturschutzgebietsverordnungen und -neuausweisungen ▪ Ist-Soll-Vergleich der eingeführten Managementpläne ▪ Ist-Soll-Vergleich zu Bestand/Flächenausdehnung ausgewählter Zielarten/Lebensräume, z. B. in folgenden Gebieten: - Lebensraumtyp „Ästuarien“ im FFH-Gebiet Borghorster Elblandschaft - Lebensraumtyp „Trockene Heiden“ im FFH-Gebiet Fischbeker Heide - Lebensraumtyp „Weichholzauenwälder“ im FFH-Gebiet Neßsand - Entwicklung des Schierlings-Wasserfenchels im FFH-Gebiet Zollenspieker

1.1.2 Regional bedeutende Lebensräume

Ob durch den Bau von Wohnungen und Industrieanlagen, durch Straßenbau oder Flussbegradigungen, die Industriegesellschaft wirkt in vielfältiger Form auf die Landschaft ein. Vielerorts verschwinden gliedernde und belebende Landschaftselemente wie Hecken, Feldgehölze und Kleingewässer. Naturräume werden zerstört, Möglichkeiten zur Naherholung verschwinden.

Trotz der Bemühungen des Naturschutzes ist in den letzten Jahrzehnten der Arten- und Biotoprückgang schneller geworden. Schon einzelne Eingriffe in die Natur wie Entwässerung, Düngung oder Eintrag von Pestiziden können ausreichen, um das sensible Gleichgewicht ökologischer Systeme entscheidend aus dem Gleichgewicht zu bringen und wertvolle Lebensräume zu zerstören.

Diesem Trend versucht Hamburg entgegenzuwirken. Mittlerweile sind etwa 6,3 Prozent der hamburgischen Landesfläche als Naturschutzgebiete und weitere 22 Prozent als Landschaftsschutzgebiete ausgewiesen. Damit sollen die Funktionsfähigkeit des Naturhaushalts und die regionaltypischen Landschaftsbilder dieser Gebiete geschützt werden.

Im Bereich der als Landschaftsschutzgebiete ausgewiesenen Kulturlandschaften und Fließgewässersysteme bestehen jedoch auch Defizite. Zum einen unterliegen längst noch nicht alle bewahrenswerten Bereiche einem entsprechenden Schutz.

Das gilt zum Beispiel für die Süderelbmarschen, die Wilhelmsburger Elbinsel oder die Vier- und Marschlande. Zum anderen sind viele bestehende Schutzgebietsflächen faktisch mit unverträglichen Nutzungen belegt oder bebaut und dadurch in ihrem ursprünglichen Charakter zerstört. Auch entsprechen die Schutzbestimmungen auf Grund veränderter Nutzungsansprüche oft nicht mehr den heutigen an Natur und Landschaft zu stellenden Schutzanforderungen. Die Vernetzung der Lebensräume untereinander über ein Biotopverbundsystem ist zurzeit ebenfalls noch lückenhaft. Sie ist für den Fortbestand der Tier- und Pflanzenarten jedoch von ungeheurer Bedeutung.

Der Flächenschutz erhält nicht nur Lebensräume sowie Pflanzen- und Tierarten. Er hat auch eine zunehmend wichtige Aufgabe bei der Sicherung der Bodenfunktionen, des Grund- und Oberflächenwassers und der Luft. Damit liefert der Flächenschutz einen wichtigen Beitrag zum Schutz der natürlichen Ressourcen.

Der Wachtelkönig ist in Hamburg zum Symbol für Naturschutz geworden

Foto: A. Limbrunner

Immer mehr Flächen werden versiegelt

Wohnungsbau, aber auch Industrie-, Gewerbe-, Hafen-, Verkehrsbauten verbrauchen immer mehr Flächen. Es werden Böden versiegelt, überbaut oder durch eine intensive Nutzung für Landwirtschaft und Freizeit in ihren Funktionen für den Naturhaushalt geschwächt. Hält dieser Trend an, wird auch die Artenvielfalt weiter schrumpfen.

Ein Problem für den Arten- und Biotopschutz ist auch die Aufgabe pflegerischer landwirtschaftlicher Nutzungen, wie die Grünlandmahd im Bereich des Marschrandmoores Süderelbe. Ohne entsprechende Pflege verbuschen Wiesen- und Weideflächen. Dies führt zu einem Rückgang von Arten, die an spezifische Lebensräume und Wirtschaftsweisen gebunden sind. Hierzu gehören etwa die Orchidee oder der Wiesenbrüter.

Damit der Artenrückgang nicht weiter voranschreitet, muss Hamburg weitere Flächen mit ihren Funktionen für den Naturhaushalt sichern. Naturschutz darf nicht auf Restflächen beschränkt bleiben, sondern muss großflächig und systematisch als Gebietsschutz verwirklicht werden.

Foto: Umweltbehörde Hamburg

Offene, weite Landschaft im NSG Boberger Niederung

Es ist notwendig, Nutzungen dabei ebenso gesamtplanerisch zu steuern, wie dies aus der Bauleitplanung oder anderen Rechtsgebieten bekannt ist. Das erfordert eine verbindliche, ökologisch ausgerichtete Planung, die Schutzflächensysteme und Flächennutzungen integriert betrachtet. Gebiete nach der EG-Vogelschutz- und FFH-Richtlinie müssen auf Landesebene durch entsprechende Rechtsverordnungen gesichert werden.

Lapro und Apro – zwei Programme sichern Lebensräume

Hamburg braucht Natur und Landschaft als Lebensraum für wild wachsende Pflanzen und wild lebende Tiere, aber auch als Erholungs- und Erlebnisraum für die Stadtbevölkerung. Mit Hilfe des Landschaftsprogramms (Lapro) und des Artenschutzprogramms (Apro) sollen entsprechende Flächen erhalten und entwickelt werden. Landschafts- und Artenschutzprogramm wurden im Jahr 1997 von der Bürgerschaft beschlossen und stellen die Ziele und Maßnahmen für Natur und Landschaft differenziert für das gesamte Stadtgebiet dar.

Die großräumigen Kulturlandschaften Hamburgs wie Marschen, Geesten und Gewässerläufe sollen nachhaltig bewirtschaftet und in ihrer Funktion zum Schutz von Boden, Wasser und Klima erhalten werden. Als besonders erhaltenswert gelten Biotopkomplexe und Einzelbiotope, Lebensräume wie Moore, Heiden, Dünen, Trockenrasen und wertvolle Grünlandflächen mit ihren selten gewordenen Tier- und Pflanzenartenbeständen. Solche „Trittsteinbiotope“ sollen als Teil eines Biotopverbundsystems geschützt werden, denn sie gewährleisten den Austausch und die Erhaltung der wild lebenden Tier- und Pflanzenpopulationen.

Mehr Fläche für Hamburgs Naturschutz

Grundvoraussetzung für den wirksamen Schutz wertvoller Landschafts- und Lebensräume sowie Tier- und Pflanzenarten ist deren systematische Erfassung. Um die im Lapro/Apro dargestellten flächendeckenden Schutzgebietssysteme zu vervollständigen, müssen die schutzwürdigen Gebiete der Vier- und Marschlanden, des Obstbaugürtels und der Wilhelmsburger Elbinsel als Landschaftsschutzgebiete ausgewiesen werden. Damit würde der Anteil der Landschaftsschutzgebiete an der Landesfläche von derzeit rund 16.000 Hektar auf etwa 25.300 Hektar ansteigen und 35 Prozent des Hamburger Stadtgebietes umfassen. Weitere Ausweisungen und Arrondierungen von Naturschutzgebieten (NSG) sind geplant. Hierfür kommen Flächen im Bereich des NSG Moorgürtel, des Mühlenberger Lochs, des NSG Schnaakenmoor und NSG Die Reit in Betracht. Hamburgs Naturschutzgebiete würden dann von derzeit rund 6,3 Prozent der Landesfläche auf etwa 8,2 Prozent anwachsen.

Ein weiterer Schwerpunkt liegt in einer gezielten Öffentlichkeitsarbeit, insbesondere zur Information und Akzeptanzbildung bei den Landnutzern. Durch Umstellung der liegenschaftlichen Pachtverträge soll besonders wertvolles Grünland als Nahrungs-, Rast- und Brutlebensraum für Vögel erhalten bleiben. Der Vertragsnaturschutz soll sich künftig in Bereichen naturnaher Lebensräume, insbesondere wertvoller Grünlandflächen, konzentrieren.

Qualität sichern

Hamburg will den Erholungswert seiner Landschaft steigern, indem Knicks und Feuchtwiesen erhalten bleiben, der Landbau zunehmend ökologisch betrieben wird und naturnahe Lebensräume im Rahmen des Biotopverbund- und Schutzgebietssystems vernetzt werden. Gezielte Pflege- und Entwicklungsmaßnahmen im Rahmen von Pflegeplänen stellen künftig die Qualität der bestehenden und geplanten Schutzgebiete sicher. Außerhalb von Schutzgebieten sollen Maßnahmen zur Knickpflege sowie Gewässerrenaturierung und -unterhaltung durchgeführt werden. Das Biotopverbundsystem soll über Fließgewässer, Knicks, Feuchtgrünland, Heiden, magere Böschungen und Säume entlang von Verkehrsstraßen hergestellt werden.

Auch der Schutz der Kulturlandschaft im Norden Hamburgs bedarf der Verbesserung. Dafür sollen die Landschaftsschutzgebietsverordnungen aktualisiert werden. Hierzu gehören insbesondere die Landschaftsschutzgebiete Sülldorfer und Osdorfer Feldmark, Eidelstedter Feldmark, Hummelsbütteler Feldmark, die Duvenstedter und Lemsahl-Mellingstedter Feldmark sowie Rahlstedter Feldmark. Besonders geschützte wertvolle Einzelbiotope nach Paragraph 20c Bundes-Naturschutzgesetz (BNatSchG) und den künftigen Regelungen im Hamburgischen Naturschutzgesetz sollen räumlich-inhaltlich festgelegt und im Rahmen der Biotopkartierung ständig aktualisiert werden. Pro Jahr sollen so rund 20 Prozent der Landesfläche kartiert werden.

Foto: Umweltbehörde Hamburg

Der Rotschenkel braucht Wiesen, die spät gemäht werden

Ziele für Hamburg

Worum es geht	*Was die Umweltbehörde will*
Umweltmedium/Bereich	Naturschutz – Flächenschutz –
Schutzgüter	▪ Naturhaushalt ▪ Kommunale Lebensqualität ▪ Ressourcenschonung
Qualitätsziel ▪ Welcher Zustand wird in der Zukunft angestrebt?	Natur und Landschaft sollen im besiedelten und unbesiedelten Bereich so geschützt, gepflegt und entwickelt sein, dass: ▪ der Naturhaushalt leistungsfähig bleibt ▪ die Naturgüter genutzt werden können ▪ die Pflanzen- und Tierwelt erhalten bleibt ▪ die Vielfalt, Eigenart und Schönheit von Natur und Landschaft erhalten bleiben
▪ Operationalisiert: Was bedeutet das konkret?	▪ Der Anteil von Naturschutzgebieten (NSG) soll ca. 8,2 % an der Landesfläche betragen (Zunahme der NSG-Fläche um ca. 1,9 %). ▪ Der Anteil von Landschaftsschutzgebieten (LSG) soll ca. 35 % an der Landesfläche betragen (Zunahme der LSG-Fläche um ca. 13 %). ▪ Alle wertvollen Biotopkomplexe und Einzelbiotope, selten gewordene Lebensräume wie Moore, Heiden, Dünen, Trockenrasen, wertvolles Grünland u. a. mit ihren selten gewordenen Tier- und Pflanzenarten-beständen unterstehen einem besonderen Schutz (§ 20c-Biotope). ▪ Die spezifischen Lebensräume wild lebender Tier- und Pflanzenarten (z. B. Knicks, Fließgewässer und ihre Auen) sind miteinander vernetzt und bilden damit die Voraussetzung für die Erhaltung der wild lebenden Tier- und Pflanzenpopulationen (Biotopverbundsystem).
Handlungsziel langfristig ▪ Wie soll das Qualitätsziel langfristig erreicht werden?	▪ Es sollen Arbeits- und Lebensbedingungen im landwirtschaftlichen Bereich geschaffen werden, die eine naturverträgliche Bewirtschaftung ermöglichen. ▪ Leitlinien, Ziele und Maßnahmen des Artenschutzprogramms (Apro) für die Entwicklung der Lebensräume werden weiter konkretisiert. ▪ Die Artenvielfalt in den geschützte Flächen soll durch lebensraum-spezifische Pflege- und Entwicklungsmaßnahmen erhalten und weiter entwickelt werden.
▪ Operationalisiert: Was bedeutet das konkret?	Der Anteil an geschützten Flächen in Hamburg wird erhöht.

Ziele für Hamburg

Worum es geht	*Was die Umweltbehörde will*
Handlungsziel mittelfristig ■ Was soll konkret bis 2010 erreicht werden?	Besonders wertvolle Lebensräume werden wirksam geschützt durch: ■ Erfassen der wertvollen Lebensräume und Arten ■ Ausweisen von Naturschutzgebieten, z. B. NSG Moorgürtel, ggf. zusätzlich auch NSG Mühlenberger Loch, Erweiterung NSG Schnaakenmoor und NSG Die Reit (Zunahme der NSG-Fläche von derzeit rund 6,3 % der Landesfläche auf 8,2 %) ■ räumlich-inhaltliche Festlegung und Ausweisung der nach § 20c BNatSchG besonders geschützten Einzelbiotope ■ Erstellen von Pflege- und Entwicklungsplänen ■ Ausweisen von Gebieten in den Vier- und Marschlanden, dem Obstbaugürtel und der Wilhelmsburger Elbinsel als Landschaftsschutzgebiete (Zunahme der LSG-Fläche von derzeit 22 % der Landesfläche (ca. 16.000 ha) auf ca. 35 % (ca. 25.300 ha) der Landesfläche) ■ Verbesserung des Schutzes der Kulturlandschaft im Norden Hamburgs: LSG-Verordnungen werden aktualisiert, insbesondere für die Gebiete Sülldorfer Feldmark, Eidelstedter Feldmark, Hummelsbütteler Feldmark, Duvenstedter und Lemsahl-Mellingstedter Feldmark, Rahlstedter Feldmark ■ Erhalten von Knicks und Feuchtwiesen, Verbreitung des ökologischen Landbaus und Förderung von Kleinstrukturen. Hierdurch soll der Erholungswert dieser Landschaften erhalten oder sogar verbessert werden

Worum es geht	*Was die Umweltbehörde will*
Handlungsziel mittelfristig ■ Was soll konkret bis 2010 erreicht werden?	■ Landwirte über Maßnahmen des Flächenschutzes beraten und aufklären ■ Erhalten von Grünland durch Umstellung der liegenschaftlichen Pachtverträge ■ Konzentration des Vertragsnaturschutzes in Bereichen naturnaher Lebensräume, insbesondere wertvoller Grünlandflächen ■ Entwicklung eines Handlungskonzeptes zur Vernetzung der naturnahen Lebensräume im Rahmen des Biotopverbund-/Schutzgebietsystems. Hierfür sollen Leitlinien, Ziele und Maßnahmen des Artenschutzprogramms konkretisiert werden. Lebensräume sollen über Fließgewässer, Knicks, Feuchtgrünland, Heiden, magere Böschungen und Säume entlang von Verkehrstraßen verbunden werden ■ Entwicklung von Maßnahmen zur Knickpflege, Gewässerrenaturierung und -unterhaltung ■ Überarbeitung und Ausbau des Gebietsmonitoring
Indikatoren zur Erfolgskontrolle	■ Ist-Soll-Vergleich bei der Ausweisung neuer Schutzgebiete und ihres Anteils an der Landesfläche ■ Ist-Soll-Vergleich bei Bestand und Flächenausdehnung ausgewählter Zielarten und Lebensräume in den geschützten Lebensräumen

1.1.3 Heimisches Wild

Heimisches Wild findet auch in Hamburg immer weniger Lebensräume. Gerade im großstädtischen Ballungsraum werden Freiflächen oft so intensiv genutzt oder bewirtschaftet, dass wild lebende Tiere vertrieben werden. Nachteilige Umwelteinflüsse schädigen diese Gebiete zusätzlich.

Noch finden wir in Hamburg mehr als die Hälfte der wild lebenden Tierarten, die bundesweit dem Jagdrecht unterliegen. Hierzu gehören unter anderem Rotwild, Damwild, Rehwild, Schwarzwild, Feldhasen, Steinmarder, Wildkaninchen, Iltis und Dachs wie auch Ringeltauben, Graugänse, Stockenten, Rebhühner und Waldschnepfen. Damit dies so bleibt, bedarf es einer Anstrengung aller beteiligten Institutionen und Verbände.

Wild kennt keine Reviergrenzen

Wild kommt in allen ihm zusagenden Lebensräumen vor, also in Feld und Flur, im Wald, in Grün- und Erholungsanlagen. Aber auch in besiedelten Gebieten lebt heimisches Wild wie Steinmarder und Wildkaninchen. Das Wild kennt keine Reviergrenzen.

Der Schutz des Wildes verlangt von allen Beteiligten und Betroffenen, in den Dimensionen eines oft gebietsübergreifenden Wildlebensraumes zu denken und zu handeln. Grundeigentümer, Jäger, Natur- und Tierschutzverbände, Landwirte und auch Erholungsuchende müssen hier an einem Strang ziehen.

Naturnahe Jagd braucht biologisches und ökologisches Wissen

Heute noch in Hamburg zu Hause – der Dachs ...

Foto: F. Hecker

Die Umweltbehörde möchte die Jagdbezirke mit Hilfe einer nachhaltigen Land- und Forstwirtschaft möglichst naturnah gestalten. In den Revieren sollen Deckungs- und Ruhezonen eingerichtet werden, die für den Fortbestand der Wildpopulation unverzichtbar sind. Ökologisch wertvolle landwirtschaftliche Flächen will die Umweltbehörde wo möglich zu einem Biotopverbundsystem ausbauen. Flächenanteile in ausgeräumten Landschaften sollen als Lebensraum zurückgewonnen werden.

Es ist gemeinsames Anliegen von Jagd, Natur- und Tierschutz, die Lebensräume des Wildes so zu beruhigen, dass die dort heimischen Tiere nicht die Flucht antreten müssen. Naherholung im großstädtischen Ballungsraum soll Rücksicht auf die Ansprüche des Wildes nehmen. Aufklärung, Beratung und Kooperation aller Beteiligten sind hierfür eine wichtige Voraussetzung.

Jagd ist eine alte, sich ständig weiterentwickelnde nachhaltige Nutzung biologischer Ressourcen. Sie hilft bei der Vorbeugung und Abwendung übermäßiger Schäden durch Wild an landwirtschaftlichen Kulturen und im Wald. Eine naturnahe, das heißt ökosystemgerechte Jagd tritt sowohl für die Natur selbst als auch für deren nachhaltige Nutzung ein. Sie geht aus von der Frage: Nutzt mein Tun der Natur? Voraussetzung hierfür sind wildbiologisches und ökologisches Wissen bei den Jägern genauso wie ihr vorbildhaftes Verhalten bei der Jagd.

Eine ökosystemgerechte Jagd unterstützt Hilfsprogramme für gefährdete Wildarten und deren Erfolgskontrolle. Naturnahe Jagd hilft, die Lebensgrundlagen des Wildes zu pflegen, zu sichern und zu verbessern. Sie trägt damit zur natürlichen Artenvielfalt bei.

Die Umweltbehörde möchte dieses Ziel einer naturnahen Jagd im Dialog und in Kooperation mit allen Beteiligten erreichen.

Foto: Comstock

Foto: Umweltbehörde Hamburg

... und der Feldhase

Überregionale Ziele

Zielebene	*Das Umweltqualitätsziel*	*Das Umwelthandlungsziel*
International	▪ Die biologische Vielfalt soll erhalten werden. ▪ Die biologischen Ressourcen sollen erhalten und nachhaltig genutzt werden. (Übereinkommen von Rio de Janeiro vom 5.06.1992 über die biologische Vielfalt; Richtlinie 92/43/EWG zur Erhaltung der natürlichen Lebensräume sowie der wild lebenden Tiere und Pflanzen (FFH-Richtlinie); Richtlinie 79/409/ EWG über die Erhaltung wild lebender Vogelarten (EG-Vogelschutzrichtlinie) sowie das Abkommen vom 16.06.1995 zur Erhaltung der afrikanisch-eurasischen wandernden Wasservögel u. a.)	▪ Ökosysteme und natürliche Lebensräume sollen geschützt, lebensfähige Populationen von Arten in ihrer natürlichen Umgebung bewahrt werden. ▪ Gegenwärtige Nutzungen der Waldflächen sollen in Einklang gebracht werden mit dem Erhalt der biologischen Vielfalt. Dabei soll eine nachhaltige Nutzung ihrer Bestandteile möglich bleiben. ▪ Dort wo Lücken im Schutz bestehen, werden entsprechende Rechtsvorschriften oder sonstige Regelungen zur Bewahrung bedrohter Arten ergänzt.
National	▪ Die biologische Vielfalt soll erhalten werden. ▪ Die biologischen Ressourcen sollen erhalten und nachhaltig genutzt werden. (Bundesjagdgesetz und Hamburgisches Jagdgesetz)	▪ Es soll der Artenreichtum des Wildbestandes erhalten bleiben und nachhaltig genutzt werden. ▪ Die Lebensgrundlagen des heimischen Wildes sollen gepflegt, gesichert und wo nötig wiederhergestellt werden.

Ziele für Hamburg

Worum es geht	*Was die Umweltbehörde will*
Umweltmedium/Bereich	Heimisches Wild und seine Lebensräume – Artenschutz –
Schutzgüter	■ Naturhaushalt ■ Kommunale Lebensqualität
Qualitätsziel ■ Welcher Zustand wird in der Zukunft angestrebt? ■ Operationalisiert: Was bedeutet das konkret?	Das heimische Wild und seine Lebensräume sind geschützt, eine nachhaltige Nutzung ist gesichert. ■ Es existiert ein artenreiches und gesundes Wildvorkommen. ■ Heimische Wildarten sind wieder angesiedelt.
Handlungsziel langfristig ■ Wie soll das Qualitätsziel langfristig erreicht werden?	■ Die Artenvielfalt bleibt erhalten. ■ Die Situation bestandsbedrohter Arten wird verbessert. ■ Lebensräume heimischer Wildarten werden in Planverfahren z. B. als Freiflächen gesichert. ■ Die Bestandssituation der Wildarten in den ihnen zusagenden Lebensräumen darf sich nicht verschlechtern. ■ Die Lebensgrundlagen und Lebensräume der Wildarten werden qualitativ verbessert und gegebenenfalls wiederhergestellt. ■ Die landschaftsökologisch angepassten Wildbestände werden gesichert und nachhaltig genutzt.

Ziele für Hamburg

Worum es geht	*Was die Umweltbehörde will*
Handlungsziel mittelfristig ▪ Was soll konkret bis 2010 erreicht werden?	▪ Alle derzeit vorhandenen geschützten und ungeschützten Lebensräume des Wildes sollen erhalten werden. ▪ Die Situation bestandsbedrohter Arten wird verbessert. ▪ Noch isolierte Teillebensräume werden vernetzt. ▪ Die Qualität von Freiflächen soll erhalten werden. Freiflächen werden mit Hilfe von Fördermaßnahmen so gepflegt und bewirtschaftet, dass die dortigen Wildbestände wirksam geschützt sind. ▪ Förderung einer an den Erfordernissen des Ökosystems orientierten Jagd.
Indikatoren zur Erfolgskontrolle	▪ Entwicklung der Freiflächen, differenziert nach Art und Bestand (in ha) ▪ Qualitative Veränderungen (Art der Bewirtschaftung, Umwelteinflüsse) ▪ Vorkommen und Verbreitung der Arten - Siedlungsdichte je 100 ha landwirtschaftlich genutzte Flächen, Waldflächen oder sonstige Freiflächen - Bestandsentwicklung in der Referenzperiode - Strecke je 100 ha landwirtschaftlich genutzte Flächen, Waldflächen oder sonstige Freiflächen

1.1.4 Wild lebende Pflanzen- und Tierarten in der Stadt

Nicht nur in Hamburgs Parks oder Naturschutzgebieten hat die heimische Tierwelt ein Zuhause. Auch die dicht bebauten Innenstadtbereiche sind Heimat für zahlreiche Tier- und Pflanzenarten. Spatzen und Mauersegler, Schwalben und Fledermäuse sowie viele ihrer Artgenossen beleben das Stadtbild. Mauer- und Schüttepflanzen, manchmal auch seltene Ackerunkräuter setzen willkommene grüne Tupfer zwischen Häuserfluchten. Oft macht uns erst ihr Fehlen deutlich, welche Ödnis in den Städten ohne sie herrscht.

An glatten Fassaden nistet kein Vogel

Der Bestand dieser Tier- und Pflanzenwelt wird derzeit durch mehrere Trends bedroht: Moderne Bautechnik und Architekur mit ihren glatten, geschlossenen Fassaden sowie eine verbesserte Wärmedämmung beim Abdichten von Ziegeldächern oder Fassaden nehmen den Vögeln Nist- und Ruheplätze. Gifte in Holzschutzmitteln für Dachbalken gefährden Fledermäuse. Viele Pflanzen verlieren ihren Lebensraum, weil immer mehr Flächen versiegelt und Gebüsche oder kleine Brachflächen entfernt werden.

Diese Entwicklungen stehen stellvertretend für zahlreiche Veränderungen der innerstädtischen Nutzungsformen und Bautechniken, die Tieren und Pflanzen ihre Lebensgrundlagen entziehen.

Ein zunehmendes Problem sind auch Umbau- oder Abrissarbeiten, die ohne Rücksicht auf die Brut- und Aufzuchtszeiten von Vögeln oder Fledermäusen vorgenommen werden. Sie vernichten fast immer die gesamte Nachkommenschaft. Andere Trends wie die kurzfristige Um- oder Zwischennutzung von Flächen auf Güterbahnhöfen oder Industrie- und Hafenanlagen bringen ein ganzes Mosaik städtischer Lebensräume aus dem Gleichgewicht. Vorkommen älterer und seltener Pflanzenarten, die bislang auf solchen Standorten überall in der Stadt Ersatzlebensräume finden konnten, verschwinden so zunehmend. Damit verlieren gleichzeitig auch Tierarten ihren Lebensraum, die an diese Pflanzen gebunden sind. Auch die oft uniforme Pflege des privaten und öffentlichen Grüns führt zu einer Verarmung der dort lebenden Tier- und Pflanzengesellschaften.

Beobachtungen aus den letzten Jahren dokumentieren erste Auswirkungen dieser Entwicklungen. Insbesondere die Population der Spatzen in der Stadt ist deutlich zurückgegangen. Bei Mauerseglern und Fledermäusen wurden ganze Kolonien vernichtet.

Foto: Umweltbehörde Hamburg

Der Spatz ist ein Stadtbewohner

Heimat schaffen für die urbane Natur

Recht begrenzt ist im innerstädtischen Raum derzeit die Zahl der bekannten und langjährig bestehenden Brutplätze für Vögel, der Sommer- und Winterquartiere für Fledermäuse oder der Flächen, auf denen sich für die Blütenbestäubung wichtige Insekten entwickeln können. Weitere Verluste durch die beschriebenen Entwicklungen gefährden den Fortbestand der Populationen.

Ziel ist es jedoch, die Bestände wild lebender Tierarten zumindest zu stabilisieren. Darum ist es wichtig, beim Errichten und bei der Pflege von Bauwerken und deren Umgebung darauf zu achten, dass Lebensmöglichkeiten für Wildtiere bewahrt oder auch neu geschaffen werden.

Einige Arten sind sogar darauf angewiesen, an und in Gebäuden als Mitbewohner geduldet zu werden, wie Mauersegler, Schwalben, Fledermäuse und auch Spatzen. Als ursprüngliche Felsen- oder Höhlenbewohner dienen ihnen Hauswände mit ihren Nischen und Simsen im flachen Land als einzig brauchbare Wohn- oder Nistplätze.

Auch für wild wachsende Pflanzenarten sollen in Hamburg weiterhin ausreichend Lebensräume zur Verfügung stehen. Diese dienen nicht nur dem Erhalt seltener Pflanzen, sondern bieten auch vielen Insekten, Vögeln und Kleinsäugern unentbehrliche Ersatzlebensräume, Nahrungsquellen und so genannte Trittsteinbiotope, also nur vorübergehend bewohnte Lebensräume.

Ein naturnaher Garten ist attraktiv …

… für viele Schmetterlingsarten

Foto: Umweltbehörde Hamburg

Gebäude, Garten, Grünanlagen, Bahn- und Straßendämme, Brachflächen und viele Stadtgewässer können einer großen Zahl von Tier- und Pflanzenarten gute Lebensmöglichkeiten bieten. Voraussetzungen dafür sind:

- Ruderal- und Brachflächen sowie Bahn- und Straßendämme bleiben störungsfrei, damit dort ausreichend viele, unterschiedlich geprägte Biotope entstehen und erhalten werden können
- Die Pflege und Unterhaltung von Garten- und Grünanlagen folgt zumindest in Teilbereichen ökologischen Kriterien. Gebüsche im Stadtzentrum sind unentbehrlich als Schlaf- und Zufluchtsort für Spatzen
- Die Gewässer werden schonend und ökologisch unterhalten
- Die Lebensräume sind vielfältig strukturiert (Altholz, Gebüsch, unterschiedliche Bodensubstrate)
- Heimischen Tieren wird ein gezieltes Angebot von Nist- und Wohnraum an Gebäuden und in Gärten sowie Grünanlagen gemacht. Fassaden werden nur außerhalb der Brut- und Aufzuchtszeit von Mauerseglern, Schwalben, Spatzen, Fledermäusen und anderen dort lebenden Populationen renoviert beziehungsweise erst nach vorheriger Inspektion. Das Gleiche gilt für den Abriss von Gebäuden
- Für Baumaßnahmen an und in Gebäuden werden umweltverträgliche Materialien verwandt

Fast alle Städter bejahen eine lebendige und grüne Umgebung. Vielen sind jedoch die beschriebenen Voraussetzungen nicht bekannt. Oftmals ist den Städtern nicht bewusst, wie sie durch eigenes Verhalten die Natur in der Stadt fördern können. Gute und regelmäßige Informationen über die hier auftretenden Arten, deren Lebensansprüche und ihre Funktion innerhalb der städtischen Lebensgemeinschaften tragen deshalb entscheidend dazu bei, die Menschen für den Erhalt von Natur in der Stadt zu gewinnen.

Foto: Städtler

... und für den Igel

Foto: Umweltbehörde Hamburg

Ziele für Hamburg

Worum es geht	*Was die Umweltbehörde will*
Umweltmedium/Bereich	Naturschutz – Artenschutz/Flächenschutz –
Schutzgüter	▪ Naturhaushalt ▪ Kommunale Lebensqualität
Qualitätsziel ▪ Welcher Zustand wird in der Zukunft angestrebt?	Städtisch geprägte Lebensräume für wild lebende Tier- und wild wachsende Pflanzenarten bleiben erhalten oder werden gefördert und neu entwickelt.
▪ Operationalisiert: Was bedeutet das konkret?	▪ Die städtisch angepassten Populationen wild lebender Tier- und wild wachsender Pflanzenarten (z. B. Spatzen, Fledermäuse, Mauersegler) sollen auf einem Populationsumfang stabilisiert werden, der zumindest arterhaltend ist. ▪ Artenschutzgesichtspunkte sollen fester Bestandteil der Pflege von Grünflächen und Kleingärten sein.
Handlungsziel langfristig ▪ Wie soll das Qualitätsziel langfristig erreicht werden?	▪ Die städtisch angepassten Populationen wild lebender Tierarten und wild wachsender Pflanzengesellschaften werden erhöht.
▪ Operationalisiert: Was bedeutet das konkret?	▪ In besiedelten Gebieten sollen Lebensräume für dort wild lebende Tier- und wild wachsende Pflanzenarten erhalten bzw. entwickelt und geschaffen werden. Dies gilt sowohl für die Gebäude und Bauwerke als auch auf Grün- und Freiflächen in diesen Bereichen.
Handlungsziel mittelfristig ▪ Was soll konkret bis 2010 erreicht werden?	▪ Es sollen Artenschutz-Förderprogramme für artgerechte Lebensräume im besiedelten Bereich entwickelt werden, z. B. für Fledermäuse, Spatzen und Mauersegler. ▪ Die Umweltbehörde erarbeitet „Pflege“-Konzepte zur Förderung der städtischen Spontanvegetation, um einer Uniformierung der Vegetationsbestände von öffentlichen Grünflächen, Kleingärten sowie Wohn- und Gewerbestandorten zu vermeiden. ▪ Im Rahmen der Biotopentwicklung sollen ausreichend Offenbodenbiotope und Ruderalflächen für eine spontane Besiedlung von Pflanzen und Tieren zur Verfügung stehen. ▪ Es soll ein Monitoring aufgebaut werden für Indikatorarten im besiedelten Bereich (z. B. für Fledermäuse und andere Kleinsäuger, Spatzen, Mauersegler, Hautflügler, Heuschrecken sowie spontan auftretende Pflanzenarten)
Indikatoren zur Erfolgskontrolle	▪ Bestandsentwicklung ausgewählter Zielarten (z. B. Fledermäuse, Spatzen, Mauersegler) ▪ Artenvielfalt im besiedelten Bereich

1.2 VORSORGENDER BODENSCHUTZ

Bodenschutz ist mit allen umweltpolitischen Schutzgütern verknüpft: Böden sind mit ihren Wasser- und Stoffkreisläufen Bestandteil des Naturhaushalts. Sie können als Rohstoff Ressourcen sein. Böden dienen der menschlichen Gesundheit. Sie tun dies mittelbar in ihrer Eigenschaft als Filter für die Trinkwasserressourcen und unmittelbar als Orte gesunden, das heißt schadstofffreien Wohnens. Sie leisten als Standort für Grün und Erholung einen wichtigen Beitrag zur kommunalen Lebensqualität.

1.2.1 Boden als Lebensraum

Der Boden wird im Gegensatz zu Wasser und Luft erst in jüngster Zeit als eigenständig schützenswertes Gut anerkannt. Dies mag damit zusammenhängen, dass Verschlechterungen der Bodenqualität sehr langsam vor sich gehen und häufig nicht unmittelbar zu erkennen sind. Zusammen mit Wasser und Luft bilden Böden jedoch die Grundlage allen Lebens in Landökosystemen und sind gleichzeitig Ausgangs- und Endpunkt der meisten wirtschaftlichen Aktivitäten der Menschen. Voraussetzung für einen wirksamen Umweltschutz ist ein Bewusstseinswandel in Bezug auf den Wert des Bodens. Das im Jahr 1999 verabschiedete Bundes-Bodenschutzgesetz ist Ausdruck dieses Umdenkens und gleichzeitig Motor für den weiteren Wandel.

Der Bodenbewohner Maulwurf ...

Foto: Dr. F. Sauer/F. Hecker

... und sein Zuhause

Foto: Dr. F. Sauer/F. Hecker

Der Boden als Multitalent

Böden haben für Mensch und Natur vielerlei Funktionen. Im Mittelpunkt stehen dabei drei Aufgabenbereiche. Der Boden hat erstens natürliche Funktionen. Hierzu gehört der Boden als Lebensgrundlage und Lebensraum für Menschen, Tiere, Pflanzen und Bodenorganismen. Die natürlichen Funktionen umfassen auch den Boden als Bestandteil des Naturhaushalts, vor allem mit seinen Wasser- und Nährstoffkreisläufen. Schließlich zählen zu diesem ersten Funktionsbereich auch die Aufgaben des Bodens als Abbau-, Ausgleichs- und Aufbaumedium für stoffliche Einwirkungen. Böden filtern einsickernde Stoffe, puffern diese ab und wandeln sie um – eine wichtige Eigenschaft für den Schutz des Grundwassers. Der zweite Bereich ist seine Funktion als Archiv der Natur- und Kulturgeschichte. Der dritte umfasst die Nutzungsfunktion des Bodens als Lagerstätte für Rohstoffe, als Fläche für Siedlung und Erholung sowie als Standort für land- und forstwirtschaftliche Nutzung. Eine wichtige Aufgabe kommt dem Boden auch im Bereich des Verkehrs und der Ver- und Entsorgung zu.

Böden haben ein langes Gedächtnis

Böden sind vielfältigen organischen und anorganischen stofflichen Einwirkungen ausgesetzt, die ihre Zusammensetzung und ihre Struktur dauerhaft verändern, ihre Funktionsfähigkeit beeinträchtigen und auch angrenzende Medien wie Grundwasser, Pflanzen und nicht zuletzt Menschen gefährden können.

Die natürlichen Funktionen der Böden sind durch dauerhafte und unumkehrbare Veränderungen (Degradation) der Böden besonders gefährdet. Dauerhaft sind Veränderungen, die durch bodeninterne natürliche Mechanismen in menschlichen Zeiträumen nicht ausgeglichen werden können. Hierzu gehören Verdichtung, Nährstoffentzug, Schadstoffbelastung und Versiegelung. Unumkehrbar sind Veränderungen, die weder bodenintern noch mit vertretbarem menschlichem Energieeinsatz oder überhaupt nicht ausgeglichen werden können, wie Erosion, großflächige Schadstoffkontaminationen sowie großflächige Versiegelung durch Straßenbau und Besiedlung.

Jeden Herbst wird das Laub „in Boden umgewandelt“

Foto: Umweltbehörde Hamburg

Stoffeinträge können auf dem Luftpfad über die Verbrennung primärer und sekundärer Rohstoffe erfolgen. Verursacher sind hier vor allem der Verkehr und die Energiegewinnung. Ebenso kann der Einbau von problematischen Materialien den Boden negativ verändern. Hinzu kommen Auswirkungen durch die landwirtschaftliche Nutzung, Schadensfälle und die Nutzung im Rahmen wirtschaftlicher Unternehmungen.

Je nach Struktur und Zusammensetzung reagieren die Böden unterschiedlich empfindlich auf Stoffeinträge und wechseln gerade in einem dicht besiedelten städtischen Raum wie Hamburg schnell in ihrer Zusammensetzung und Schadstoffvorbelastung.

Ein besonderes Problemfeld ist die Versiegelung von Flächen für Wohn- und Gewerbezwecke. Hier werden die natürlichen Bodenfunktionen dauerhaft oder sogar irreversibel zerstört. Hamburg gehört zu den bundesweit am dichtesten besiedelten Regionen und Großstädten, mit einer hohen Dichte an infrastrukturellen Einrichtungen für Siedlung und Verkehr. So betrug der Zuwachs an Siedlungsfläche seit dem Jahr 1990 etwa 140 Hektar pro Jahr. Dies entspricht etwa der Fläche des Hamburger Stadtparks. Damit stieg der Anteil der Siedlungsfläche an der Landfläche Hamburgs von 59,5 Prozent im Jahr 1985 auf 62,6 Prozent im Jahr 1999.

Foto: Hamburger Wasserwerke GmbH

Böden haben ein langes Gedächtnis

Den Boden für die Zukunft schützen

Boden ist nicht vermehrbar. Zerstörte oder beeinträchtigte Bodenfunktionen sind nicht oder nur sehr langfristig mit hohem Aufwand regenerierbar. Für einen nachhaltigen Bodenschutz muss die Inanspruchnahme von neuen Flächen reduziert werden. Insbesondere geht es darum, den Trend zur Bodenversiegelung zurückzudrängen.

Ein wichtige Aufgabe des vorsorgenden Bodenschutzes liegt darin, die Verschmutzungen des Bodens durch schädliche Stoffeinträge zu verhindern. Mittlerweile bestehen für zahlreiche Stoffe und Anwendungsgebiete Regelungen, die Anhaltspunkte für die Beurteilung der Stoffgehalte in Böden liefern. Das Bundes-Bodenschutzgesetz (BBodSchG) und die dazugehörige Verordnung, die Richtlinien der Länderarbeitsgruppe Abfall (LAGA) zur Verwertung von Stoffen, das Bundes-Immissionsschutzgesetz, das Kreislaufwirtschaftsgesetz, die Bioabfall- und die Klärschlammverordnung, das Düngemittelgesetz und die Düngeverordnung geben hier den Rahmen vor.

Handlungsbedarf besteht gegenwärtig für das Verhältnis von Abfall- und Bodenschutzrecht. Die standortspezifischen Voraussetzungen der Böden spielen bei der Bewertung und Steuerung der Stoffeinträge bisher eine viel zu untergeordnete Rolle. Dies liegt unter anderem daran, dass die Böden nicht genügend differenziert betrachtet werden. Zur standortgerechten und bodenschonenden Bodennutzung müssen deshalb Kriterien erarbeitet werden, die die Leistungsfähigkeit und Empfindlichkeit der Böden beschreiben.

Gravierende Eingriffe im Rahmen des Abfallrechts sind beispielsweise der Abtrag der kultivierbaren Oberbodenschicht und das Einbringen von mineralischen und organischen Materialien und Abfällen. Durch solche Eingriffe verlieren Böden langfristig ihre Funktion als Reaktor für bodenbildende Prozesse. Sie müssen deshalb künftig vor einer Überbelastung als Schadstoffsenke geschützt werden. Die Verwertung von mineralischen oder organischen Abfällen auf Böden sollte mindestens eine Bodenfunktion nachhaltig verbessern, sichern oder wiederherstellen. Ein wichtiger Schritt auf diesem Weg ist die exakte Beschreibung der Abfallzusammensetzung hinsichtlich Nähr- und Schadstoffgehalten sowie die Eignungsprüfung von Materialien.

Die traditionellen Schwerpunkte in der Beurteilung und Bewertung von Böden lagen bislang vornehmlich in der Schätzung der Bodenfruchtbarkeit, ihrer Eignung als Baugrund, ihres Gehalts an Brenntorfen oder der Abschätzung ihrer Grundwasserhöffigkeit. Künftig kommt es darauf an, auf der Basis des Bundes-Bodenschutzgesetzes (BBodSchG) die Ansätze zum vorsorgenden Bodenschutz systematischer fortzuführen und gezielter umzusetzen.

Neue Aufgaben im Bodenschutz

In Zukunft wird Hamburg im Bodenschutz deshalb vor allem zwei Schwerpunkte verfolgen: Zum einen sollen die natürlichen und naturnahen Böden in Bodenschutz-Vorranggebieten erfasst werden. Zum anderen will Hamburg für einen verstärkten Ausgleich von Neuversiegelung sorgen. Konkret heißt dies, dass etwa im Rahmen von naturschutzrechtlichen Eingriffsregelungen Böden an anderer Stelle entsiegelt und entwickelt werden.

Hierzu werden von der Umweltbehörde eine Reihe von Maßnahmen durchgeführt und geplant:

- Gegenwärtig wird eine neue Methode zur Bewertung der Bodenfunktion auf ihre Anwendbarkeit in der Praxis überprüft. Diese wurde von der Universität Hamburg im Auftrag der Umweltbehörde entwickelt und soll nach Möglichkeit in der naturschutzrechtlichen Eingriffsregelung oder der Bauleitplanung angewandt werden. Hieran arbeiten Fachleute des Bodenschutzes, der Landschaftsplanung und des Naturschutzes Hamburgs wie auch anderer Bundesländer gemeinsam
- Die Universität Hamburg hat den Auftrag erhalten, besonders schützenswerte Böden – so genannte Vorranggebiete – in Hamburg darzustellen
- Um die Datenlage zu verbessern, werden gegenwärtig die Bodendaten der Reichsbodenschätzung (Bodenschätzungsgesetz vom 16.10.1934) in die aktuelle standardisierte Nomenklatur überführt und digitalisiert. Sie sollen für alle bodenkundlichen Fragestellungen genutzt werden können
- Es sollen geeignete Flächen erfasst werden für bodenbezogene Ausgleichsmaßnahmen als Fachbeitrag zur Eingriffsregelung in der Bauleitplanung
- Die verschiedenen Nutzungsformen von Böden werden hinsichtlich ihrer Einflüsse auf deren Funktion qualitativ bewertet

So vielfältig wie Böden und die Einflüsse auf Böden sind, so vielfältig sind auch die Möglichkeiten, vorsorgenden Bodenschutz zu betreiben. Ein wirksamer Bodenschutz kann sich jedoch nicht auf den rein staatlichen Aufgabenbereich beschränken. Die Umweltbehörde will deshalb gezielt auch private Grundeigentümer in Konzepte zur schonenden Bodennutzung einbinden.

Überregionale Ziele

Zielebene	*Das Umweltqualitätsziel*	*Das Umwelthandlungsziel*
International	■ Die Bodendegradation wird auf ein Niveau reduziert, das eine gefährliche anthropogene Störung der Bodenfunktionen (Lebensraum-, Regelungs-, Nutzungs- und Kulturfunktion) verhindert wird. (Entwurf einer Zieldefinition für eine „Boden-Konvention der Vereinten Nationen“, WBGU (1994): Die Welt im Wandel)	■ Es wird ein Rahmenübereinkommen der Vereinten Nationen zu Bodennutzung und Bodenschutz („Boden-Konvention“) erarbeitet. Alternativ können diese Ziele auch in bereits bestehende Abkommen eingefügt werden.
	■ Das Umweltgut Boden wird weltweit geschützt und eine Verschlechterung seiner Qualität bekämpft. (Kommission für nachhaltige Entwicklung (CSD) der Vereinten Nationen)	■ Der Schutz von Boden- und Landressourcen sowie ein nachhaltiges Bodenmanagement sind Schwerpunkte im Arbeitsprogramm der Kommission für nachhaltige Entwicklung (CSD) der Vereinten Nationen
	■ Die ökologischen Funktionen der Böden werden erhalten und geschützt. Dies gilt insbesondere für ihre Funktionen in Verbindung mit den Bereichen menschliche Gesundheit, menschliche Aktivitäten, Grundwasserschutz und Nahrungsmittelproduktion. (Memorandum des Internationalen Workshops „Bodenschutzpolitiken in der EU“, Bonn, 09.-11-12-1998)	■ Es wird eine gemeinsame Grundlage für die Bodenschutzpolitik in Europa erarbeitet.
National	Böden dürfen nur so genutzt werden, dass sie in ihrer Leistungsfähigkeit nicht überfordert sind. (BBodSchG, BBodSchV)	

Ziele für Hamburg

Worum es geht	*Was die Umweltbehörde will*
Umweltmedium/Bereich	Boden – Bodenfunktionen –
Schutzgüter	▪ Naturhaushalt ▪ Ressourcenschonung ▪ Menschliche Gesundheit ▪ Kommunale Lebensqualität
Qualitätsziel ▪ Welcher Zustand wird in der Zukunft angestrebt?	▪ Die natürlichen Bodenfunktionen und die Archivfunktion der Böden sollen gesichert und – soweit möglich – wiederhergestellt sein. ▪ Der Boden wird vor anorganischen und organischen Stoffeinträgen (Nährstoffe und Schadstoffe) geschützt, um Funktionsverluste und -beeinträchtigungen zu vermeiden. ▪ Es werden Bodeneigenschaften wie die biologische Vielfalt und die Fruchtbarkeit erhalten.
▪ Operationalisiert: Was bedeutet das konkret?	▪ Ein Mindestanteil von naturnahen Böden wird gesichert (siehe Kapitel 2.3).
Handlungsziel langfristig ▪ Wie soll das Qualitätsziel langfristig erreicht werden?	▪ Die Böden sollen vor Funktionsverlusten geschützt sein. ▪ Ein Mindestanteil von naturnahen Böden wird gesichert. ▪ Die Flächenversiegelung wird reduziert. ▪ Es soll einen Ausgleich für Eingriffe in den Boden und für Bodenverluste geben. ▪ Die verschiedenen Nutzungsformen sollen auf die jeweiligen Bodeneigenschaften abgestimmt werden. Hierzu gehören Land- und Forstwirtschaft, Straßen- und Wegebau sowie sonstige Planungsvorhaben.
▪ Operationalisiert: Was bedeutet das konkret?	▪ Es werden die natürlichen Bodenfunktionen in Planungs- und Zulassungsverfahren berücksichtigt. ▪ Stark überprägte Böden, die nicht oder minder genutzt sind, werden in den Wirtschaftskreislauf zurückgeführt. Sie werden reaktiviert oder ihre Nutzung wird intensiviert. ▪ Beeinträchtigte Böden werden durch Ausgleichsmaßnahmen wie Entsiegelung entwickelt und gepflegt (siehe Kapitel 2.4.2). ▪ Die Land- und Forstwirtschaft soll umweltgerecht und bodenschonend betrieben werden (siehe Kapitel 1.3).

Worum es geht	*Was die Umweltbehörde will*
Handlungsziel langfristig ▪ Operationalisiert: Was bedeutet das konkret?	▪ Der Eintrag von Stoffen, die die Bodenfunktionen nachhaltig gefährden, wird vermindert. Das erfordert Maßnahmen an den Pfaden wie Straßenverkehr und Staubniederschläge. Ebenso muss der Eintrag von Nährstoffen, Säurebildnern, Pflanzenschutzmitteln und Schwermetallen vermindert werden. ▪ Es werden Regelungen für private Eigentümer eingeführt, die weitere Stoffeinträge unterbinden. Die jeweiligen Nutzungen sollen den Bodenbelastungen entsprechend angepasst werden.
Handlungsziel mittelfristig ▪ Was soll konkret bis 2010 erreicht werden?	▪ Der Verbrauch von natürlichen und naturnahen Böden wird reduziert, indem - naturnahe Böden in Hamburg als Bodenschutz-Vorranggebiete dargestellt werden - Bodenfunktionen im Rahmen von Planungs- und Zulassungsverfahren bewertet werden, insbesondere in Bodenschutz-Vorranggebieten ▪ Es werden Kriterien für Ausgleichs- und Ersatzmaßnahmen erarbeitet zur Entwicklung von Böden und zum bodenspezifischen Ausgleich bei Eingriffen im Rahmen der naturschutzrechtlichen Eingriffsregelung. ▪ Hamburg beteiligt sich in entsprechenden Fachgremien auf Bundesebene zur Festlegung weiterer Vorsorge-, Prüf- und Maßnahmewerte. ▪ Böden werden hinsichtlich ihrer Eignung für die Verwertung von Materialien regional differenziert. ▪ Die Verwertung von Materialien soll nützlich und schadlos erfolgen, dazu muss die Aufbringung an die standortspezifischen Voraussetzungen der Böden angepasst werden. ▪ Böden sollen in Hinblick auf mögliche „großflächig siedlungsbedingt erhöhte Schadstoffgehalte" erfasst werden.
Indikatoren zur Erfolgskontrolle	▪ prozentualer Versiegelungsgrad ▪ Gesamtzahl und -fläche der bodenbezogenen Ausgleichs- und Ersatzmaßnahmen ▪ Zahl reaktivierter Altlastenbrachflächen (in ha/a)

1.2.2 Geotope – erdgeschichtliche Zeitzeugen

Der Natur- und Landschaftsschutz dient nicht nur dem Erhalt natürlicher Lebensräume und dem Schutz wild lebender Pflanzen und Tiere. Er bewahrt auch natürliche Landschaftsteile, seltene Böden und geologische Objekte. Sie werden als Geotope bezeichnet und sind erdgeschichtliche Bildungen der unbelebten Natur. Geotope vermitteln Erkenntnisse über die Entwicklung der Erde oder des Lebens. Sie umfassen Aufschlüsse von Gesteinen, Böden, Mineralien und Fossilien sowie einzelne Naturschöpfungen und natürliche Landschaftsteile.

Zahlreiche Bundesländer haben ihre Geotope in den letzten Jahren systematisch erfasst und zum Teil bereits unter Schutz gestellt. Zu den bisher vorgeschlagenen Objekten gehören in Deutschland beispielsweise die Insel Helgoland, die Steilküste der Insel Rügen, die Kalkgrube Lieth bei Elmshorn, der Nordrand des Harzes, der Wilseder Berg und der Kaiserstuhl im Oberrheintalgraben.

In der Vergangenheit sind viele Geotope – oft aus Unkenntnis – zerstört oder unzugänglich gemacht worden. In Hamburg gehört hierzu ein aufgeschlossenes Vorkommen von Torfen aus der letzten Warmzeit (Eem-Warmzeit). Dieses im Steilufer der Elbe bei Tinsdal befindliche Vorkommen war schon vom britischen Geologen Lyell (1840) erwähnt worden. Es wurde jedoch im Jahr 1961 im Rahmen der Ufersicherung vollständig überbaut.

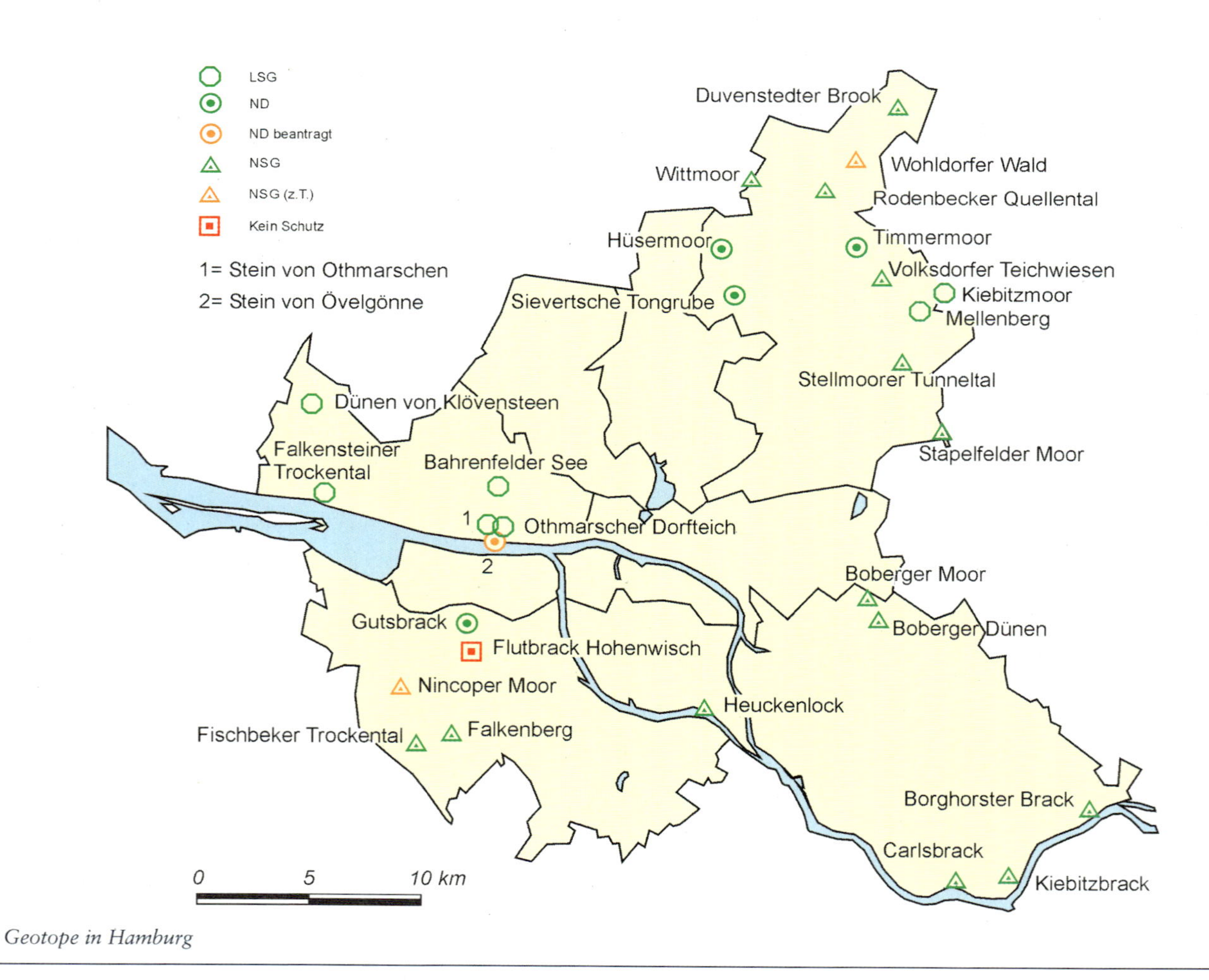

Geotope in Hamburg

Quelle: Umweltbehörde Hamburg

Ein Stück Vergangenheit für die Zukunft schützen

Die noch existierenden Geotope in Hamburg sind inzwischen nach einem einheitlichen Schlüssel erfasst und in ihrer Bedeutung bewertet worden. Die meisten Hamburger Geotope stehen bereits als Natur- und Landschaftsschutzgebiete oder als Naturdenkmale unter Schutz.

Das Geologische Landesamt hat in Hamburg 31 schützenswerte Geotope erfasst. Einige davon werden nachfolgend näher beschrieben.

- Stellmoorer Tunneltal und Volksdorfer Teichwiesen: Hier finden sich von Schmelzwässern der letzten Eiszeit unter dem Eis erodierte Abflussrinnen, die jeweils am äußersten Eisrand enden. Kolke und Toteislöcher sind zum Teil mit mächtigen Torfen und Mudden verfüllt.
- Trockentäler der Fischbeker Heide: Unter dem Einfluss des Periglazialklimas während der letzten Eiszeit enstand durch Solifluktion und Erosion eine Zerschneidung der hoch gelegenen Geestflächen südlich der Elbe.
- Sievertsche Ziegeleitongrube Hummelsbüttel: Der hier zu findende Aufschluss in marinen Ablagerungen der Holstein-Warmzeit ist von internationaler Bedeutung für die Rekonstruktion der Klimaentwicklung des Eiszeitalters.
- Boberger Dünen: Nach dem Ende der Weichsel-Eiszeit sind auf den trockenliegenden Sandflächen des Elbe-Urstromtales Dünen aufgeweht, die bis in die jüngste Zeit äolisch umgelagert wurden.
- Findling „Alter Schwede“: An der Elbe bei Övelgönne liegt Hamburgs größter Findling (217 Tonnen), ein von den Gletschern der Elster-Eiszeit aus Südostschweden (Småland) herantransportierter Granit.
- Bahrenfelder See: Durch Lösung von Gips im Untergrund entstand hier ein Erdfall über dem Salzstock von Langenfelde-Othmarschen.
- Bracks im Elbtal: Durch Deichbrüche entstanden tiefe Auskolkungen im Elbtal; hierzu zählen das Gutsbrack, das Flutbrack in Hohenwisch, das Carlsbrack, das Kiebitzbrack und das Borghorster Brack.
- Inseln im Mündungsbereich der Elbe: Scharhörn als eine stark bewegliche, junge Düneninsel ist charakteristisch für den Bereich des Wattenmeeres im Inneren der Deutschen Bucht mit starkem Tidehub. Neuwerk ist eine in dieser Form einmalige Marschinsel.
- Duvenstedter Brook: Hier befindet sich ein ehemaliger Eisstausee am Rande des Inlandeises der Weichsel-Kaltzeit mit Abfluss über die Ammersbek in die Alster.

Foto: Umweltbehörde Hamburg

Der Findling „Alter Schwede“ in Övelgönne

Überregionale Ziele

Zielebene	*Das Umweltqualitätsziel*	*Das Umwelthandlungsziel*
International	Geotope stellen als „Welt-Naturerbe“ ein Gegenstück zum „Welt-Kulturerbe“ dar. Herausragende Geotope werden unter internationalen Schutz gestellt. (World Heritage Convention, UNESCO, November 1972)	International bedeutsame Geotope werden im Rahmen des 1995 ins Leben gerufenen GEOSITES-Projekts der IUGS (International Union of Geological Sciences) erfasst und in die „World Heritage List“ der UNESCO aufgenommen. Ziel ist es, ein weltweites Netz von Geotopen bzw. Geoparks einzurichten, vergleichbar den Biosphären-Reservaten des „Man and Biosphere Programme“ der UNESCO.
National	Geotope werden als wichtige erdgeschichtliche Zeitzeugen vor Zerstörung bewahrt. (Bundesamt für Naturschutz, 1996)	Es wird ein Geotopkataster nach den Vorgaben der Arbeitsanleitung „Geotopschutz in Deutschland“ aufgestellt.

Ziele für Hamburg

Worum es geht	*Was die Umweltbehörde will*
Umweltmedium/Bereich	Geologischer Untergrund, Böden – Landschaftsschutz, Naturdenkmäler –
Schutzgüter	▪ Naturhaushalt ▪ Ressourcenschonung
Qualitätsziel ▪ Welcher Zustand wird in der Zukunft angestrebt?	Die Qualität schützenswerter geologischer Objekte, natürlicher Landschaftsteile und seltener Böden (Geotope) wird erhalten.
Handlungsziel langfristig ▪ Wie soll das Qualitätsziel langfristig erreicht werden? ▪ Operationalisiert: Was bedeutet das konkret?	Alle in Hamburg vorhandenen schützenswerten geologischen Objekte, natürlichen Landschaftsteile und Böden werden gesichert. Diese Gebiete oder Naturdenkmäler sollen geschützt sein, z. B. als Naturschutzgebiete, Landschaftsschutzgebiete oder Naturdenkmäler.
Handlungsziel mittelfristig ▪ Was soll konkret bis 2010 erreicht werden?	▪ Für die als schützenswert eingestuften geologischen Objekte, natürlichen Landschaftsteile und Böden im Hamburger Raum werden Schutz- und Pflegekonzepte ausgearbeitet.
Indikatoren zur Erfolgskontrolle	▪ Anteil der unter Schutz gestellten Objekte an der Gesamtzahl der im Geotopkataster erfassten Objekte

1.3 NACHHALTIGE FLÄCHENBEWIRTSCHAFTUNG

In Hamburgs Natur zwitschern nicht nur die Vögel und wiegen sich die Gräser. Hier wird auch gewirtschaftet: in Forst- und Landwirtschaft, Obst- und Gartenbau. Und das zunehmend nach ökologischen Kriterien. Diesen Trend will die Umweltbehörde Hamburg fördern.

Eine solche Investition lohnt sich für Mensch und Natur: Denn weniger Einsatz von Pestiziden und Düngemitteln schützt Boden und Wasser und schafft wichtige Lebensräume für Pflanzen und Tiere auch außerhalb ausgewiesener Schutzgebiete.

Das gesunde und schmackhafte Angebot an regionalem Obst und Gemüse wissen viele Hamburger Bürgerinnen und Bürger wieder zu schätzen. Immer öfter findet sich im Einkaufskorb ein schmackhafter Finkenwerder Herbstprinz statt eines weit gereisten Apfels aus Neuseeland. Hamburgs Wald ist nicht nur Holzlieferant sondern auch eines der beliebtesten Ausflugsziele. Über 50 Millionen Waldbesuche zählen Hamburgs Förster jährlich. Das spricht für sich.

1.3.1 Ökologische Landwirtschaft

Mehr als ein Fünftel der Hamburger Landesfläche, über 14.000 Hektar, wird durch 1.500 Betriebe in Landwirtschaft, Obst- und Gartenbau genutzt. Diese wirtschaften schon jetzt in weiten Bereichen umweltschonender als in vielen europäischen Intensivregionen: Eine stetig wachsende Zahl von Betrieben praktiziert auf nunmehr 6 Prozent der Hamburger Fläche den ökologischen Land-, Obst- und Gartenbau. Damit stehen wir mit Mecklenburg-Vorpommern an der bundesdeutschen Spitze. Der ökologische Landbau mit seinen Anbaumethoden, Produkten und seiner Philosophie verstärkt das gute Image der Landwirtschaft in Hamburg.

Handarbeit bei der ölologischen Landwirtschaf

Bei der ökologischen Landbewirtschaftung werden viele Arbeiten noch mit der Hand getätigt

Foto: Umweltbehörde Hamburg

Hamburgs Landbau: Wirtschaften unter schweren Bedingungen

Hamburgs Landwirtschaft steht jedoch vor großen Herausforderungen durch die allgemeinen Entwicklungen im Agrarsektor. Das gilt ebenso für den Obst- und Gemüseanbau. Es sind vor allen Dingen folgende Trends, die wirtschaftliches Arbeiten für viele Hamburger Bauern schwierig bis unmöglich machen:

- In der Landwirtschaft schreiten Intensivierung, Rationalisierung und Spezialisierung der Betriebe immer weiter voran. Die Folge: Zwang zum Wachsen oder Weichen und damit einhergehend das Höfesterben
- Der verschärfte Wettbewerb auf dem EU-Binnenmarkt und Weltmarkt unter dem Druck struktureller Überschüsse setzt schwierige Rahmenbedingungen
- In der Öffentlichkeit wächst die Kritik an zahlreichen Produktions- und Tierhaltungsverfahren
- Die Betriebe müssen sich verstärkt mit Risiken und Belastungen für die Umwelt und die Lebensmittelqualität auseinander setzen

Hinzu kommen in Hamburg ungünstige und unwirtschaftliche Standortbedingungen durch schwer zu bearbeitende Marschböden mit einem engen Netz an Gräben. In den vergangenen Jahren wurden darüber hinaus landwirtschaftliche Flächen in einem Umfang für Wohn-, Gewerbe- oder Verkehrsflächen umgenutzt, der den Erhalt einer stadtnahen Landwirtschaft und funktionsfähiger ländlicher Räume immer schwieriger macht.

Im Wettlauf um eine möglichst kostengünstige Produktion von anonymen, austauschbaren Massenprodukten und Rohstoffen hat der Hamburger Landbau damit grundsätzlich schlechte Voraussetzungen, zumal in Stadtnähe besondere Anforderungen an die Umweltverträglichkeit gestellt werden. In der Großstadt Hamburg haben Landwirtschaft und Gartenbau allerdings nicht nur als Wirtschaftsfaktor eine wichtige Bedeutung, sondern auch als Umweltfaktor.

Foto: Umweltbehörde Hamburg

Foto: Umweltbehörde Hamburg

Freilauf statt Legebatterien: Hühner auf dem Ökohof

Ökologische Landwirtschaft – ein Gewinn für Hamburg

Die landwirtschaftlichen und gärtnerischen Betriebe gewährleisten die Nahversorgung mit frischen und regional erzeugten Produkten. Die Art der Bewirtschaftung der Flächen ist zentral für die Reinhaltung der Ressourcen Boden, Wasser und Luft. Sie kann dazu beitragen, die Artenvielfalt von Pflanzen und Tieren zu erhalten. Voraussetzung für relevante Effekte ist allerdings, dass der Flächenanteil des ökologischen Landbaus deutlich ausgedehnt wird.

Die Hamburger Umweltbehörde hat die positive Wirkung des ökologischen Landbaus in der Großstadt in ihrem Gutachten „Ökobilanz Hamburger Landwirtschaft" aufgezeigt. Folgende Effekte einer ökologischen Wirtschaftsweise in den Bereichen Landwirtschaft, Obstbau sowie Gemüse- und Zierpflanzenbau fallen besonders ins Gewicht:

- Der Stickstoffüberschuss sinkt um 54 Kilogramm je Hektar, bei der Ackerfeldbilanz sogar um 102 Kilogramm je Hektar. Chemisch-synthetische Pflanzenschutzmittel werden überhaupt nicht angewandt. Obwohl im hiesigen Grundwasser bisher eher vereinzelt Belastungen gefunden wurden, ist diese Risikominderung von großer Bedeutung für den Trinkwasserschutz und den Schutz der Oberflächengewässer
- Das Treibhauspotenzial durch Emissionen der Gase Methan, Kohlendioxid und Distickstoffoxid, die bei der Herstellung und beim Einsatz von Betriebsmitteln entstehen, wird um 37 Prozent abgebaut
- Der Verzicht auf Pflanzenschutzmittel, geringes Düngungsniveau und vielfältige Fruchtfolgen wirken auf der gesamten Ackerfläche außerordentlich positiv auf die Artenvielfalt: Ökologisch bewirtschaftete Äcker beherbergen auch im Feldinneren mehr als doppelt so viele typische Ackerwildkräuter als konventionelle Felder, darunter oft gefährdete Arten. Auf ökologisch bewirtschafteten Äckern bleiben die typischen Ackerwildkrautgesellschaften erhalten, sie bieten der feldtypischen Fauna günstige Strukturen und attraktive Blühaspekte
- Im Grünland erhöht sich die Zahl grünlandtypischer und nutzungsempfindlicher Pflanzenarten (allerdings unterscheiden sich Nutzungszeitpunkte und -häufigkeiten kaum)
- Randbiotope werden beim ökologischen Landbau durch Nährstoff- und Pflanzenschutzmitteleinträge nicht oder nur gering belastet

Es profitiert jedoch nicht nur die Stadt vom ökologischen Landbau. Umgekehrt nützt auch die urbane Umgebung den Betrieben. Hier bieten sich besondere Chancen für die regionale Vermarktung umweltverträglicher Lebensmittel. Die Umweltbehörde will der Hamburger Landwirtschaft deshalb nicht nur bei der Umstellung auf eine ökologische Wirtschaftsweise helfen. Sie wird ebenfalls den Aufbau regionaler Absatz- und Verarbeitungsstrukturen unterstützen.

Foto: Ökomarkt e. V.

Versorgung mit frischen Lebensmitteln aus der Region

Überregionale Ziele

Zielebene	*Das Umweltqualitätsziel*	*Das Umwelthandlungsziel*
National	▪ Ökologischer Landbau als Vorbild für eine umwelt- und ressourcenschonende Landbewirtschaftung (Rat von Sachverständigen für Umweltfragen, Umweltgutachten 1994) ▪ Eine nachhaltige Landwirtschaft, die in weitestgehend geschlossenen Kreisläufen arbeitet und dabei die natürlichen Lebensgrundlagen Boden, Wasser, Luft, die Artenvielfalt sowie die knappen Ressourcen schont und erhält. (Umweltbundesamt, Nachhaltiges Deutschland, 1997)	▪ Der ökologische Landbau soll z. B. durch Umstellungsförderung gefördert werden. Der Absatz und die Vermarktung von Bioprodukten sollen ebenfalls gefördert werden. (Agrarbericht 1999 der Bundesregierung)

Ziele für Hamburg

Worum es geht	*Was die Umweltbehörde will*
Umweltmedium/Bereich	Landwirtschaft – Ökologischer Landbau –
Schutzgüter	▪ Naturhaushalt ▪ Ressourcenschonung ▪ Klima ▪ Kommunale Lebensqualität
Qualitätsziel ▪ Welcher Zustand wird in der Zukunft angestrebt?	▪ In Hamburg wird eine nachhaltige und umweltverträgliche Landbewirtschaftung betrieben. ▪ Die ländlichen Räume bleiben erhalten. ▪ Es gibt ein regionales Angebot.
▪ Operationalisiert: Was bedeutet das konkret?	Möglichst große Anteile von Landwirtschaft, Obst- und Gartenbau werden im ökologischen Landbau betrieben. Für ihre Produkte gibt es regionale Absatz- und Verarbeitungsstrukturen. Die Einkommenssituation der Betriebe wird so verbessert.
Handlungsziel langfristig ▪ Wie soll das Qualitätsziel langfristig erreicht werden?	▪ Der ökologische Landbau wird gefördert. ▪ Es werden regionale Versorgungsstrukturen für Bioprodukte auf- und ausgebaut.
▪ Operationalisiert: Was bedeutet das konkret?	▪ Die Umstellung und Beibehaltung des Ökolandbaus in Landwirtschaft und Gartenbau werden gefördert. ▪ Der ökologische Landbau wird in Konzepte für naturschutzrechtliche Ausgleichsmaßnahmen einbezogen. ▪ Die ökologisch wirtschaftenden ehemaligen Staatsgüter und Höfe werden weiterentwickelt.

Worum es geht	*Was die Umweltbehörde will*
Handlungsziel mittelfristig ▪ Was soll konkret bis 2010 erreicht werden?	▪ Die ökologisch bewirtschaftete Landwirtschaftsfläche wird auf 15–20 % erhöht. Die Umweltwirkungen werden mit Hilfe eines Monitorings erfasst. ▪ Die Anteile in der regionalen Vermarktung von Ökoprodukten sollen erhöht werden. ▪ Die regionalen Absatz- und Verarbeitungsstrukturen werden durch Öffentlichkeits- und Marketingkampagnen gefördert. ▪ Branchenspezifische Ökoberatung und praxisorientierte Forschung werden unterstützt. ▪ Die landwirtschaftlichen Flächen werden soweit möglich für Naherholung genutzt. Die Direktvermarktung mit ihrer Begegnung von Städtern und Landwirten/Gärtnern nimmt zu. Die Regionalentwicklung für typische Hamburger Agrargebiete (z. B. Vier- und Marschlande) wird verbessert.
Indikatoren zur Erfolgskontrolle	▪ Anteil der ökologisch bewirtschafteten Flächen an der Hamburger Landwirtschaftsfläche und den Produktionseinrichtungen ▪ Umsatz von Bioprodukten in der Region ▪ Zahl landwirtschaftlicher Betriebe sowie Ökobetriebe in Hamburg ▪ Entwicklung des Dünge- und Pflanzenschutzmitteleinsatzes sowie des Stickstoffüberschusses

1.3.2 Nachhaltige Forstwirtschaft

Hamburg verfügt als Flächeneigentümer über rund 5.000 Hektar Wald, der zu zwei Dritteln innerhalb Hamburgs, zu einem Drittel in Schleswig-Holstein liegt. Die Pflege und Erhaltung, aber auch die Neuanlage standort- und funktionsgerechter Wälder steht im Mittelpunkt der Arbeit Hamburger Förstereien. Hamburgs Wälder sollen in sich gesunde, möglichst naturnahe Lebensgemeinschaften bilden, die infolge ihrer Größe, Vielfalt und Altersstruktur gegen äußere Einflüsse und Belastungen möglichst widerstandsfähig sind. Für dieses Ziel werden natürliche Entwicklungsprozesse genutzt und die Eigenentwicklung der Wälder unterstützt.

Der Wald ist Ort der Erholung für viele Bürgerinnen und Bürger Hamburgs. Er ist Heimat für zahllose Pflanzen und Tiere – darunter viele seltene Arten. Diese Funktionen des Waldes stehen in Hamburg im Vordergrund. Dennoch ist der Wald auch wichtiger Lieferant nachwachsender Rohstoffe. Hamburg hat im Jahr 1980 als erstes Bundesland die Vorgabe „naturnaher Waldbau“ für die Pflege der staatseigenen Wälder verbindlich gemacht. Dieser Weg war erfolgreich: Die Hamburger Forstverwaltung trägt seit August 1998 das international maßgebliche Gütesiegel des Forest Stewardship Council (FSC) für ihre nachhaltige Forstwirtschaft.

Die Umweltbehörde will die Verwendung des natürlichen Rohstoffes Holz fördern. Deshalb beteiligt sich die Forstverwaltung an bundesweiten Werbekampagnen und führt Aktionen in Hamburg und Umgebung durch, mit denen für die Verwendung von zertifiziertem Holz geworben wird. Zielgruppe dieser Aktionen sind sowohl die Holz verarbeitenden Betriebe als auch die Bürgerinnen und Bürger.

Mehr Wald für Hamburg

Hamburgs Bürgerinnen und Bürger schätzen ihren Wald: Über 50 Millionen Menschen spazieren jährlich durch Hamburgs Forst. Dabei gehört die Hansestadt mit ihren 5.000 Hektar Wald zu den waldärmsten Verdichtungsräumen der Bundesrepublik. Die Erhaltung und Vermehrung des Forstes sind daher in Hamburg und seinen Randzonen seit Jahren umweltpolitisches Ziel mit hoher Priorität und Gesetzesauftrag.

Die Forstverwaltung hat in den letzten Jahren fast 200 Hektar Wald neu angelegt. Dabei wurden in der Vergangenheit nahezu ausschließlich Flächen bewaldet, die weder für den Wohnungsbau oder die Infrastruktur noch für die Landwirtschaft oder den Naturschutz besonders interessant waren.

Hirsche im Duvenstedter Brook

Foto: Umweltbehörde Hamburg

Seltene Wälder schützen

In Zukunft müssen vordringlich bestehende Waldgesellschaften entwickelt werden, die zu den besonders gefährdeten und schützenswerten Lebensräumen gehören. An erster Stelle stehen hier Feuchtwälder, insbesondere Bruchwälder, Moorwälder und Auenwälder. Bei Letzteren liegt das Augenmerk vor allem auf den tideabhängigen Auenwäldern, die auch unter dem Schutz der europäischen FFH-Richtlinie stehen. Diese hochgradig wertvollen Lebensräume mit den an sie gebundenen Arten und Lebensgemeinschaften sind so selten und isoliert, dass größte Eile zum Schutz und zur Vermehrung geboten ist.

Der Erhalt von Waldflächen in Überschwemmungsbereichen dient auch dem Hochwasserschutz. Er bewirkt eine natürliche Retention: Auf- wie ablaufendes Wasser wird in Geschwindigkeit und Wucht gebremst. Es ist eine ökologisch sinnvolle und auch kostengünstige Alternative, statt teurer technischer Maßnahmen verstärkt bewaldete Retentionsflächen (Vordeichsflächen) im Zuge des Hochwasserschutzes einzusetzen.

Foto: WWF

Das Gütesiegel des Forest Stewardship Council (FSC) für die nachhaltige Forstwirtschaft Hamburgs

Der Wasserhaushalt und die besondere Transpirationsleistung von Feuchtwäldern hat darüber hinaus einen erheblichen positiven Einfluss auf das Lokalklima. Durch die ihnen eigene Dynamik der Humus- und Bodenentwicklung senken sie den CO_2-Gehalt in der Atmosphäre.

Neun Leitlinien für einen gesunden Wald

Bei der Baumartenwahl gibt Hamburg den Laubbäumen Vorrang. Sie entsprechen mit ihren spezifischen Eigenschaften am besten den Erfordernissen an Hamburgs Waldflächen. Wegen der hohen Immissionsbelastung in einer Großstadt ist Sorgfalt bei der Baumsortenauswahl besonders wichtig.

Die Hamburger Forstwirtschaft gibt der natürlichen Verjüngung und Entwicklung stabiler Mischwälder grundsätzlich den Vorzug vor der künstlichen Pflanzung. Voraussetzung ist, dass der alte Wald dies nach Baumart, Qualität und Bestandsstruktur zulässt. Mischbaumarten und Strukturreichtum werden gefördert. Pflegemaßnahmen werden so ausgeführt, dass zur Setz- und Brutzeit keine Gefährdung bodenbewohnender Tierarten zu befürchten ist. Alle Pflegemaßnahmen unterstützen das natürliche Wachstum des Waldes, sie sollen seine Schutz- und Erholungsfunktionen stärken.

Grundsätzlich werden in Hamburg im Rahmen des Waldschutzes keine Biozide angewandt. Bei einem naturnahen Waldaufbau mit stabiler Bestandsstruktur sind derartige Maßnahmen im Allgemeinen nicht notwendig.

Hamburg berücksichtigt die Belange des Biotop- und Artenschutzes flächendeckend in seiner Forstwirtschaft. Begradigte Gewässer werden renaturiert und künstliche Entwässerungssysteme zurückgebaut. Alle Waldflächen müssen stetig und nachhaltig ihre Funktionen erfüllen können, weshalb in Hamburg Kahlschläge verboten sind.

Um die Naturnähe der Wälder zu fördern, wird der Anteil an Totholz- und Altholzinseln in den Waldbeständen erhöht. Es werden Altholzinseln in einer Größe von circa 0,1 – 0,4 Hektar und einer Entfernung von rund 300 Metern voneinander dem natürlichen Zerfallsprozess überlassen. Sie sollen als Trittsteinbiotope für solche Tiere und Pflanzen dienen, die auf alte, zusammenbrechende und sich zersetzende Bäume angewiesen sind. Dieses sind überwiegend seltene oder in ihrem Bestand bedrohte Arten wie Höhlenbrüter, Großkäfer und Pilze.

In Hamburg sind im Rahmen eines bundesweiten Programms vier Naturwaldreservate ausgewiesen worden. Sie werden regelmäßig wissenschaftlich untersucht und sollen zeigen, wie sich Wälder ohne Erholungsnutzung und Pflegemaßnahmen entwickeln. Daraus lassen sich wichtige Hinweise für die naturnahe Waldpflege ableiten. Diese können helfen, unseren Wald trotz saurem Regen und Klimaveränderung zu stabilisieren und zu erhalten.

Großes Gewicht legt Hamburg auf die Entwicklung, Pflege und Ergänzung der Waldränder. Diese haben als Grenzbereiche gegenüber anderen Vegetations- oder Nutzungsformen wesentliche Bedeutung für den Schutz des Waldes und unterstützen die Ausbildung des spezifischen Waldinnenklimas. Darüber hinaus sind sie überdurchschnittlich artenreich.

Hamburg setzt sich konsequent für den Schutz der Tropenwälder ein. Dabei wurde von Anfang an nicht ein pauschaler Tropenholzboykott, sondern die nachhaltige Bewirtschaftung aller Wälder gefordert. Aus den Forderungen zum Schutz des Tropenwaldes zog die Hansestadt die Konsequenz, diese Regeln auch als Maßstab für die eigene Forstwirtschaft anzulegen.

Seit August 1998 besitzt der Hamburger Forstbetrieb die Zertifizierung nach den international gültigen Richtlinien des Forest Stewardship Council (Welt-Forstrat). Damit wird der Forstverwaltung Hamburg als erstem Forstbetrieb in Deutschland bescheinigt, dass der ihr anvertraute Wald nachhaltig, ökologisch und sozial verträglich im Sinne des Umweltgipfels in Rio de Janeiro 1992 bewirtschaftet wird. Verbunden mit der Zertifizierung ist eine jährliche Überprüfung des Betriebes, um Defizite aufzuzeigen und Verbesserungen vorzuschlagen.

Langfristig soll mit Öffentlichkeitskampagnen und Aktionen der Wald und sein Umfeld stärker in das Blickfeld der Öffentlichkeit gerückt werden. Hierzu gehört die Führung von Besuchergruppen aus Kindergärten oder Betrieben ebenso wie die Einbindung von Kindern und Jugendlichen im Rahmen der Waldpädagogik. Aus diesem Grund unterstützt die Forstverwaltung beispielsweise die Einrichtung von Waldkindergärten oder Waldjugendgruppen.

Foto: E. Inselmann

Der aufregendste Spielplatz ist die Natur

Überregionale Ziele

Zielebene	Das Umweltqualitätsziel	Das Umwelthandlungsziel
International	■ Naturnahe und ökologisch wie ökonomisch leistungsfähige Wälder werden erhalten. (Walderklärung der UNCED (Rio de Janeiro 1992), Agenda 21)	■ Die Wälder werden in Fläche und Qualität gesichert. Die Rechte der Waldbewohner sind gewährleistet. ■ Urwälder mit besonderer Bedeutung für Generhaltung und Artenschutz werden geschützt.
	■ Erhaltung und Verbesserung der Kohlendioxidsenke durch Kohlenstoffspeicherung im Wald, Erhöhung der lebenden Biomasse wie auch Speicherung in langlebigen Holzprodukten (Klimarahmenkonvention (Rio de Janeiro 1992))	■ Wälder werden erhalten und vermehrt und die Holzverwendung aus nachhaltiger Forstwirtschaft gefördert.
	■ Die Forstwirtschaft ist nachhaltig und schützt die Biodiversität. (Resolutionen Helsinki 1993, Lissabon 1998: gesamteuropäische Kriterien und Indikatoren)	■ Es werden Programme entwickelt zur Förderung nachhaltiger Waldbewirtschaftung. Diese berücksichtigen ökonomische, ökologische, soziale und kulturelle Aspekte. Auf nationaler Ebene sind die gesamteuropäischen Leitlinien eingearbeitet. ■ Die „Strategie der Europäischen Union der Forstwirtschaft zur Erhaltung und nachhaltigen Vielfalt des Waldes" soll umgesetzt werden. (EU-Entschließung 1999)
National	■ Die Wälder sind nach Größe und Qualität gesichert. Sie sind naturnah, stabil, struktur- und artenreich. (Bundeswaldgesetz)	■ Die Waldfläche wird erhalten und vermehrt. Die Wälder sind naturnah und stabil.
	■ Die Infrastruktur der Waldflächen soll attraktiv und funktionsgerecht für Naherholung und Umwelt-/Naturerziehung sein, gleichzeitig werden sensible Bereiche geschützt. (Nationales Forstprogramm (im Entwurf); Agrarbericht 2000)	■ Nationale Zertifizierungsrichtlinien werden weiterentwickelt und bei der Bewirtschaftung der Wälder umgesetzt. ■ Die Wertschätzung für Holz als Rohstoff wird durch Öffentlichkeitsarbeit verbessert. ■ Die Konzeption der Erholungsgebiete sowie deren Infrastruktur wird optimiert.

Ziele für Hamburg

Worum es geht	*Was die Umweltbehörde will*
Umweltmedium/Bereich	Wald – Waldbewirtschaftung –
Schutzgüter	■ Naturhaushalt ■ Ressourcenschonung ■ Klima ■ Kommunale Lebensqualität
Qualitätsziel ■ Welcher Zustand wird in der Zukunft angestrebt?	Die Waldgesellschaften sind naturnah, stabil und funktionsgerecht. Sie bieten eine optimale Schutz-, Nutz- und Erholungsfunktion.
■ Operationalisiert: Was bedeutet das konkret?	Es wird: ■ die Waldfläche in Hamburg vermehrt ■ die Naturnähe verbessert ■ der Arten- und Strukturreichtum erhöht ■ die Schutzfunktion des Waldes, wie z. B. Erholung, Lärmschutz, Bodenschutz, Biotopschutz, ausgebaut ■ eine funktionsgerechte Infrastruktur eingerichtet
Handlungsziel langfristig ■ Wie soll das Qualitätsziel langfristig erreicht werden?	■ Der Hamburger Wald wird vermehrt, gepflegt und erhalten. ■ Die nötigen Maßnahmen werden konkretisiert in Lapro/Apro, im „Forstlichen Rahmenplan“ und den „Waldbaulichen Rahmenrichtlinien“.
■ Operationalisiert: Was bedeutet das konkret?	■ Es werden neue Waldflächen im Umfang von ca. 750 ha angelegt. Dies geschieht gemäß Flächennutzungsplan und Lapro. ■ Die nationale FSC-Richtlinie wird umgesetzt. ■ Die Ziele, die in der Waldbiotopkartierung festgelegt wurden, sollen umgesetzt werden. ■ Es soll ein Monitoring (als Stichprobeninventur alle 10 Jahre) durchgeführt werden, um die Entwicklung des Waldbestandes zu erfassen. ■ Altholzinseln und Naturwaldreservate werden im Bestand überprüft und entwickelt.

Worum es geht	*Was die Umweltbehörde will*
Handlungsziel mittelfristig ▪ Was soll konkret bis 2010 erreicht werden?	▪ Es sollen Flächen aus Ausgleichsmitteln zur Aufforstung bereitgestellt werden. ▪ Der Laubholzanteil soll von derzeit 56,7 % auf 66,7 % erhöht werden. ▪ Der Holzvorrat soll von heute 249 auf 274 Festmeter/ha vergrößert werden. ▪ Die Naturnähe der Wälder soll von heute 30,5 % auf 40 % der Naturnähestufen 1 und 2 verbessert werden. ▪ 2009 wird eine Waldbiotopkartierung durchgeführt. Mit Hilfe der Daten der Forsteinrichtung der Waldbiotopkartierung der Jahre 1999 und 2009 soll die Waldbiotoppflege auf die o. g. Zielerreichung hin überprüft werden. ▪ Das Naturbewusstsein für Wälder wird durch Waldpädagogik gefördert. ▪ Zur Erhöhung der Artenvielfalt wird der Totholzanteil in den Wäldern erhöht. ▪ Das Bewusstsein für den Wert zertifizierter Waldprodukte soll verbessert werden. ▪ Die Nachfrage von zertifiziertem Holz vor Ort soll gesteigert werden.
Indikatoren zur Erfolgskontrolle	▪ Verhältnis Waldfläche (Ist) zum im Lapro ausgewiesenen Soll ▪ Naturnähe, d. h. der Vergleich von Ist-Bestand zu potenziell natürlicher Vegetation (PNV) in % ▪ Baumartenanteil der Fläche (in %) ▪ Diversitätsindex ▪ Entwicklung der Artenvielfalt ▪ Verhältnis von Totholz, stehend/liegend (Festmeter/ha) ▪ Zahl der Besucher in Hamburgs Wäldern ▪ Entwicklung der Nachfrage nach zertifiziertem Holz

1.4 WASSERHAUSHALT UND GEWÄSSERSCHUTZ

Grundwasser und Oberflächenwasser sind unverzichtbare Bestandteile aller Ökosysteme der Erde. Wasser bewegt sich in einem ständigen Kreislauf: Luftmassen transportieren Feuchtigkeit, die als Niederschlag zur Erde gelangt. Diese Niederschläge sammeln sich entweder in Oberflächengewässern oder sie versickern über eine Bodenpassage und bilden das Grundwasser, das seinerseits unterirdisch den Flüssen, Seen und Meeren zufließt. Pflanzen nehmen einen Teil der Niederschläge auf und geben ihn anteilig über die Verdunstung an die Luft ab.

Die Oberflächengewässer sind außerdem der Lebensraum für eine spezielle Fauna und Flora. Das oberflächennahe Grundwasser bildet in vielen Gebieten die Grundlage für wertvolle Feuchtbiotope.

Nachhaltige Wasserwirtschaft: Garant für Qualität und Quantität

Die Qualität des Wassers und der Gewässer ist vielfältigen Veränderungen unterworfen. Der Mensch greift mit seiner Lebens- und Produktionsweise sowohl qualitativ als auch quantitativ in den Wasserkreislauf ein. Zu den anthropogenen Einflüssen zählen beispielsweise:

- die Luftverschmutzung, die sich auf die Qualität des Niederschlagswassers auswirkt
- die Nutzung der Oberflächengewässer als Vorfluter für Abwasser, als Transportweg oder als Brauchwasser
- die Verschlechterung der Grundwasserbeschaffenheit durch die Versickerung von Abwasser
- der Eintrag von Schadstoffen in Grund- und Oberflächenwasser

Foto: Umweltbehörde Hamburg

Lebensraum Wasser

Aber nicht nur die Qualität des Wassers wird durch menschliche Nutzungen verändert, sondern auch sein Weg im natürlichen Kreislauf. Wasser wird den Fließgewässern zumindest zeitweilig für den natürlichen Kreislauf entzogen, etwa zur Stromerzeugung oder für andere industrielle Nutzungen. Regenwasser gelangt durch Bodenversiegelungen und den daraus resultierenden Oberflächenabfluss in das nächste Oberflächengewässer. Es fehlt damit für die Grundwasserneubildung. Grundwasser wiederum wird zum Teil in beträchtlichen Mengen als Trinkwasser verbraucht.

Eine nachhaltige Wasserbewirtschaftung steuert die verschiedenen Nutzungen der Gewässer so, dass die qualitativen und quantitativen Anforderungen an einen dauerhaft funktionierenden Wasserkreislauf beachtet werden. Grundsätzlich soll die Nutzungsform der Gewässer so weit wie möglich in Einklang mit den beschriebenen Naturfunktionen stehen. Dies wird auch mit den im Kapitel Ressourcenschonung beschriebenen Zielen und Handlungsschritten angestrebt. Dazu gehören unter anderem eine Minimierung des Schadstoffeintrages, die Ausweisung von Wasserschutzgebieten und das Wassersparen sowie eine integrierte Regenwasserbewirtschaftung.

Wasser kennt keine Grenzen – europäische Richtlinien

Die Europäische Union will künftig mit einer Wasserrahmenrichtlinie einen grenzüberschreitenden Ordnungsrahmen zum Schutz und zur Bewirtschaftung der Gewässer festschreiben. Die Richtlinie schafft ein Instrument zur Vereinheitlichung, Weiterführung und Präzisierung der wasserwirtschaftlichen Aufgaben und damit die Basis für eine gemeinsame europäische Wasserpolitik. Sie ist ein wichtiger Beitrag zur Deregulierung und Verwaltungsvereinfachung, weil gleichzeitig diverse bestehende Richtlinien aufgehoben werden.

Die Hauptziele der Richtlinie sind:

- Schutz und Verbesserung aquatischer Ökosysteme
- guter ökologischer und chemischer Zustand der Oberflächengewässer
- Förderung einer nachhaltigen Nutzung der Wasserressourcen
- guter quantitativer und chemischer Zustand des Grundwassers
- Verminderung der ökologischen Auswirkungen von Hochwasser und Dürren

Um diese Ziele zu erreichen, schreibt der Richtlinienentwurf den Aufbau eines so genannten Flussgebietsmanagements vor. Dieses Management beinhaltet eine Bestandsaufnahme und Bewertung der Flussgebiete sowie die Aufstellung dazugehöriger Maßnahmenprogramme zur Verbesserung des Gewässerzustandes. Es soll in Teilschritten innerhalb festgelegter Fristen eingeführt werden. Die Maßnahmenprogramme müssen gemeinsam mit den Flussgebietsplänen turnusmäßig alle 6 Jahre aktualisiert werden.

Überregionale Wasserwirtschaft stärkt die Elbe

Als Stadt am Unterlauf der Elbe ist Hamburg in besonderem Maße an einer engeren Zusammenarbeit mit den Anliegern im oberen Teil des Elbeeinzugsgebietes interessiert. Mit der europäischen Richtlinie eröffnen sich für Hamburg neue Möglichkeiten, die überregionale Wasserwirtschaft in einem Flussgebiet wie dem der Elbe weiter zu stärken. Die weitere Verbesserung des ökologischen und chemischen Zustands des Elbwassers ist eine wesentliche Voraussetzung für eine alternative Trink- und Brauchwasserversorgung durch Nutzung von Uferfiltrat der Elbe.

Hamburg hat schon jetzt Bewirtschaftungspläne für kleinere Plangebiete (obere Bille, Curslack/Altengamme, Süderelbmarsch) aufgestellt, die eine Reihe wesentlicher Aufgaben aus der Richtlinie erfüllen. Für das Teileinzugsgebiet der Alster befindet sich ein entsprechendes Planwerk in Vorbereitung.

Grundlagen der Gewässerbewertung

Zur Bewertung der biologischen Gewässergüte der Fließgewässer gibt es bundesweit einheitliche, von der Länderarbeitsgemeinschaft Wasser (LAWA) erarbeitete Verfahren. Mit Hilfe von kleinen Wasserorganismen, die auf dem Gewässergrund leben und besonders sensibel auf den Sauerstoffgehalt im Gewässer reagieren, wird die Gewässergüteklasse ermittelt. Es werden sieben Klassen unterschieden, die in den Gütekarten von blau über grün und gelb bis rot gekennzeichnet sind. Hamburg strebt für seine Gewässer die Gewässergüteklasse II an, das bedeutet „mäßig belastet". Bei einigen Gewässern ist sie bereits erreicht.

Um die Vielzahl der bestehenden Bewertungsansätze der chemischen Beschaffenheit der Oberflächengewässer zu vereinheitlichen, wurde von der LAWA auch eine einheitliche chemische Gewässergüteklassifizierung entwickelt und erprobt. Für die Klassifizierung werden dabei unterschiedliche Stoffgruppen berücksichtigt:

- Industriechemikalien (28 Stoffe)
- Schwermetalle (in Schwebstoffen: Blei, Cadmium, Chrom, Kupfer, Nickel, Quecksilber, Zink)
- Nährstoffe, Salze und Summengrößen (Sauerstoff, Stickstoff-, Phosphorverbindungen, Chlorid, Sulfat, TOC (organischer Kohlenstoff), AOX (chlorierte Kohlenwasserstoffe))

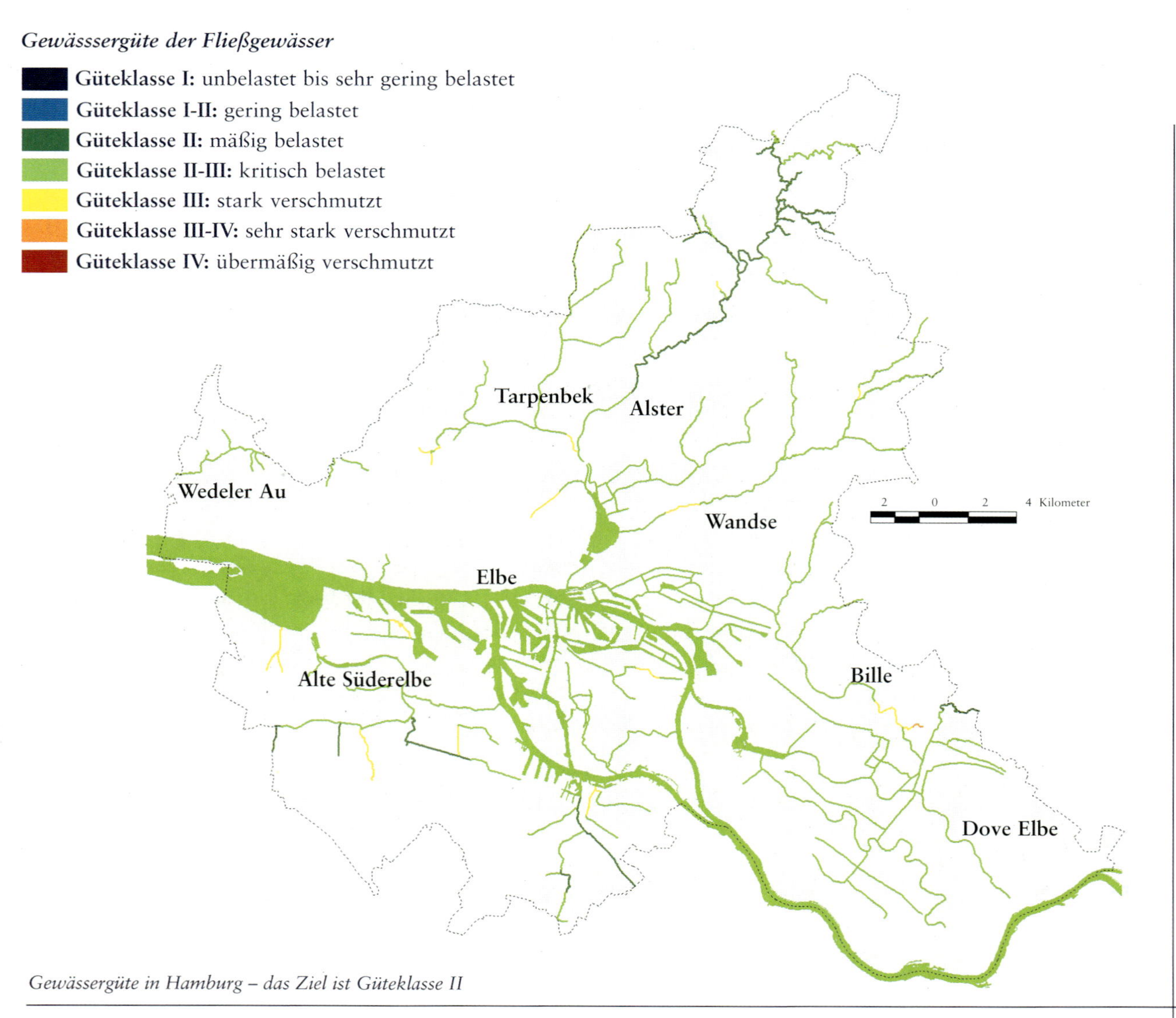

Gewässergüte in Hamburg – das Ziel ist Güteklasse II

Quelle: Fachamt für Umweltuntersuchung (Stand: 1999)

Zielvorgabe ist hier, wie bei der biologischen Gewässergüte, die Klasse II. Bei der Kartierung der biologischen wie auch chemischen Gewässergüte werden für die jeweiligen Güteklassen einheitliche Farben verwandt. Die Güteklasse II ist in beiden Fällen grün gekennzeichnet.

Die Funktionsfähigkeit eines Gewässers im Naturhaushalt wird nicht nur von der Wasserqualität, sondern auch von der Abflussdynamik und der Gewässerstruktur (beispielsweise Gewässersohle und Uferbereich) bestimmt. Es bestehen vielfältige Wechselbeziehungen zwischen diesen Faktoren und den Tieren und Pflanzen sowie den chemisch-physikalischen Bedingungen im Gewässer.

In Hamburg wurden im Laufe der Geschichte nicht nur die von Natur aus vorhandenen Gewässer intensiv genutzt und überformt – so ist der Alstersee einer der ältesten Stauseen Deutschlands –, sondern auch völlig neue Gewässer gebaut. Hierzu gehören etwa das Grabensystem in den Marschen oder die Hafenbecken. Die Folgen für die ökologischen Funktionen, die sich aus den künstlich geschaffenen Strukturen ergaben, standen bisher nicht im Mittelpunkt des Interesses. Meist lag das Augenmerk auf Untersuchung und Verbesserung der Wasserqualität. Mittlerweile ist die Erkenntnis gewachsen, dass Wasserqualität und Gewässerstruktur gleichermaßen untersucht werden müssen. Maßnahmen zum Schutz und zur Verbesserung der ökologischen Funktionen können nur wirksam sein, wenn sie in beiden Bereichen ansetzen.

Die Länderarbeitsgemeinschaft Wasser (LAWA) hat beschlossen, nach dem Vorbild der traditionellen Gewässergütekarte bundesweit die Gewässerstruktur zu kartieren und zu bewerten. Die Bundesländer sollen bis 2001 entsprechende Karten vorlegen. Leitbild für die morphologisch-strukturelle Bewertung der Fließgewässer ist der heutige potenziell natürliche Zustand. Darunter wird die Ausprägung eines Fließgewässers in ungestörter, naturraumtypischer Form mit einer naturgemäßen Gewässerbett- und Auedynamik verstanden. Ein solcher Zustand kann wiederhergestellt werden, wenn Einbauten wie Stauwehre und Ufermauern entnommen und bestehende Nutzungen im und am Gewässer (beispielsweise Kühlwasserentnahmen oder Befahrung mit Schiffen) eingestellt werden.

Die Gewässerstrukturgüte ist ein Maß für die ökologische Qualität der Gewässerstrukturen. Die LAWA strebt generell die Güteklasse II an, dies bedeutet „gering verändert". Bei künstlichen und extrem überformten Gewässern, zum Beispiel im Hafen oder Innenstadtbereich, kann die Güteklasse II jedoch praktisch nicht mehr hergestellt werden. Hier fordert die LAWA die Länder auf, spezifische Maßnahmen zu Verbesserung auszuweisen.

Auf das Gewässersystem Hamburgs ist das Modell der LAWA also nicht ohne Einschränkungen anwendbar. Es treten Schwierigkeiten auf, alle Gewässertypen nach einem einheitlichen System zu beschreiben und zu bewerten. Denn das Spektrum ist weit: Fließgewässer auf der Geest, gestaute Gewässer, kanalisierte Gewässer im innerstädtischen Bereich, tideabhängige und -unabhängige Gewässer der Marschen und die Elbe. Hamburg hat deshalb versucht, mit den vorhandenen Karten und Informationen von verschiedenen Dienststellen eine kleinräumige und differenzierte kartografische Darstellung zu erstellen.

Für stehende Gewässer kann das Bewertungssystem der biologischen Güteklassifizierung für Fließgewässer nicht angewandt werden. Im Fließgewässer sind abbauende Prozesse bestimmend, während es in Standgewässern aufbauende sind. Hier wird pflanzliche Biomasse produziert, die vom Nährstoff Phosphat abhängig ist. Die stehenden Gewässer werden in fünf so genannte Trophiestufen und zwei Zwischenstufen eingruppiert. Dieses siebenstufige System bekommt in den Karten die gleichen Farbgebungen wie die Fließgewässer.

Das ökologische Ziel für die Gewässer ist der potenziell natürliche Zustand, also ein unbelastetes und seinen naturräumlichen Gegebenheiten entsprechendes Gewässer. Oft ist dieses Ziel aufgrund vielfältiger Randbedingungen nicht zu erreichen. Dann spricht man vom Entwicklungsziel, das nach erfolgter Sanierung zu verwirklichen ist. Für Binnen- und Außenalster ist das ein eutropher Zustand mit Gesamtphosphorgehalten von 100 Milligramm pro Kubikmeter (mg/m^3). Für andere Seen in Hamburg, zum Beispiel Badeseen, muss dieser Wert um die Hälfte niedriger liegen.

Ziele für Hamburg

Worum es geht	*Was die Umweltbehörde will*
Umweltmedium/Bereich	Oberflächengewässer und Grundwasser – Wasserhaushalt –
Schutzgüter	■ Naturhaushalt ■ Ressourcenschonung
Qualitätsziel ■ Welcher Zustand wird in der Zukunft angestrebt?	Die Wasserressourcen werden ganzheitlich bewirtschaftet.
■ Operationalisiert: Was bedeutet das konkret?	■ Die natürliche Oberflächen- und Grundwasserbeschaffenheit bleibt erhalten. ■ Hamburg kann den Wasserbedarf seiner Bevölkerung mit qualitativ hochwertigem Wasser decken. ■ Hamburgs Wasserressourcen werden schonend bewirtschaftet.
Handlungsziel langfristig ■ Wie soll das Qualitätsziel langfristig erreicht werden?	■ Für die Gewässer und die Wasserversorgung der Metropolregion Hamburg (REK-Region) sollen die Strategien und Aktionsprogramme mit denen der umliegenden Bundesländer harmonisiert werden. ■ Die Bewirtschaftungskonzepte von Gewässern sollen sich auf die entsprechenden Einzugsgebiete beziehen und nicht an Bundesländergrenzen Halt machen.
Handlungsziel mittelfristig ■ Was soll konkret bis 2010 erreicht werden?	■ Die EU-Wasserrahmenrichtlinie wird in Hamburg umgesetzt und Flussgebietspläne und Maßnahmenprogramme werden aufgestellt. ■ Die länderübergreifende Zusammenarbeit in der Metropolregion Hamburg (REK-Region) wird fortgeführt. ■ Die Maßnahmenkataloge der Bewirtschaftungsplangebiete obere Bille, Curslack/Altengamme und Süderelbmarsch werden umgesetzt.

1.4.1 Elbe und Hafengewässer

8 Prozent der Gesamtfläche Hamburgs sind Gewässerfläche. Dies entspricht rund 6.000 Hektar. Etwa die Hälfte dieser Fläche entfällt auf den Hafenbereich. Elbe und Hafengewässer haben eine große Bedeutung für die Stadt. Sie stehen für wirtschaftliche Leistung durch Handel, Umschlag und Verkehr, aber auch für Naherholung, Natur- und Gewässerschutz.

An Elbe und Hafengewässer werden vielfältige Ansprüche gestellt. Gleichzeitig soll die Nutzung nachhaltig und umweltverträglich sein. Um diese Anforderungen zu erfüllen, muss Hamburg vor allem auf drei Handlungsfeldern Fortschritte erzielen. Notwendig ist die Verbesserung der biologischen und chemischen Gewässergüte, die Herstellung ökologisch hochwertiger Gewässerstrukturen und schließlich eine verbesserte Sedimentqualität sowie ein ökologisch verträglicher Umgang mit Baggergut.

Der Bereich von Hafen und Elbe im Hamburger Raum hat sich im Laufe der Zeit immer wieder stark verändert und tut dies weiterhin. Im Mittelalter gab es hier im Marschgebiet noch diverse Elbearme, später trennten sich Norder- und Süderelbe, das Stromspaltungsgebiet entstand. Darin eingeschlossen lag ein 7 Kilometer breites Inselgebiet, das heutige Wilhelmsburg und der Hafen.

Die ursprüngliche Verästelung der Elbe und die regelmäßigen Überflutungen der Uferbereiche unter Einfluss der Tide waren äußerst geeignete Bedingungen für die Ökologie des Gewässers: Ausreichend Lebensraum mit Ruhe- und Rückzugsbereichen sowie ein günstiges Nahrungsangebot standen zur Verfügung. Der Fluss hatte ein gutes Selbstreinigungspotenzial mit überflutenden Ufern und flachen Gewässerbereichen.

Die Elbe – Verkehrsweg und Lebensraum

Foto: G. Helm

Dicke Pötte und kleine Fische – beide sind im Hafen zu Hause

Bereits seit Jahrhunderten erfolgen entlang der Elbe Eindeichungen und Aufhöhungen begleitet vom wirtschaftlichen Strukturwandel. Durch Strombau- und Hochwasserschutzmaßnahmen wurden viele Still- und Flachwasserbereiche am Elbufer zerstört. An die Stelle der zahlreichen Flussverzweigungen und Nebenarme im Stromspaltungsgebiet der Elbe ist der Hafen mit seinen Kanälen und Schleusen getreten. Gleichzeitig wurde entlang der Elbe industrialisiert und Küstenschutz betrieben, das heißt, Nebengewässer wurden abgetrennt, Ufer befestigt und überbaut, Vorlandflächen vernichtet.

Als Folge dieser Entwicklungen sind heute viele Uferbereiche befestigt. Nur 2,2 Prozent der gesamten Uferlänge der Elbe in Hamburg sind noch „eingeschränkt naturnah". Solche Ufer sind flach ansteigende, sandig-schlickige Ufer mit großflächigem überspülbarem Areal, an deren Rand oft Röhricht wächst, häufig gefolgt von Tideauwald. Mehr und mehr Lebens- und Reproduktionsraum ging für Wasser- und Uferbewohner verloren.

Ersatz bot der Hafen, der neben seiner originären ökonomischen Funktion im Laufe der Zeit auch ökologische Funktionen übernahm. Heute spielen die Gewässer im Hamburger Hafen mit ihren strömungsarmen Zonen eine bedeutende Rolle für die Natur. In den letzten 10 Jahren hat sich die gewässerökologische Gesamtsituation im Hafen durch eine geringere chemische Belastung deutlich verbessert.

Dicke Pötte ...

Foto: ImageBank

Biotopschutz im Hamburger Hafen

Der wirtschaftliche Strukturwandel verändert die Hafenlandschaft auch heute. Der Hafen wird nach innen erweitert. Da die Hafenwirtschaft vermehrt Landflächen benötigt, werden Hafenbecken zugeschüttet. Für die Fische, die diese Becken als Ruhe- und Nahrungszonen sowie zum Laichen und als Aufwuchsraum ihrer Jungen nutzen, geht damit ein Lebensraum unwiderruflich verloren.

Solche Verluste sollen durch Maßnahmen zur Verbesserung von Habitatstrukturen in Elbe und Hafen ausgeglichen werden, denn der Umfang des verfügbaren Lebensraumes soll erhalten bleiben. Die Umweltbehörde hat deshalb gemeinsam mit der Wirtschaftsbehörde, Amt für Strom- und Hafenbau, einen „Gewässerökologischen Strukturplan für den Hamburger Hafen und die Tideelbe in Hamburg" (GÖP) entwickelt.

... und kleine Fische

Foto: C. W. Schmidt-Luchs

Nach dessen Vorgaben sollen Gewässer und Ufer beurteilt und ökologisch aufgewertet werden. So sind bereits Flachwasserzonen, Tideufer mit Röhrichtbestand sowie strömungsberuhigte und tideabhängig vom Elbestrom abgetrennte Nebenarme (Schlenzen) entstanden. Sie dienen als wichtiges Bindeglied zwischen den Flussabschnitten ober- und unterhalb Hamburgs. Mit Hilfe solcher Ruhe- und Nischenzonen sollen Unterschiede zwischen den Lebensgemeinschaften des Flusssystems der Elbe unmittelbar ober- und unterhalb des Hafengebietes überbrückt werden.

Der Elbe geht es immer besser

Hamburg hat im Bereich industrieller und kommunaler Einleitungen deutliche Sanierungserfolge erzielt. Die Einträge von Schadstoffen wurden deutlich reduziert. Zudem verfügt die Hansestadt mit den Anlagen Dradenau und Köhlbrandhöft über moderne kommunale Abwasserbehandlungsanlagen. Seitdem auf der einen Seite immer mehr Altbetriebe stillgelegt werden und auf der anderen Seite neue, moderne Kläranlagen in Betrieb gegangen sind, sinkt die Schadstoffbelastung der Elbe und ihrer Sedimente auch am Mittel- und Oberlauf deutlich.

Trotzdem ist die Elbe in der Bewertungsskala der biologischen Gewässergüte noch immer ein „kritisch belastetes Gewässer" (Gewässergüteklasse II–III). Die Zielvorgaben der Länderarbeitsgemeinschaft Wasser (LAWA) werden zurzeit beispielsweise für Quecksilber und Organozinnverbindungen wie Tributylzinn (TBT) nicht erreicht. Organozinnverbindungen gelangen im Wesentlichen mit dem Abwasser aus der Herstellung und durch die Anwendung in Antifouling-Farben für Schiffe in die Elbe. Daher werden derzeit die Hamburger Werften mit leistungsfähigen Behandlungsanlagen für Dockabwasser ausgerüstet, um die bisherigen belastenden Schadstoffeinleitungen (Schwermetalle, Organozinnverbindungen) abzustellen. Quecksilber wird größtenteils mit dem Abwasser eines großen Chemiebetriebs in der Tschechischen Republik eingeleitet.

Um bei der Sanierung der Elbe weiter voranzuschreiten, unterstützt Hamburg aktiv den Bau und die Erneuerung von Kläranlagen an Mittel- und Oberlauf der Elbe, in den neuen Bundesländern und der Tschechischen Republik. In Einzelfällen kann die Schadstoffeinleitung jedoch nur durch Umstellung der Produktionsweise oder ein Verbot des Produktes erreicht werden.

Die Zielvorgaben der LAWA für die Gewässergüte – Gewässergüteklasse II soll erreicht werden – stellen ein erreichbares Ziel dar. Darüber hinaus wird langfristig angestrebt, einen Gewässerzustand zu erreichen, der den naturräumlichen Verhältnissen entspricht, frei von Schadstoffen ist und die Lebensgrundlage für ein natürliches Ökosystem bietet.

Quecksilber-Jahresfracht der Elbe bei Schnackenburg

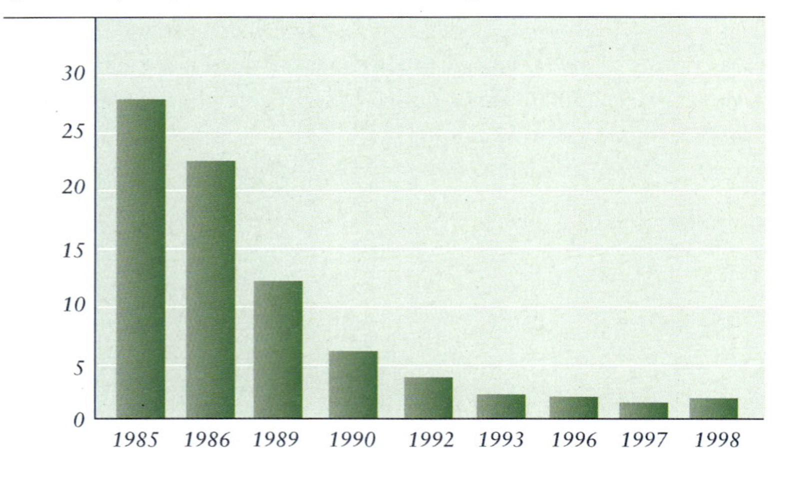

Sediment – Gedächtnis des Gewässers

Allen gegenwärtigen Bemühungen zum Trotz sind die Sünden der Vergangenheit noch immer im Gedächtnis des Gewässers, den Sedimenten, gespeichert. In Hamburg müssen jährlich etwa 2 Millionen Kubikmeter Sand und Schlick aus den Hafenbecken ausgebaggert werden, damit der Hafenbetrieb aufrechterhalten werden kann. Dieses Baggergut wird chemisch untersucht, um zu entscheiden, wo es untergebracht werden kann. Die wirtschaftlichste Möglichkeit, das Umlagern mittels einer Egge oder durch Baggern und Verklappen an anderer Stelle im Strom, kommt nur für Material in Betracht, das bestimmte Grenzwerte nicht überschreitet.

Die Umweltbehörde und die Wirtschaftsbehörde haben ein gemeinsames „Handlungskonzept Umlagerung von Baggergut aus dem Hamburger Hafen in der Stromelbe" vereinbart. Danach sind für die Baggergutklappstellen – zurzeit hat Hamburg nur eine einzige bei Neßsand – Auswirkungsprognosen zu erstellen und zur Beweissicherung ein Monitoring durchzuführen. Darüber hinaus werden Baggergutumlagerungen auf die Monate November bis März eingeschränkt. Dies dient dem Schutz der aquatischen Fauna.

Sedimente sind ein wesentlicher natürlicher Bestandteil der Gewässer. Es entspricht den Verhältnissen in der Natur, dass alle Sedimentfraktionen im Gewässer verbleiben und dort ständigen Umlagerungsprozessen ausgesetzt sind. Das umweltpolitische Ziel ist deshalb der vollständige Verbleib der Sedimente im Gewässer, da es den natürlichen Prozessen in Gewässersystemen am nächsten kommt. Voraussetzung hierfür ist, dass die Maßnahmen zur Verbesserung der Gewässergüte der Elbe greifen und sämtliche schadstoffbelasteten Altsedimente aus dem Gewässer entfernt sind.

Die Entnahme und Landablagerung von Sedimenten als Baggergut – im Wesentlichen Schlick – ist ein grundsätzlich störender Eingriff. Eine solche Maßnahme sollte nur dann durchgeführt werden, wenn das Baggergut wegen seiner hohen Schadstoffbelastung nicht umzulagern ist.

Noch ist jedoch die Landablagerung nicht vermeidbar. Für dieses Baggergut hat Hamburg Behandlungsmöglichkeiten entwickelt wie die Sand-/Schlick-Abtrennung in der METHA-Anlage und Trocknungsfelder. Der Schlick wird so zumindest teilweise als Baustoff oder in der Ziegelherstellung verwertet.

Foto: Umweltbehörde Hamburg

Elbstrand auf der Insel Neßsand

Überregionale Ziele

Zielebene	*Das Umweltqualitätsziel*	*Das Umwelthandlungsziel*
International	▪ Die Zielvorgaben für die Gewässergüte und naturnahe Artenvielfalt in der aquatischen Lebensgemeinschaft werden eingehalten. (Internationale Kommission zum Schutz der Elbe (IKSE): Aktionsprogramm Elbe 1996 - 2010)) ▪ Die Biotopstrukturen der Elbe sind geschützt und verbessert. Ein Ziel ist das naturnahe Ökosystem mit einer gesunden Artenvielfalt. (Beschluss der Internationalen Kommission zum Schutz der Elbe (IKSE) (1992): „Ökologische Sofortmaßnahmen zum Schutz und zur Verbesserung der Biotopstrukturen der Elbe")	▪ Die Nährstoffeinträge werden zum Schutz der Nordsee verringert. (Internationale Nordseeschutzkonferenz (INK) März 1990) ▪ Es werden „Ökologische Sofortmaßnahmen zum Schutz und zur Verbesserung der Biotopstrukturen der Elbe" durchgeführt und Maßnahmen zur Sicherung naturnah gestalteter Ufer- und Deichvorlandbereiche umgesetzt. (Internationale Kommission zum Schutz der Elbe (IKSE) 1992)
National	▪ Erreicht werden sollen: - die Gewässergüteklasse II (mäßig belastet) - die LAWA-Zielvorgaben Diese Zielwerte sind nutzungs- bzw. schutzgutbezogen differenziert nach den Bereichen aquatische Lebensgemeinschaften, Berufs- und Sportfischerei, Bewässerung landwirtschaftlich genutzter Flächen, Freizeit und Erholung, Meeresumwelt, Trinkwasserversorgung, Schwebstoffe und Sedimente. (Zielvorgaben des Bund–Länder–Arbeitskreises „Qualitätsziele") - die Zielwerte und Empfehlungen der Arbeitsgemeinschaft für die Reinhaltung der Elbe (ARGE Elbe) (Gewässerökologische Studie der Elbe von Schnackenburg bis zur See; ARGE Elbe 1984) ▪ Als Ziel wird die Klasse II des ARGE-Elbe-Bewertungsschemas angestrebt. ▪ Baggergut soll möglichst im Gewässersystem belassen werden. (Ministerkonferenz der Umweltminister der Elbeanliegerländer 1996)	▪ Die Vorschläge aus folgenden Studien der ARGE Elbe werden eingehalten: „Wasserwirtschaftliche Maßnahmen zur Verbesserung des gewässerökologischen Zustands der Elbe zwischen Schnackenburg und Cuxhaven" (1991) und „Maßnahmen zur Verbesserung des aquatischen Lebensraumes der Elbe" (1994) ▪ Die Schadstoffgrenzwerte der Klasse II des ARGE-Elbe-Bewertungsschemas für Sedimente und Baggergut werden eingehalten. ▪ Die Schadstoffbelastung des Baggerguts wird so weit reduziert, dass es vollständig im Gewässer verbleiben kann. (Ministerkonferenz der Umweltminister der Elbeanliegerländer 1996)

Ziele für Hamburg

Worum es geht	*Was die Umweltbehörde will*
Umweltmedium/Bereich	Elbe und Hafen – Gewässergüte –
Schutzgüter	▪ Naturhaushalt
Qualitätsziel ▪ Welcher Zustand wird in der Zukunft angestrebt? ▪ Operationalisiert: Was bedeutet das konkret?	Langfristig soll es in der Elbe nur noch Stoffe geben, die auf natürliche Weise aus dem Einzugsgebiet in das Gewässer gelangen. ▪ Die Elbe erreicht die Gewässergüteklasse II (Saprobiensystem nach LAWA). ▪ Die Elbe hält die chemische Gewässergüteklasse II (Klassifikationssystem nach LAWA) ein. ▪ Die Elbe hält die Güteklasse II für Schwebstoffe und Sedimente (Klassifikationssystem nach ARGE Elbe) ein.
Handlungsziel langfristig ▪ Wie soll das Qualitätsziel langfristig erreicht werden? ▪ Operationalisiert: Was bedeutet das konkret?	Es werden sämtliche Möglichkeiten zur Emissionsminderung bei allen Schadstoffeinleitungen ausgeschöpft. Die Zielvorgaben der biologischen und chemischen Gewässergüteklasse II sowie der ARGE-Elbe-Klasse II für Schwebstoffe und Sedimente werden in Hamburg erreicht.
Handlungsziel mittelfristig ▪ Was soll konkret bis 2010 erreicht werden?	Die Schadstoffeinträge werden minimiert und die Gewässerzielvorgaben erreicht bzgl. Tributylzinn (TBT) 0,1 ng/l im Wasser 0,5 µg/kg TS im Schwebstoff Quecksilber* 0,04 µg/l im Wasser 0,8 mg/kg TS im Schwebstoff. *Quecksilber wird größtenteils mit dem Abwasser eines großen Chemiebetriebs in der Tschechischen Republik eingeleitet.
Indikatoren zur Erfolgskontrolle	▪ Ist-Soll-Vergleich der Schadstoffkonzentrationen in Wasser und Schwebstoffen ▪ Minderungsgrad der Schadstoffkonzentrationen ▪ Anteil der Messpunkte, an denen die Zielvorgaben erreicht werden

Ziele für Hamburg

Worum es geht	*Was die Umweltbehörde will*
Umweltmedium/Bereich	Elbe und Hafen – Gewässerstruktur –
Schutzgüter	▪ Naturhaushalt ▪ Kommunale Lebensqualität
Qualitätsziel ▪ Welcher Zustand wird in der Zukunft angestrebt?	▪ Die Gewässerstrukturen in Elbe und Hafen sollen standortgerecht und ökologisch hochwertig sein. ▪ Die bestehenden 2,2 % naturnaher Uferbereiche werden nicht nur erhalten, sondern auf 5 % der Uferbereiche ausgebaut.
Handlungsziel langfristig ▪ Wie soll das Qualitätsziel langfristig erreicht werden?	▪ Es werden naturnahe Uferstrukturen und naturraumtypische Gewässerstrukturen entwickelt und gesichert. ▪ Strömungsberuhigte Bereiche bleiben als Ruheraum für Fische erhalten.
▪ Operationalisiert: Was bedeutet das konkret?	Ufer, Flachwasserzonen und Wattflächen werden erhalten, gesichert und aufgewertet.
Handlungsziel mittelfristig ▪ Was soll konkret bis 2010 erreicht werden?	▪ Es erfolgt eine Bestandsaufnahme und Beurteilung der Gewässerstruktur nach vorhandenem Bewertungssystem (GÖP). ▪ Gewässerökologische Aufwertungsmaßnahmen im Hamburger Hafen und in der Elbe werden geplant und umgesetzt. Ein erster Schritt ist die Umgestaltung des Guanofleets.
Indikatoren zur Erfolgskontrolle	▪ Verhältnis von naturnahen zu sonstigen Uferstrukturen ▪ Anteil der Böschungen mit Pflanztaschen, Flachwasserzonen und Wattflächen an der gesamten Gewässerfläche bzw. Uferlinie ▪ Entwicklung der Gesamtfläche der strömungsberuhigten Bereiche

Ziele für Hamburg

Worum es geht	*Was die Umweltbehörde will*
Umweltmedium/Bereich	Elbe und Hafen – Sediment –
Schutzgüter	▪ Naturhaushalt
Qualitätsziel ▪ Welcher Zustand wird in der Zukunft angestrebt?	Die Oberflächengewässer werden umweltverträglich und nachhaltig genutzt. Dazu sollen die Sedimente den naturräumlichen Verhältnissen entsprechen. Sie dürfen nicht toxisch sein und müssen die Voraussetzungen zur Entwicklung eines natürlichen Ökosystems sicherstellen.
▪ Operationalisiert: Was bedeutet das konkret?	Die Zielvorstellungen der ARGE-Elbe-Klasse II für Schwebstoffe, Sedimente und Baggergut werden in Hamburg erreicht.
Handlungsziel langfristig ▪ Wie soll das Qualitätsziel langfristig erreicht werden?	▪ Es werden bei allen Schadstoffeinleitungen sämtliche Möglichkeiten zur Emissionsminderung ausgeschöpft. Problematisch für Sedimente und Baggergut sind insbesondere einige Schwermetalle (z. B. Quecksilber) und Organozinnverbindungen (z. B. TBT). ▪ Hamburg nutzt alle Möglichkeiten zur Sanierung belasteter Altsedimente.
▪ Operationalisiert: Was bedeutet das konkret?	▪ Alle belasteten Sedimente werden der Elbe entnommen und ökologisch unbedenklich untergebracht. ▪ Das Sediment ist unbelastet von Schadstoffen und wird bei Baggerungen umgelagert und nicht an Land verbracht.
Handlungsziel mittelfristig ▪ Was soll konkret bis 2010 erreicht werden?	▪ Die ARGE-Elbe-Zielvorgabe Klasse II soll für Schwebstoffe erreicht werden. ▪ Das „Handlungskonzept Umlagerung von Baggergut aus dem Hamburger Hafen in der Stromelbe" (Umweltbehörde/Strom- und Hafenbau 1998) wird fortgeschrieben und neue technische Verfahren, neue Erkenntnisse aus wissenschaftlichen Untersuchungen und praktische Erfahrungen werden eingearbeitet.
Indikatoren zur Erfolgskontrolle	▪ Ist-Soll-Vergleich der Schadstoffkonzentrationen in Schwebstoffen, Sedimenten und Baggergut ▪ Minderungsgrad der Schadstoffkonzentrationen ▪ Anteil der Messpunkte, an denen die Zielvorgaben erreicht werden ▪ Verhältnis von „gesichert untergebrachtem Baggergut" zu „umgelagertem Baggergut"

1.4.2 Innerstädtische Fließgewässer, Alster, Bille und Stadtkanäle

Die Gewässer im innerstädtischen Bereich von Hamburg sind die Lebensadern der Stadt. Sie sind Lebensraum für Pflanzen, Wasserorganismen und Tiere und gleichzeitig beliebte Freizeit- und Erholungsbereiche. Eine gute Qualität der Gewässer ist für alle wichtig. Das ist kein einfaches Ziel, denn die Gewässer sind vielfältigen Belastungen ausgesetzt: Sie sind verlegt, begradigt und verrohrt worden und sie müssen eine Vielzahl von Einleitungen und Nutzungen verdauen.

Verschmutztes Regenwasser belastet die Gewässer

Besonders die Einleitung von verschmutztem Regenwasser beeinträchtigt die Wasserqualität. Es gelangt zum einen von Straßen und befestigten Flächen in die Gewässer und zum anderen über das Mischwassersielnetz, das bei starken Regenfällen gelegentlich überläuft. Dabei werden größere Mengen an sauerstoffzehrenden Substanzen und vielen anderen chemischen Stoffen in die Gewässer geleitet.

Besonders kritisch für die Wasserqualität sind die schwer oder nicht abbaubaren Substanzen, die über diesen Weg in die Gewässer gelangen. Sie binden sich an Schwebstoffe und häufen sich im Sediment am Gewässergrund an. Diese Substanzen können langfristige Schädigungen bei den Gewässerlebewesen hervorrufen. Hoch belastete Sedimente sollen deshalb aus dem Gewässer entfernt werden.

Um zu verhindern, dass Schadstoffe aus den Sedimenten remobilisiert werden, will Hamburg vorrangig lokale Belastungsschwerpunkte sanieren. So wird vermieden, dass Schadstoffe wieder in den Kreislauf zurückgelangen oder von den Tieren dieses Lebensraumes angereichert werden.

Es wird zwischen den Gewässertypen Forellengewässer und Karpfengewässer unterschieden. Forellengewässer, auch als Salmonidengewässer bezeichnet, sind typischerweise die Oberläufe von Gewässern, die durch eine gute Sauerstoffversorgung gekennzeichnet sind. Karpfengewässer (Cyprinidengewässer) sind dagegen nicht so anspruchsvoll bezüglich der Sauerstoffverhältnisse.

Ein gutes Maß für die Qualität eines Gewässers ist die Vielfalt der Organismen, die dort beheimatet sind. In der Alster schwimmen rund 30 Fischarten, von denen fast die Hälfte „stark gefährdet" oder „gefährdet" ist. Die Ursachen hierfür sind vielfältig. Einige Gefährdungen werden künftig vermindert, wenn Hamburg die EU-Fischgewässerrichtlinie umsetzt und die Belastungen durch Emissionen verringert. Darüber hinaus will die Umweltbehörde die Qualität dieser Lebensräume heben, indem sie Gewässerstrukturen verbessert und die Einengungen des Lebensraumes durch Schleusen und Wehre rückgängig macht. Zu diesem Zweck müssen wirkungsvolle Fischaufstiegshilfen oder besser noch Umlaufgerinne eingebaut werden.

Überregionale Ziele

Zielebene	*Das Umweltqualitätsziel*	*Das Umwelthandlungsziel*
International	▪ Es werden die Richtwerte der Richtlinie „Zum Schutz der aquatischen Lebensgemeinschaft" eingehalten. Dies heißt für - Ammonium < 0,2 mg/l - Schwebstoffe < 25 mg/l - Restchlor < 0,005 mg/l - Zink < 0,3 mg/l - Kupfer < 0,04 mg/l (EU-Richtlinie 78/659/EWG) ▪ Der Zustand aller Oberflächengewässer ist gut und entspricht der Gewässerstrukturgüteklasse II. (Wasserrahmenrichtlinie 2000/ /EG des Europäischen Parlaments und des Rates zur Schaffung eines Ordnungsrahmens für Maßnahmen der Gemeinschaft im Bereich der Wasserpolitik; gemeinsamer Entwurf – nach Billigung durch den Vermittlungsausschuss; Brüssel, den 18.07.2000)	▪ Zum Schutz der Nordsee werden die Nährstoffeinträge verringert. (Internationale Nordseeschutzkonferenz (INK) März 1990) ▪ Die EU-Wasserrahmenrichtlinie wird verabschiedet.
National	▪ Erreicht werden sollen: - die Gewässergüteklasse II „mäßig belastet" für Fließgewässer, das bedeutet eine geringe Belastung mit leicht abbaubaren Substanzen - ein mäßig eutropher Gewässerzustand in innerstädtischen stehenden Gewässern - die LAWA-Zielvorgaben für einzelne chemische Stoffe (EU-Richtlinie 78/659/EWG) ▪ Der Zustand aller Oberflächengewässer soll gut sein und der Gewässerstrukturgüteklasse II entsprechen. (Umsetzung der EU-Wasserrahmenrichtlinie)	▪ Die EU-Wasserrahmenrichtlinie soll in Bundes- und Landesrecht umgesetzt werden. ▪ Die Länderarbeitsgemeinschaft Wasser erstellt bis 2001 eine Gewässergütekarte.

Ziele für Hamburg

Worum es geht	*Was die Umweltbehörde will*
Umweltmedium/Bereich	Innerstädtische Fließgewässer und Stadtkanäle – Gewässergüte –
Schutzgüter	■ Naturhaushalt ■ Kommunale Lebensqualität
Qualitätsziel ■ Welcher Zustand wird in der Zukunft angestrebt?	■ Der chemische Zustand der Oberflächengewässer ist gut. ■ Der ökologische Zustand der Fließgewässer ist gut. ■ Das ökologische Potenzial der städtischen Kanäle ist gut.
■ Operationalisiert: Was bedeutet das konkret?	■ In den städtischen Kanälen soll ein stabiler eutropher (nährstoffreicher) Gewässerzustand erreicht werden, d. h., der Phoshorgesamtgehalt überschreitet 100 mg/m³ nicht. ■ In Hamburgs Fließgewässern werden die Anforderungen der biologischen Güteklasse II eingehalten. ■ Es werden die Richtwerte der Verordnung über die Qualität von Fisch- und Muschelgewässer (Salmoniden- und Cyprinidengewässer) eingehalten.
Handlungsziel langfristig ■ Wie soll das Qualitätsziel langfristig erreicht werden?	■ Die Alster wird wieder durchgängig für Tiere. ■ Hamburg vermindert die Mischwassereinträge aus dem Sielnetz. ■ Das Niederschlagswasser wird vor der Einleitung gereinigt.
■ Operationalisiert: Was bedeutet das konkret?	■ Es werden die Fischaufstiegshilfen verbessert oder Umlaufgerinne gebaut. ■ Für alle Gewässer werden Überschwemmungsgebiete ausgewiesen. ■ Es werden Behandlungsanlagen für Niederschlagswasser errichtet. ■ In allen Hamburger Fischgewässern werden die entsprechenden Richtwerte eingehalten.

Worum es geht	*Was die Umweltbehörde will*
Handlungsziel mittelfristig ■ Was soll konkret bis 2010 erreicht werden?	■ Die Grenzwerte der Fischgewässerverordnung werden in allen Gewässern eingehalten, die Richtwerte zumindest bei der Hälfte aller Fischgewässer. ■ Die obere Alster und die Wandse werden zum Forellengewässer entwickelt. ■ Das Abwassertransportsiel im Bereich der Oberalster wird ausgebaut. ■ Es soll ein Transportsiel vom Isebekkanal zur Elbe geplant und errichtet werden. ■ Im Einzugsgebiet von besonders stark befahrenen Straßen werden Behandlungsanlagen für Niederschlagswasser gebaut.
Indikatoren zur Erfolgskontrolle	■ Menge eingeleiteten Mischwassers (m^3) ■ Volumen des Speicherraums im Sielnetz (m^3) ■ Anzahl der gebauten Behandlungsanlagen für Niederschlagswasser ■ Anteil des Gewässerlaufs mit Gewässergüteklasse II ■ Anteil eingehaltener Grenz- und Richtwerte in den Fischgewässern

Ziele für Hamburg

Worum es geht	*Was die Umweltbehörde will*
Umweltmedium/Bereich	Innerstädtische Fließgewässer und Stadtkanäle – Gewässersohle –
Schutzgüter	▪ Naturhaushalt
Qualitätsziel ▪ Welcher Zustand wird in der Zukunft angestrebt?	▪ Die Sedimente sind in einem guten chemischen Zustand. ▪ Das ökologische Potenzial der städtischen Kanäle ist gut. ▪ Die Gewässersohle ist naturnah.
▪ Operationalisiert: Was bedeutet das konkret?	▪ Die Gewässer enthalten keine toxischen Sedimente. ▪ Es wird eine Akkumulation von Schadstoffen in Tieren, die im Sediment der Gewässer leben, verhindert.
Handlungsziel langfristig ▪ Wie soll das Qualitätsziel langfristig erreicht werden?	Hamburg erreicht und sichert die LAWA-Zielvorgaben.
▪ Operationalisiert: Was bedeutet das konkret?	Die punktuellen und diffusen Emissionen, die im Wesentlichen aus dem Straßenverkehr herrühren, werden vermindert.
Handlungsziel mittelfristig ▪ Was soll konkret bis 2010 erreicht werden?	▪ Die akut belasteten Sedimente („Hot Spots“) im Isebekkanal werden ausgebaggert. Darüber hinaus bestehen keine akuten Handlungserfordernisse. Weitere Ausbaggerungen des Sediments sind nur bei anstehenden Wasserbaumaßnahmen notwendig. ▪ Im Einzugsgebiet von besonders stark befahrenen Straßen werden Reinigungsanlagen für Niederschlagswasser gebaut. ▪ Es wird ein Gewässergütemodell mit dem Baustein Sedimente aufgebaut.

Die Bedeutung der Gewässerstruktur

Die Funktionsfähigkeit eines Gewässers im Naturhaushalt bestimmt nicht nur Wasserqualität, sondern auch Abflussdynamik und Struktur. Dieser Zusammenhang wurde bereits eingangs ausführlich beschrieben. Zwischen diesen Faktoren, den Tieren und Pflanzen des Lebensraumes und den chemisch-physikalischen Bedingungen bestehen vielfältige Wechselbeziehungen. Daher kommt der Gestaltung der Gewässerstruktur eine wichtige Rolle zu. Hierfür hat die LAWA mit ihrem Kartierungsverfahren ein wichtiges Instrument entwickelt. Die Möglichkeiten zur Bewertung der Gewässerstruktur lassen sich noch deutlich verbessern, wenn man zum LAWA-Verfahren zusätzlich die Biotopkartierung heranzieht.

Künftig wird also eine integrierte Gewässergütebewertung möglich sein, indem die Informationen aus der Biotopkarte mit anderen gewässerspezifischen Daten verknüpft werden. Hierzu gehören zum Beispiel die Wasserqualität, die Struktur des Gewässerlaufs und der Fischbesatz. Auf dieser Grundlage kann die Gewässergüteplanung gezielter nachhaltige Maßnahmen zum Schutz des Wasserhaushalts entwickeln und umsetzen.

Sauberes Wasser und eine natürliche Gewässerstruktur ...

Foto: Umweltbehörde Hamburg

... braucht nicht nur der Eisvogel

Foto: Natura 2000

Ziele für Hamburg

Worum es geht	*Was die Umweltbehörde will*
Umweltmedium/Bereich	Innerstädtische Fließgewässer und Stadtkanäle – Gewässerstruktur –
Schutzgüter	■ Naturhaushalt ■ Kommunale Lebensqualität
Qualitätsziel ■ Welcher Zustand wird in der Zukunft angestrebt?	Der Zustand der Oberflächengewässer ist gut.
■ Operationalisiert: Was bedeutet das konkret?	Für alle Oberflächengewässer wird die Gewässerstrukturgüteklasse II („gering verändert") erreicht. Ausgenommen hiervon sind die künstlichen Gewässer.
Handlungsziel langfristig ■ Wie soll das Qualitätsziel langfristig erreicht werden?	Es werden bundeslandübergreifende Bewirtschaftungspläne für alle Gewässereinzugsgebiete aufgestellt, in denen die Gewässerstrukturgüteklasse II erhalten oder erreicht werden soll. Bei künstlichen Gewässern wird der potenziell bestmögliche Zustand angestrebt. Die erforderlichen Maßnahmen werden im Rahmen der gemeinsamen Landesplanung der Region finanziert.
■ Operationalisiert: Was bedeutet das konkret?	■ Alle Fließgewässer sollen eine freie Talaue von mindestens der doppelten Breite des Gewässers besitzen. ■ Alle Gewässer, die im Tideregime liegen, werden der freien Tide ausgesetzt. ■ Hindernisse für die Wanderungen von Fischen und anderen Gewässerorganismen werden beseitigt oder passierbar gemacht. ■ Ufer werden nicht mit künstlichen Bauwerken und Abdeckungen befestigt.
Handlungsziel mittelfristig ■ Was soll konkret bis 2010 erreicht werden?	■ Es werden Bewirtschaftungspläne für in Hamburg befindliche Gewässereinzugsgebiete erstellt. ■ Es sollen Qualitätskriterien und Anforderungen an den potenziell bestmöglichen Zustand für „künstliche Gewässer" erarbeitet werden. ■ Es werden Konzepte zur Realisierung der Bewirtschaftungsmaßnahmen (inkl. mittelfristiger Finanzplanung) erarbeitet.
Indikatoren zur Erfolgskontrolle	■ Anteil der Gewässer mit Gewässerstrukturgüteklasse II

Umweltschonende Nutzung innerstädtischer Gewässer

Schon seit dem frühen 19. Jahrhundert hatten sich die innerstädtischen Wasserflächen, insbesondere die Alster, zu einem beliebten Wassersportrevier entwickelt. Mit der Aufnahme des Dampferverkehrs wurde die Alster zunächst auch wichtig für den Verkehr. Die Kanalisierung der Alster und der Bau umliegender Kanäle zu Beginn des 20. Jahrhunderts förderte zudem den gewerblichen Güterverkehr auf dem Wasser.

Geringe Wassertiefen, schmale Brückendurchfahrten sowie schnellere und modernere Transportmöglichkeiten an Land ließen aber die Bedeutung der Alster als Verkehrsweg rasch schwinden. Geblieben ist die Nutzung der Alster, ihrer Kanäle und Fleete als Wassersport-, Freizeit- und Erholungsrevier. Diese hat in den vergangenen Jahrzehnten sogar erheblich zugenommen. Immer öfter wird die Alster mit ihren Grünanlagen auch als Veranstaltungsraum genutzt. Dies alles geht mit zum Teil erheblichen Eingriffen in die Gewässersubstanz und den Naturhaushalt einher.

Hamburg braucht daher Rahmenbedingungen für Nutzung, Pflege und Erhalt der Gewässer, die den gestiegenen Anforderungen entsprechen. Nötig sind umsetzbare, verbindliche Regelungen zum Ausgleich der verschiedenen Interessenbereiche und zum Schutz des Gewässers als aquatischer Lebensraum. Es sollen deshalb Leitlinien erarbeitet werden, die diese Entwicklungen ökologisch und allgemein verträglich steuern. Damit wird die Funktion als Naherholungsraum erhalten und die ökologische Leistungsfähigkeit der innerstädtischen Gewässer langfristig gesichert.

Dem Schutz gewässerökologisch besonders sensibler Gewässerbereiche wie strömungsberuhigter Uferzonen kommt besondere Bedeutung zu. Sie bestimmen die ökologische Leistungsfähigkeit der Gewässer – ihre Gewässergüte, Uferstrukturen und ihre Selbstreinigungskapazität. In Teilen ist die Belastung der Wasserflächen und Uferzonen durch den Wassersport, den Freizeit-, Erholungs- und Ausflugsverkehr sehr hoch. Es müssen deshalb entsprechende Schutzbereiche ausgewiesen werden. Die Umweltbehörde bemüht sich dabei, einen Ausgleich zwischen Gewässerökologie und Gewässernutzung zu schaffen. Die Bevölkerung und alle betroffenen gesellschaftlichen Gruppen wie Wassersportvereine, Verbände und Anlieger werden in diesen Prozess aktiv einbezogen.

Hamburgs Herz – die Außenalster

Ziele für Hamburg

Worum es geht	*Was die Umweltbehörde will*
Umweltmedium/Bereich	Innerstädtische Gewässer und Stadtkanäle – Gewässernutzung –
Schutzgüter	▪ Naturhaushalt ▪ Kommunale Lebensqualität
Qualitätsziel ▪ Welcher Zustand wird in der Zukunft angestrebt?	Der aquatische Lebensraum, der Naturhaushalt und das Landschaftsbild werden durch Gewässernutzungen nicht beeinträchtigt.
▪ Operationalisiert: Was bedeutet das konkret?	Die Bewirtschaftung von Gewässern wird an ökologischen und stadtbildgestalterischen Kriterien ausgerichtet.
Handlungsziel langfristig ▪ Wie soll das Qualitätsziel langfristig erreicht werden?	▪ Es soll ein gewässerökologisch verträgliches Nutzungskonzept entwickelt werden für die innerstädtischen Gewässer, Uferanlagen und Anlagen im, am und über den Gewässern. ▪ Die Funktion und die Leistungsfähigkeit des Naturhaushalts des Alsterreviers wird erhalten und verbessert. Dies gilt auch für das Alsterrevier als Erholungs-, Erlebnis- und Wassersportraum.
▪ Operationalisiert: Was bedeutet das konkret?	▪ Die Wasserflächen werden in einer moderaten Form für den Wassersport und Ausflugsverkehr bewirtschaftet und genutzt. ▪ Es werden Rahmenbedingungen für die Nutzung innerstädtischer Wasserflächen als Veranstaltungsraum entwickelt. ▪ Die vom Erholungs-, Freizeitsport- und Ausflugsbetrieb ausgehenden Störungen des aquatischen Lebensraumes werden reduziert.

Worum es geht	*Was die Umweltbehörde will*
Handlungsziel mittelfristig ▪ Was soll konkret bis 2010 erreicht werden?	▪ Muskelbetriebene Wassersportaktivitäten werden gefördert und die Maschinenschifffahrt wird im Hinblick auf ihre Verträglichkeit mit anderen Gewässernutzungen bewertet. ▪ Die Anpflanzungen und gewässerökologisch wertvollen Biotope werden vor Betreten, Tierfraß und Erosion geschützt. ▪ Die Notwendigkeit von Spundwänden, Ufermauern und stationären Anlagen (z. B. Stege und Terrassen) in und an Gewässern soll sukzessive überprüft werden, mit dem Ziel, gewässerökologisch verträglichere Lösungen zu finden. ▪ Der maschinenbetriebene Ausflugsverkehr auf der Alster wird so gesteuert, dass die Erholungs- und Freizeitbedürfnisse der übrigen Gewässernutzer berücksichtigt werden. ▪ Das beim Reinigen von Booten anfallende belastete Abwasser soll nicht in die Gewässer gelangen, daher sollen Boote in geeigneten Bootswaschanlagen gereinigt werden.
Indikatoren zur Erfolgskontrolle	▪ Anteil Bootswaschanlagen

1.4.3 Das Grundwasser

Grundwasser ist ein wesentlicher Bestandteil des Wasserkreislaufes und unverzichtbar für die verschiedenen Ökosysteme des Naturhaushaltes. Es ist die wichtigste Quelle für die Versorgung von Bevölkerung, Landwirtschaft und Industrie mit qualitativ hochwertigem Wasser. Das Trinkwasser für die Hamburger Bevölkerung wird ausschließlich aus Grundwasser gewonnen.

Der Schutz vor Verschmutzung und Überbeanspruchung der Grundwasservorräte hat höchste Priorität. Die wasserwirtschaftliche Nutzung der Grundwasserressourcen sowie die unterschiedliche Flächennutzung durch Wohnungsbau, Industrie und Landwirtschaft befinden sich zunehmend in Konkurrenz zum Schutz des Ökosystems Grundwasser. Im Sinne einer nachhaltigen und zukunftsfähigen Nutzung der vorhandenen Grundwasserressourcen ist es notwendig, die wasserwirtschaftlichen, ökologischen und ökonomischen Aspekte gemeinsam zu betrachten.

Ohne sauberes Grundwasser kein sauberes Trinkwasser

Nach der Agenda 21 gilt als das oberste Ziel des Gewässerschutzes „die gesicherte Bereitstellung von Wasser in ausreichender Menge und guter Qualität für die gesamte Weltbevölkerung bei gleichzeitiger Aufrechterhaltung der hydrologischen, biologischen und chemischen Funktionen der Ökosysteme, Anpassung der Aktivitäten des Menschen an die Belastungsgrenzen der Natur und Bekämpfung der Krankheitsüberträger wasserinduzierter Krankheiten“.

Die Versorgung der Bevölkerung mit Trinkwasser in einwandfreier Qualität ist auch in Hamburg erstes Qualitätsziel. Dieses Ziel ist nur zu verwirklichen, wenn wir uns qualitativ hochwertiges Grundwasser als Grund- und Rohstoff für die Trinkwasserversorgung erhalten. Auch zukünftig soll in Hamburg nur natürliches beziehungsweise naturbelassenes Grundwasser für die Trinkwasserversorgung zum Einsatz kommen. Darüber hinaus ist das Grundwasser ein bedeutender Teil des gesamten Ökosystems, das mit verschiedensten anderen Umweltmedien in unmittelbarem Kontakt steht. Der Erhalt der natürlichen Grundwasserbeschaffenheit stellt ein wichtiges Element zum Schutz des Naturhaushalts dar.

12,5 Prozent der Fläche von Hamburg sind …

… Wasserschutzgebiet

Foto: Hamburger Wasserwerke GmbH

Foto: Hamburger Wasserwerke GmbH

Unter dem Begriff „natürliches Grundwasser" wird in Zusammenhang mit der Wasserversorgung verstanden, dass darin keine anthropogenen Inhaltsstoffe (wie Pflanzenschutzmittelwirkstoffe (PSM), halogenierte Kohlenwasserstoffe) enthalten sind. Geogene Inhaltsstoffe (beispielsweise natürliche Salze) dürfen nur in solchen Konzentrationen im Grundwasser vorhanden sein, wie sie für den menschlichen Genuss und für die Erfordernisse der Wasserversorgungstechnik tolerierbar sind.

Mittlerweile sind in der Umwelt vorhandene Schadstoffe auch eine Gefahr für das Grundwasser. Hierzu zählen etwa diffuse Einträge von Nitrat, Pflanzenschutzmitteln und chlorierten Kohlenwasserstoffen. Ein natürlicher, ursprünglicher Zustand des Grundwassers kann aus diesem Grund nicht mehr überall vorausgesetzt werden. Im Sondergutachten „Grundwasserschutz" des Rates von Sachverständigen für Umweltfragen sowie im Entwurf der EU-Wasserrahmenrichtlinie wird deshalb bereits das eher realistische Qualitätsziel „möglichst anthropogen unbeeinflusst" diskutiert. In jedem Fall bildet der flächendeckende vorbeugende Grundwasserschutz nach wie vor die Grundlage, um die natürliche Grundwasserbeschaffenheit zu sichern.

Effektiver Grundwasserschutz ist dem Standort angepasst

Die natürliche Grundwasserbeschaffenheit ist ausschließlich durch einen vorbeugenden und flächendeckenden Grundwasserschutz zu erhalten. Flächendeckender Grundwasserschutz erfordert allerdings nicht überall den gleichen, sondern einen den örtlichen hydrogeologischen Gegebenheiten angepassten Schutzaufwand. Dabei sollte der Schutzaufwand nach der Belastungsempfindlichkeit des jeweiligen Grundwassersystems gestaffelt sein. So können in empfindlichen Gebieten zum Teil höhere Anforderungen als die bereits flächendeckend geltenden Mindestanforderungen nötig sein.

Es ist das langfristige Ziel des vorbeugenden Grundwasserschutzes, die Risikopotenziale und empfindlichen Standorte zu entzerren. Voraussetzung hierfür ist ein verantwortungsvoller Umgang mit den betroffenen Flächen. Potenzielle Gefährdungen müssen dafür bereits im Vorfeld raumbedeutsamer Planungen minimiert werden. Dies kann durch entsprechende qualitative Anforderungen und eine Beschränkung bestimmter Flächennutzungen bei der Bauleit- und Landschaftsplanung geschehen.

Es ist deshalb beabsichtigt, für die Bauleitplanung in grundwasserempfindlichen Gebieten Anforderungskataloge und Merkblätter zu entwickeln. Diese sollen den mit der Bauleitplanung befassten Dienststellen als Abwägungs- und Entscheidungshilfe zur Verfügung stehen. Ein Merkblatt mit Vorgaben für die Durchführung von Abgrabungen in Wasserschutzgebieten und sonstigen hydrogeologisch besonders sensiblen Bereichen befindet sich in Planung. Dabei wird der Schutz und Erhalt der natürlichen, gering durchlässigen Deckschichten, zum Beispiel Klei, im Vordergrund stehen.

Als allgemeine Planungsgrundlage wird auch zukünftig die „Empfindlichkeitskarte Grundwasser" herangezogen. Für eine umfassendere Beurteilung der möglichen Gefährdung werden zusätzlich so genannte „Schutzfunktionskarten" entwickelt. Diese Karten beziehen weitere Einzelparameter in die Ermittlung der Gesamtschutzfunktion der Grundwasserüberdeckung ein und verknüpfen diese miteinander. Solche Parameter sind: nutzbare Feldkapazität des Bodens, Kationenaustauschkapazität, Sickerwasserrate sowie hydrogeologische Standortgegebenheiten. Die LAWA erörtert derzeit ebenfalls das Thema standortangepasster Grundwasserschutz.

Überregionale Ziele

Zielebene	*Das Umweltqualitätsziel*	*Das Umwelthandlungsziel*
International	Wasser steht in angemessener Menge und guter Qualität für die gesamte Weltbevölkerung bereit. Dabei wird die Aufrechterhaltung der hydrologischen, biologischen und chemischen Funktionen der Ökosysteme berücksichtigt. Die Menschen passen ihre Aktivitäten den Belastungsgrenzen der Natur an. Es werden die Krankheitsüberträger wasserinduzierter Krankheiten bekämpft. (Agenda 21, Rio de Janeiro, Juni 1992) Eine Verschlechterung des Zustands des Grundwassers muss vermieden werden. Der Grundwasserkörper ist entsprechend zu sanieren. Es soll ein gutes Gleichgewicht zwischen Grundwasserentnahme und -anreicherung gewährleistet sein. Spätestens 6 Jahre nach Festlegung des Maßnahmenprogramms bzw. 10 Jahre nach Inkrafttreten der Richtlinie soll das Grundwasser in allen Grundwasserkörpern in einem guten Zustand sein. (Wasserrahmenrichtlinie 2000/ /EG des Europäischen Parlaments und des Rates zur Schaffung eines Ordnungsrahmens für Maßnahmen der Gemeinschaft im Bereich der Wasserpolitik; Gemeinsamer Entwurf – nach Billigung durch den Vermittlungsausschuss; Brüssel, den 18.07.2000)	
National		▪ Das Grundwasser wird als natürliche Lebensressource geschützt. ▪ Das Wasser für die Versorgung der Bevölkerung, der Landwirtschaft, der Industrie und des Gewerbes, für Naherholung und Fischerei wird in nachhaltiger Form genutzt. (Nationale Gewässerschutzkonzeption – aktuelle Schwerpunkte, Beschluss der 107. LAWA-Vollversammlung am 20.09.1996)

Ziele für Hamburg

Worum es geht	*Was die Umweltbehörde will*
Umweltmedium/Bereich	Wasserhaushalt – Grundwasserbeschaffenheit –
Schutzgüter	▪ Menschliche Gesundheit ▪ Naturhaushalt
Qualitätsziel ▪ Welcher Zustand wird in der Zukunft angestrebt?	Die natürliche Grundwasserbeschaffenheit wird erhalten.
▪ Operationalisiert: Was bedeutet das konkret?	▪ Der Zustand des Grundwassers ist in allen Grundwasserleitern gut. ▪ Im Grundwasser sind keine anthropogenen Inhaltsstoffe.
Handlungsziel langfristig ▪ Wie soll das Qualitätsziel langfristig erreicht werden?	▪ Es wird ein vorbeugender Grundwasserschutz durchgesetzt. ▪ Wo nötig wird ein reparierender Grundwasserschutz betrieben.
Handlungsziel mittelfristig ▪ Was soll konkret bis 2010 erreicht werden?	▪ Die Landbewirtschaftung soll grundwasserschonend erfolgen. ▪ Die Umweltbehörde stellt die Qualitätssicherung in der anlagenbezogenen Grundwasserüberwachung sicher, u. a. durch Verankerung einer Eigenüberwachungspflicht der privaten Betreiber im Hamburgischen Wassergesetz. ▪ Der Grundwasserschutz wird dem Standort angepasst durch Steuerung der Flächennutzung in besonders grundwasserempfindlichen Gebieten. Bei der Bauleitplanung und anderen Fachplanungen wird dies mit Hilfe der Erstellung von Grundwasserschutz-Planungskarten sichergestellt.
Indikatoren zur Erfolgskontrolle	▪ Grundwasserbeschaffenheit in - gefördertem Rohwasser - oberflächennahem Grundwasser - tieferem Grundwasser - den Sondermessnetzen in Wasserschutzgebieten ▪ Anteil, der durch Wasserschutzgebiete besonders geschützten oberflächennahen Grundwasserförderungen an der Gesamtfördermenge der öffentlichen Wasserversorgung in Hamburg

2 *Ressourcen-* SCHON

Foto: Image Bank

UNG

„Es geht!
Wir können die Ressourcenproduktivität gewaltig steigern. Wir müssen nur Abschied von der Wegwerfgesellschaft nehmen, aber das geht ohne Verlust an Lebensqualität.
Ist es nicht Lebensqualität, wenn man dauerhafte Güter über Jahrzehnte lieb gewinnt und womöglich der nächsten Generation vererbt? Ist es nicht ein Zeichen technischer Reife, wenn Papierherstellung mit einem Zehntel des heutigen Wasserverbrauchs funktioniert?"
Ernst Ulrich von Weizsäcker (1994)

Nach gut 20 Jahren Umweltpolitik und zäher Arbeit gegen Gift- und Schadstoffe ist die Umwelt deutlich sauberer geworden. Aber dennoch droht die Ökosphäre aus dem Gleichgewicht zu geraten.

Was machen wir falsch? Jeder Verbrauch von Wasser, Stahl, Beton, Boden oder Energie hat unweigerlich ein Stück veränderte Umwelt zur Folge. Und wir verbrauchen Megatonnen davon – und das zu Schleuderpreisen.

Je mehr Umwelt wir in einen Prozess, ein Produkt oder eine Dienstleistung investieren, desto gravierender sind die Folgen. Darum muss das Ziel Dematerialisierung heißen: Die Materialintensität unseres Wohlstandes ist nicht mehr tragbar. Wir müssen lernen, Wohlstand mit weniger Umweltverbrauch zu schaffen.

Ressourcen nutzen statt verbrauchen

Die natürlichen Ressourcen dürfen nicht in höherem Maße genutzt werden, als sie sich regenerieren. Und sie sollten nicht stärker mit Schadstoffen belastet werden, als für den Naturhaushalt verträglich ist. Das ist der Kern des Leitbildes der nachhaltigen Entwicklung. Die Endlichkeit der Ressourcen setzt dem wirtschaftlichen Wachstum Grenzen. Andererseits muss innerhalb dieser Grenzen eine ökonomische Entwicklung zum Wohle der Menschen gewährt bleiben.

Der Begriff Ressource ist sehr umfassend und vielschichtig. Er umfasst neben Rohstoffen, Wasser, Boden, Sonnenstrahlung und Wind auch die biologische Vielfalt und die Aufnahmefähigkeit der Umwelt für Stoffeinträge. Zusätzlich unterscheidet man zwischen erneuerbaren Ressourcen wie Holz, Wind, Sonnenstrahlung und nicht erneuerbaren Ressourcen wie fossilen Energieträgern, Erzen, Boden und Fläche. Auch die Art der Nutzung muss besonders betrachtet werden. Sie reicht von Ge- und Verbrauch von Rohstoffen über Belastung durch (Schad-) Stoffeinträge in Boden, Wasser und Luft bis hin zur Zerstörung von Ressourcen (beispielsweise Artenvielfalt).

Die Diskussion um die ökologische Zukunftsfähigkeit ist bisher geprägt durch die Schäden, die Ökosysteme über die Verschmutzung mit Schadstoffen erleiden. Der Verbrauch der Rohstoffe und ihre Verfügbarkeit stehen bislang weniger im Vordergrund. Wer aber eine vorsorgeorientierte Strategie im Blick hat, darf nicht dabei stehen bleiben, umwelt- und gesundheitsbelastende Emissionen zu reduzieren. Um neuen Umweltproblemen vorzubeugen, muss die Entnahme von Ressourcen auf ein verträgliches Maß zurückgeschraubt werden. Gerade die Industrieländer haben dabei eine besondere Verantwortung. Denn hier verbrauchen rund 20 Prozent der Weltbevölkerung etwa 80 Prozent der Ressourcen. Übertrüge man den Ressourcenverbrauch der Industrieländer auf die Entwicklungsländer, so würde dies zum sofortigen Kollaps der Ökosysteme der Welt führen.

Wirtschaftswachstum und Entwicklung stehen jedoch auch den Entwicklungsländern zu. Industrieländer wie die Bundesrepublik müssen vorrangig ihre ressourcenintensive und umweltbelastende Lebens- und Wirtschaftsweise mit den natürlichen Lebensgrundlagen in Einklang bringen.

Der schonende Umgang mit den natürlichen Ressourcen ist daher ein zentrales Anliegen einer langfristigen, nachhaltigen, umweltgerechten Entwicklung, insbesondere um die Entwicklungschancen zukünftiger Generationen nicht zu schmälern.

Vier Leitlinien zur Ressourcenschonung

Als Handlungsrahmen für einen ressourcenschonenden Umgang hat die Enquete-Kommission des 13. Bundestages „Schutz des Menschen und der Umwelt" vier Regeln aufgestellt, mit denen die Funktionsfähigkeit und ökologische Leistungsfähigkeit des Naturhaushalts sowie eine nachhaltige Nutzung von Naturgütern sichergestellt werden soll:

- Die Nutzung einer erneuerbaren Ressource darf nicht größer sein, als ihre Ertrags- beziehungsweise Regenerationsrate es zulässt
- Es dürfen nicht mehr Stoffe freigesetzt werden, als die Umwelt aufnehmen kann
- Die Nutzung nicht erneuerbarer Ressourcen muss minimiert werden. Sie sollen nur in dem Maße genutzt werden, in dem ein physisch und funktionell gleichwertiger Ersatz in Form erneuerbarer Ressourcen geschaffen wird
- Das Zeitmaß der menschlichen Eingriffe muss in einem ausgewogenen Verhältnis zum Zeitmaß der natürlichen Prozesse stehen. Dies gilt für die Abbauprozesse von Abfällen wie für die Regenerationsrate von erneuerbaren Rohstoffen oder Ökosystemen

Die Schwerpunkte des vorliegenden Kapitels sind der Ressourcenverbrauch sowie die Stoffkreisläufe und Stoffumsätze. Der Zusammenhang zwischen schonendem Umgang mit Ressourcen und Artenvielfalt, Biodiversität sowie Wasser- und Bodenhaushalt wird im Kapitel „Schutz des Naturhaushalts“ behandelt.

Ressourcen schonen und effizienter nutzen

Jedes Produkt und jede Dienstleistung ist auf seinem beziehungsweise ihrem gesamten Lebensweg mit Energie- und Stoffumsätzen verbunden. Es werden natürliche Ressourcen genutzt und entnommen und dabei zwangsläufig Emissionen, Abwässer und Abfälle produziert. Die Entkopplung des Wirtschaftswachstums von Ressourcenverbrauch und Umweltbelangen muss ein wesentlicher Bestandteil der ökologischen und sozialen Marktwirtschaft sein. Effizienz und Produktivität der Ressourcen sind ein entscheidender Schlüssel. Die Wissenschaftler Ernst Ulrich von Weizsäcker und Friedrich Schmidt-Bleek haben erste wichtige Lösungsansätze zur Verminderung des Ressourcenverbrauchs formuliert.

Ihr besonderes Augenmerk liegt hierbei auf den Ressourcen Energie, Material- und Stoffkreisläufe, Wasser sowie Fläche. Darauf wird auch im vorliegenden Kursbuch der Schwerpunkt gelegt.

Wir brauchen einen verantwortungsvollen Umgang mit Ressourcen in allen Handlungsfeldern. Dafür müssen die unterschiedlichen Akteure, von den Produzenten bis zu den Konsumenten, angesprochen und einbezogen werden, denn alle müssen verantwortlich handeln. Produktverantwortung, Schließen von Stoffkreisläufen und nachhaltiger Konsum müssen gefördert und durchgesetzt werden.

Zwischen dem Anspruch der Ressourcenschonung und den in diesem Kapitel aufgeführten Handlungszielen klafft noch eine große Lücke. In den verschiedenen Handlungsfeldern sind die selbst gesteckten Handlungsziele dabei unterschiedlich weit entwickelt. Sie reichen sicherlich noch nicht aus, um die Lücke zu schließen, aber sie sind wichtige Schritte in die richtige Richtung.

Verteilung des Gesamtressourcenverbrauchs auf die Weltbevölkerung

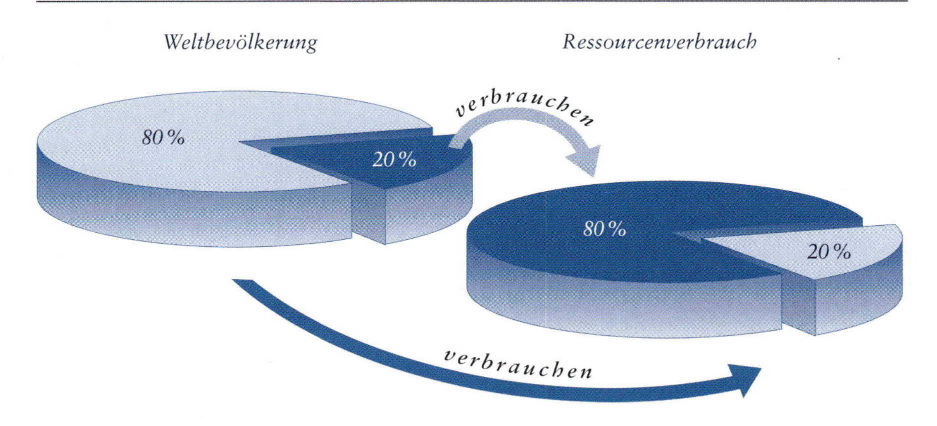

Überregionale Ziele

Zielebene	*Das Umweltqualitätsziel*	*Das Umwelthandlungsziel*
International	„Die Regierungen ... sollen darauf hinwirken, die effiziente Nutzung von Ressourcen einschließlich einer zunehmenden Wiederverwertung von Rückständen zu erhöhen ...“ „Die Regierungen sollen ... eine geeignete Kombination aus wirtschaftspolitischen Instrumenten ... sowie Normen erarbeiten und umsetzen, die die Einführung einer umweltverträglichen Produktion unter besonderer Berücksichtigung von kleinen und mittleren Unternehmen fördern.“ (Agenda 21, Rio de Janeiro 1992, Kapitel 30)	
National	Der Ressourcenverbrauch soll substanziell vermindert werden. Gleichzeitig sollen das Wohlfahrtsniveau und die Lebensqualität erhalten bzw. entwickelt werden. (Nachhaltige Entwicklung in Deutschland, Entwurf eines umweltpolitischen Schwerpunktprogramms, Bundesministerium für Umwelt (BMU) 1998)	▪ Die Rohstoffproduktivität wird auf der Basis von 1993 bis zum Jahr 2020 um das 2,5fache erhöht. ▪ Die Energieproduktivität wird bis 2020 auf der Basis von 1990 verdoppelt.

2.1 UMWELTVERTRÄGLICHE STOFF-KREISLAUFWIRTSCHAFT

Wirtschaftliches Wachstum bedeutet fast immer mehr Güter und damit höherer Ressourcenverbrauch. Der technische Fortschritt und eine verstärkte Abfallverwertung haben diesen Effekt bisher lediglich abgemildert. Umweltbelastungen und das absehbare Ende der Vorräte an Ressourcen zeigen, dass wir unseren gesellschaftlichen Stoffwechsel wieder stärker in den des Naturhaushalts einbetten müssen. Wirtschaftlicher Wohlstand und Ressourcenverbrauch müssen entkoppelt und eine qualifizierte Stoffkreislaufwirtschaft muss geschaffen werden.

Weniger ist mehr

Die Stoffströme, der Energieverbrauch und die Schadstoffverschleppung der Industriegesellschaft sollen zielgerichtet minimiert werden. Zu diesem Zweck müssen die Stoffströme über den gesamten Lebenszyklus eines Produkts optimiert werden.

Die Produktverantwortung der Hersteller ist hierbei besonders wichtig. Denn Produkte, die langlebig, reparaturfreundlich und problemlos verwertbar sind, senken den Bedarf an Rohstoffen und Energie. Von Produktdesign, Produktion, Vertrieb und Transport über den Ge- und Verbrauch bis hin zur Wiederverwendung, Verwertung oder Beseitigung: Der Gesichtspunkt des sparsamen Ressourceneinsatzes muss für den gesamten Lebenszyklus eines Produktes stärker berücksichtigt werden.

Eine solche Betrachtung kann zu überraschenden Ergebnissen führen. So ist es möglich, dass ein einzelnes Produkt mit relativ viel Abfall am Ende seines Lebensweges gesamtökologisch die bessere Alternative darstellt gegenüber einem Produkt mit geringem Abfallaufkommen. So ist beispielsweise der Vertrieb von Milch in Schlauchbeuteln gegenüber dem Vertrieb von Milch in Mehrwegflaschen unter den gegebenen Rahmenbedingungen (Aufgabe lokaler Meiereien) ökologisch gleichwertig.

Am Beispiel des Mineralwasserkonsums wird deutlich, dass auch ein auf den ersten Blick optimaler Vermeidungsweg bessere Alternativen haben kann. Denn der Kauf von regional abgefülltem Mineralwasser in Mehrwegflaschen wird ökologisch gesehen durch die direkte Aufbereitung von Trinkwasser mit Hilfe von Sodabereitern übertroffen. Hier wird deutlich, dass auch jeder Einzelne in der Verantwortung steht, lieb gewonnene Gewohnheiten auf den ökologischen Prüfstand zu stellen.

Da dem Umgang mit Abfällen in einer qualifizierten Stoffwirtschaft eine Schlüsselrolle zukommt, konzentriert sich dieses Kapitel im Weiteren auf die Abfallwirtschaft. Die betriebsbezogenen Themenbereiche produktionsintegrierter Umweltschutz, Umweltmanagementsysteme und Ressourcenschonung in der öffentlichen Verwaltung werden gesondert im Kapitel 2.2 behandelt.

Foto: Holsten-Brauerei AG

Der beste Weg – Getränke aus der Region in Mehrwegflaschen

Vom Ex und Hopp zur Kreislaufwirtschaft

In den achtziger Jahren drohte durch steigende Abfallmengen und fehlende Behandlungs- und Beseitigungsanlagen in Deutschland ein Entsorgungsnotstand. Die Anforderungen an die Abfallanlagen waren zudem unzureichend und konnten erhebliche Umweltauswirkungen nicht verhindern. Immer deutlicher traten die Folgen für die Umwelt zutage, Umweltskandale wie der Fall der Giftmülldeponie Georgswerder waren deutliche Alarmzeichen: Die Entsorgungsstruktur war unterentwickelt, die Abfallströme ungeordnet und zufällig.

Die Abfallwirtschaft wurde daher neu ausgerichtet und die Abfallentsorgung umstrukturiert. Dabei wurden die Beseitigungstechniken verbessert sowie Konzepte zur Altlastensanierung entwickelt und mit großem Engagement erprobt, verbessert und teilweise großräumig umgesetzt.

Anfang der neunziger Jahre ist die Abfallwirtschaft dann in eine neue Phase eingetreten, in der der Leitgedanke einer möglichst kreislaufartigen Verbindung von Versorgung und Entsorgung sowie der Produktverantwortung die Entscheidungen und Maßnahmen prägte. Ein wichtiger Schritt auf dem Weg zu einer Kreislaufwirtschaft war das Gesetz zur Förderung der Kreislaufwirtschaft und Sicherung der umweltverträglichen Beseitigung von Abfällen (Kreislaufwirtschafts- und Abfallgesetz), das nach langwierigen und kontrovers geführten Diskussionen 1996 in Kraft trat.

Zur Optimierung der Stoffströme liefert das deutsche Kreislaufwirtschafts- und Abfallgesetz jedoch lediglich erste Ansätze. Denn ein nationales Vorgehen führt in der globalisierten Wirtschaft nicht zum Ziel, notwendig sind hier vor allem auch international verbindliche Vereinbarungen. Dies darf jedoch nicht davon abhalten, die regional – auf Länder- und Bundesländerebene – bereits vorhandenen Möglichkeiten auszuschöpfen.

Jährliches Aufkommen an Siedlungsabfällen je Einwohner (1998)

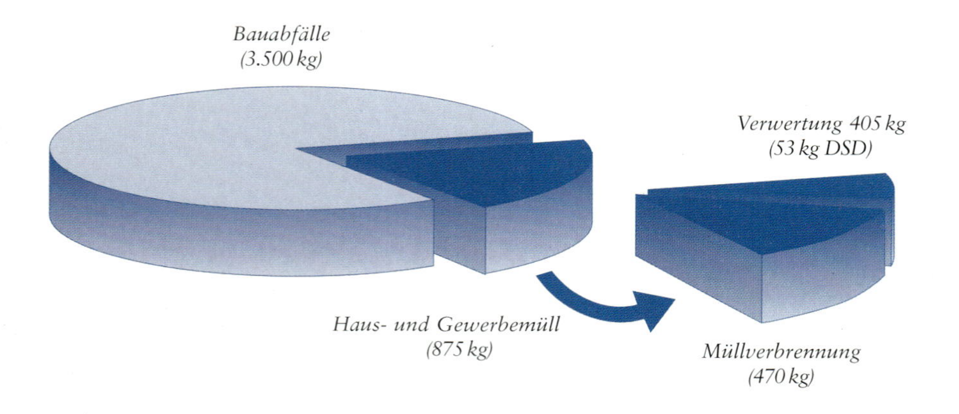

Foto: ABC

350.000 Tonnen Papier werden jährlich in Hamburg recycelt

Die neue Ausrichtung der Abfallpolitik hatte weitreichende Konsequenzen für die Abfallwirtschaft. Abfallvermeidung und Abfallverwertung wurden neu strukturiert. Die erforderlichen Strukturveränderungen bei den Erzeugern und Besitzern von Abfällen sowie im öffentlich-rechtlichen und privaten Entsorgungsbereich werden noch einige Jahre in Anspruch nehmen.

Wesentliche Veränderungen sind auch bei den Abfallmengen und bei der Auslastung von Beseitigungsanlagen aufgetreten. Im häuslichen wie im gewerblichen und industriellen Bereich ist seit Anfang der neunziger Jahre eine Trendwende erreicht worden. So hat seit 1991 die zusätzliche Kostenbelastung für Verpackungen im Rahmen des Dualen Systems Deutschlands (DSD) die Menge an Umverpackungen erheblich reduziert. Außerdem wird mehr Pappe anstelle von Kunststoffen eingesetzt und umweltfreundlichere Kunststoffe ersetzen mehr und mehr das PVC. Außerdem werden oft dünnere Folien und dünnere Gläser verwandt. Angesichts dieser positiven Impulse hat sich die Übertragung der Entsorgungsverantwortung auf die Produzenten durchaus bewährt.

Vermeidung vor Verwertung

Die Entwicklung der Abfallwirtschaft soll sich an der Rangfolge Vermeidung vor Verwertung und Verwertung vor Beseitigung orientieren. Vermeidung beschränkt sich dabei nicht nur auf Abfall, sondern umfasst das Vermeiden von Umweltbelastungen durch ein Produkt über den gesamten Lebensweg. Neben geringem Materialeinsatz, Verwendung erneuerbarer Ressourcen, geringem Energieverbrauch, geringem Ausstoß von Schadstoffen und klimarelevanten Stoffen sind Langlebigkeit, Wiederverwendbarkeit und geringes Abfallaufkommen entscheidende Kriterien für ein nachhaltiges Produkt.

In der Praxis entwickelten sich aus dem zunächst rein werkstofflich gedachten Ansatz Abwandlungen wie die rohstoffliche Verwertung (beispielsweise Umwandlung von Jogurtbechern in Öl). Zunehmend wird auch die energetische Verwertung genutzt.

Bei der energetischen Verwertung ersetzt der Abfall oft einen anderen Brennstoff; und dies nicht nur zur klassischen Energieerzeugung wie in Kraftwerken, sondern auch in Produktionsanlagen, beispielsweise in Zementwerken. Heute stehen werkstoffliche und rohstoffliche Verwertung gleichberechtigt neben der energetischen Verwertung. Vorrang soll dabei die jeweils bessere Umweltverträglichkeit haben. Verordnungen, die das sicherstellen, müssen noch geschaffen werden.

Altpapiersammelcontainer

Foto: ABC

Ökodumping auf dem Verwertungsmarkt

Mit dem Kreislaufwirtschaftsgesetz wurde die energetische Verwertung in Industrieanlagen gegenüber der Beseitigung privilegiert. Dies hat zu einer deutlichen Veränderung der Abfallentsorgung geführt. Zielkonflikte zwischen den beiden Zwecken des Gesetzes, für die keine Rangfolge festgelegt ist, können sich dann ergeben, wenn die Vermeidung oder die Verwertung von Abfällen zwar zur Rohstoffschonung und Kreislaufführung führt, auf der anderen Seite aber zum Beispiel durch zusätzliche Emissionen oder Schadstoffverschleppungen in die Produkte zur Umweltbelastung beiträgt. Ein mit der Verwertung verbundener Kostenvorteil darf jedoch nicht zu Lasten der ökologischen Verträglichkeit gehen.

Die Verwertung von Abfällen in Industrieanlagen wie Hochöfen und Zementwerken ist als Entsorgungsweg zu einer neuen Dimension herangewachsen. Dies wurde möglich aufgrund der im Vergleich zu Beseitigungsanlagen teilweise anderen Umweltschutzauflagen und damit in der Regel geringeren Kosten. Während die Beseitigung von Abfällen durch Andienungspflichten räumlich eingrenzbar ist, steht der Verwertung prinzipiell der internationale Markt offen. Die Zulässigkeit einer Verwertung wird dabei im Wesentlichen durch das Empfängerland bestimmt. In der Praxis findet daher teilweise ein Ökodumping statt. Hier müssen sowohl national wie international verbesserte Rechtsgrundlagen geschaffen werden.

Von der Deponierung zu Vermeidung und Verbrennung

Zur Ablagerung beziehungsweise Deponierung sollten grundsätzlich nur praktisch nicht reaktionsfähige und das Grundwasser nicht belastende Stoffe kommen. In Einzelfällen ist allerdings auch eine langfristig wirkende Abkapselung von Schadstoffen sinnvoll, wenn beispielsweise die technische Behandlung und der damit verbundene Energieaufwand zu größeren ökologischen Schäden führen als die Untertagedeponierung.

Anfang der neunziger Jahre hat Hamburg noch über 500.000 Tonnen pro Jahr allein an Hausmüll und Hausmüll ähnlichen Gewerbeabfällen deponiert. Damit war ein jährlich neuer Verbrauch von circa zwei Hektar Fläche verbunden, die bis über 2050 hinaus praktisch nicht mehr nutzbar ist. Durch gesteigerte Müllvermeidung und -verwertung sowie durch die Errichtung technischer Anlagen findet dieser Flächenverbrauch nun nicht mehr statt. Hamburg hat die Deponierung unbehandelten Hausmülls 1998/99 beendet, bundesweit muss dies aufgrund der gesetzlichen Vorgaben erst im Jahr 2005 erfolgen.

Die Stadtreinigung Hamburg entsorgt jedes Jahr fast 1 Mio. Tonnen Abfall

Foto: Stadtreinigung Hamburg

Müllverbrennungsanlagen sind vor allem wegen mangelnder Deponiekapazität errichtet worden. Sie sind ausgelegt zur Beseitigung des Vielstoffgemisches Hausmüll und den Hausmüll ähnlichen Gewerbeabfällen. In der Vergangenheit waren mit dem Betrieb von Müllverbrennungsanlagen Belastungen in Form von Lärm, Geruch und Emissionen verbunden. Dies hat häufig dazu geführt, dass Müllverbrennungsanlagen (MVA) an Standorten errichtet wurden, die zwar kommunalpolitisch durchsetzbar waren, gleichzeitig aber wegen der Entfernung zu Siedlungen oder anderen möglichen Wärmenutzern keine effektive Energieauskopplung ermöglichen. Auch können die Betreiber in der Regel keine Preise für Strom und Wärme erzielen, die einen Anreiz für eine möglichst hohe Energieproduktion bilden. Daher gibt es heute viele Müllverbrennungsanlagen mit relativ schlechter Energieausbeute. Für Müllverbrennungsanlagen muss daher in Zukunft neben ihrer Funktion als Schadstoffsenke eine möglichst hohe Energienutzung erreicht werden.

Mehr, weiter, schneller – die Stoffströme in Europa und der Welt

Hamburgs Einfluss ist begrenzt. Der Rahmen wird im Wesentlichen von außen gesetzt und geprägt durch die fortschreitende europäische Integration, die anhaltende Globalisierung der Wirtschaft und ein nur begrenzt beeinflussbares Verhalten der Bevölkerung.

Regionale Nahversorgung kann zwar gefördert, aber nicht erzwungen werden. Konzentrationsprozesse in der Wirtschaft sowie Logistikentscheidungen von Produzenten und Handel sind regional nur wenig beeinflussbar. Voraussichtlich werden weiterhin Sommerfrüchte im Winter von der südlichen Erdhalbkugel importiert und in Süddeutschland hergestellte Milchprodukte in Hamburg angeboten werden. Je stärker aber der steigende Transportaufwand die Ökobilanz von Produkten bestimmt, desto eher können sogar die Nachteile der Einwegverpackungen gegenüber Mehrwegverpackungen überkompensiert werden.

Um die Umweltbelastungen für den gesamten Stoffstrom oder den gesamten Lebensweg eines Produktes zu verringern, kann es im Einzelfall erforderlich sein, die Rangfolge von Vermeidung, Verwertung und Beseitigung zu relativieren. Bis zur Erarbeitung besserer Kenntnisse muss sie jedoch als Schritt in die grundsätzlich richtige Richtung beibehalten werden. Eine verringerte Gesamtbelastung kann insgesamt nur durch Einbeziehung von Produzenten, Handel und Verbraucher in ein System der Produktverantwortung erreicht werden, kombiniert mit verändertem Konsumverhalten.

Hamburgs Spielraum nutzen

Die Handlungsmöglichkeiten Hamburgs beschränken sich im Wesentlichen auf die regionale Abfallwirtschaftsplanung, die Überwachung der Hamburger Abfallerzeuger und Abfallentsorgungsanlagen, die Öffentlichkeitsarbeit, auf das kommunale Gebührensystem und die Vorbildfunktion der Verwaltung als größtem Hamburger Dienstleistungsbetrieb. Hamburg verfügt darüber hinaus als Bundesland über Gesetzeskompetenz, die sich aber im engen Rahmen des europäischen und bundesdeutschen Abfallrechtes bewegt.

Ein wichtiges Instrument der kommunalen Abfallwirtschaftsplanung sind betriebliche Abfallwirtschaftskonzepte, die von Industrie- und Gewerbebetrieben ab einem bestimmten Abfallaufkommen erstellt werden müssen. Diese Abfallwirtschaftskonzepte schaffen Transparenz und geben Aufschluss über Art, Menge und Verbleib von Abfällen. Mit ihrer Hilfe können Abfallströme identifiziert und Betriebe zum Beispiel innerhalb einer Branche verglichen werden, um Stoffströme im Sinne von „Best Practice“ zu ermitteln und zu optimieren.

Ein schon aufgrund seiner Menge bedeutsamer Bereich sind die Bauabfälle. Von der Gesamtabfallmenge pro Jahr und Einwohner von über 5.000 Kilogramm sind allein 3.500 Kilogramm Bauabfälle. Von den in Hamburg jährlich anfallenden rund 5,7 Millionen Tonnen Bauabfällen werden 25 Prozent auch durch die Bauwirtschaft in Hamburg wiederverwendet, bezogen auf die Metropolregion Hamburg sind es sogar 40 Prozent.

Als Ergebnis einer vereinfachten Stoffstrombetrachtung lässt sich Folgendes feststellen:

- Bauabfälle fließen in erheblichem Umfang in die Bauwirtschaft zurück. Eine weitere Verbesserung der Verwertung von Bauschutt und Straßenaufbruch kann allenfalls in qualitativer Hinsicht erfolgen, zumal die derzeitige Verwertung zum Teil auch ohne Aufbereitung beziehungsweise mit geringer Aufbereitung erfolgt (Downcycling). Qualitativ hochwertig ist dagegen die Aufarbeitung von mineralischen Bauabfällen zu qualifizierten Recyclingbaustoffen für den Straßenbau. Andere Ansätze einer hochwertigen Verwertung, wie der Einsatz von Betonabfällen bei der Herstellung von Beton, stehen noch in der Entwicklung beziehungsweise Erprobung
- Große Mengen des Aufkommens, insbesondere Bodenaushub, werden bei Rekultivierungsvorhaben zur Wiederverfüllung außerhalb der Bauwirtschaft eingesetzt. Hier werden vielfach Flächen rekultiviert, die zur Gewinnung von Baustoffen (Kies und Sand) ausgebeutet wurden
- Eine Verwertung der nichtmineralischen Abfälle findet nicht im Bauwesen statt. Diese Abfälle werden ihren stoffspezifischen Verwertungswegen zugeführt, beispielsweise der energetischen Verwertung von Holzabfällen oder der stofflichen Verwertung von Schrott
- Gegenwärtig werden insgesamt erheblich mehr Ressourcen im Baubereich verbraucht (Input) als zu entsorgen sind (Output)

Vereinfachtes Stoffstrommodell für Baumaterialien in der Metropolregion Hamburg

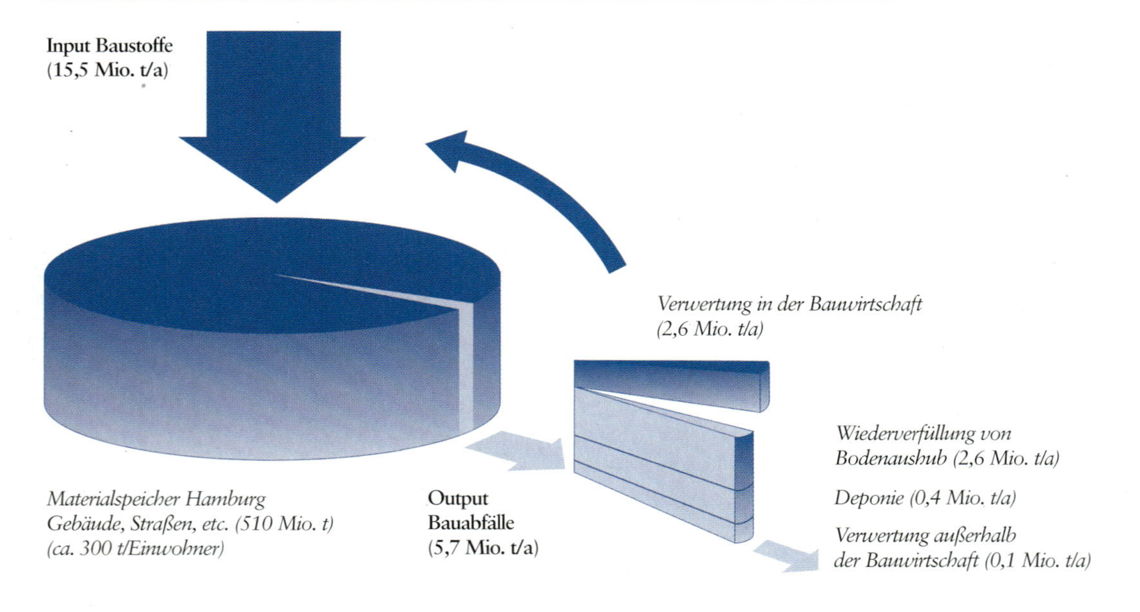

Ziele für Hamburg

Worum es geht	*Was die Umweltbehörde will*
Umweltmedium/Bereich	Kreislaufwirtschaft/Ressourcenschonung – Abfallwirtschaft –
Schutzgüter	■ Ressourcenschonung ■ Naturhaushalt
Qualitätsziel ■ Welcher Zustand wird in der Zukunft angestrebt?	Zur nachhaltigen Reduzierung des Ressourcenverbrauchs existiert eine umweltverträgliche Kreislaufwirtschaft.
■ Operationalisiert: Was bedeutet das konkret?	■ Die Ressourceneffizienz (Produktivität) soll um den Faktor 2,5 bis 10 gesteigert werden. ■ Umkehr des Nachsorgeprinzips zum Vorsorgeprinzip durch Stärkung der Produktverantwortung ■ Die Abfallwirtschaft wird zur Stoffstromwirtschaft/Kreislaufwirtschaft entwickelt. ■ Die Entsorgung der Abfälle geschieht auf die umweltverträglichste Entsorgungsart.
Handlungsziel langfristig ■ Wie soll das Qualitätsziel langfristig erreicht werden?	■ Der Aufbau umweltverträglicher Stoffkreisläufe wird gefördert. ■ Es werden Strukturen für eine qualifizierte Wahrnehmung der Produktverantwortung der Hersteller geschaffen. ■ Nachhaltiges Konsumverhalten soll gefördert werden. ■ Die im Abfall enthaltene Energie wird effektiv genutzt. ■ Abfallwirtschaftliche Kooperation mit dem Umland
■ Operationalisiert: Was bedeutet das konkret?	■ Fortschreibung der Abfallwirtschaft zur Ressourcenwirtschaft mit entsprechenden Planungsinstrumenten ■ Schaffung eines regionalen Entsorgungsverbundes

Ziele für Hamburg

Worum es geht	*Was die Umweltbehörde will*
Handlungsziel mittelfristig ▪ Was soll konkret bis 2010 erreicht werden?	▪ Sensibilisierung, Qualifizierung und strukturelle Optimierung der Verwaltung hinsichtlich eines durch abfallwirtschaftliche Instrumente möglichen nachhaltigen Ressourcenschutzes ▪ Ressourcenschutz durch Vermeidung: - Intensivierung der Öffentlichkeitsarbeit zur Verbesserung einer – im Sinne eines nachhaltigen Konsums – saisonal und regional angepassten Versorgung - Nachhaltiges Konsumverhalten soll durch eine Qualifizierung von Multiplikatoren durch Workshops gefördert werden (für Verbraucherzentrale, Institut für Lehrerfortbildung etc.) - Das Angebot nachhaltiger Produkte durch den Handel soll punktuell (z. B. durch Auszeichnung vorbildlicher Händler) gefördert werden - Durch eine entsprechende Gebührengestaltung sollen Anreize zur Abfallvermeidung geschaffen werden ▪ Ressourcenschutz durch Verwertung: - Für Stoffe, die besonders gut für das Recycling geeignet sind, soll die Sammelaktivität – z. B. durch Werbung – gefördert werden - Förderung der Eigenkompostierung - Es sollen Instrumente entwickelt werden, die die Zuordnung von Stoffströmen zu den am besten geeigneten Anlagen ermöglichen, mit dem Ziel, die Umweltentlastung zu optimieren ▪ Ressourcenschutz bei der Beseitigung: - Die Abfallmengen zur Beseitigung sollen um 30 bis 40 % reduziert werden - Die Energieeffizienz Hamburger Abfallverbrennungsanlagen soll durch erweiterte Wärmenutzung gesteigert werden - In der Region wird – unter Berücksichtigung ökologischer, ökonomischer und sozialer Belange – Entsorgungsautarkie und Entsorgungssicherheit geschaffen
Indikatoren zur Erfolgskontrolle	▪ Mengen der Abfälle zur Beseitigung ▪ Verhältnis behandelter Abfälle zu Deponierung unbehandelter Abfälle (Indikator für Schadstoffsenke) ▪ Energienutzung bei der Behandlung von Abfällen

2.2 RESSOURCENEFFIZIENZ BEI PRODUKTION UND DIENSTLEISTUNG

Seit der massenhaften Entwicklung industrialisierter Fertigung von Gütern und Produkten sind die vom Menschen bewegten Stoffströme (Rohstoffe, deren Zwischen- und Endprodukte sowie Abfall, Abwasser und Emissionen) und Energieströme exponentiell angestiegen. Diese Stoffströme überschreiten mittlerweile die natürlichen Stoffströme um ein Vielfaches. Um die Ökosphäre zu entlasten und die Ressourcen der Welt länger nutzen zu können, muss das langfristige Ziel die deutliche Reduzierung des anthropogenen Ressourcenverbrauchs sein.

Solange wirtschaftliches Wachstum nur durch eine Ausweitung der Güterproduktion – und damit des Ressourcenverbrauchs – erreichbar ist und die Zunahme des Ressourcenverbrauchs durch technischen Fortschritt sowie eine verstärkte Abfallverwertung lediglich abgemildert wird, besteht zwischen wirtschaftlichem Wohlstand und der angestrebten Ressourcenschonung ein struktureller Widerspruch. Als Ziel muss langfristig erreicht werden, dass insbesondere die Industriegesellschaften ökologisch modernisiert werden. Das heißt, deren Produkte müssen – wenn sie nicht mehr gebraucht werden – ohne Müllerzeugung wieder in den Wirtschaftskreislauf beziehungsweise in den Stoffkreislauf zurückgeführt werden.

Zentraler Ansatzpunkt zur Reduzierung des Ressourcenverbrauchs ist die Steigerung der Ressourceneffizienz (Produktivität); diese muss sowohl im Bereich der Produktion wie auch der Dienstleistung deutlich erhöht werden. In den meisten Industrieländern lassen sich eine gewisse Entkopplung von Wirtschaftswachstum und Umweltbelastungen sowie Ressourcenverbrauch feststellen. Laut Bundesministerium für Umwelt (1998) wurde in Deutschland der Einsatz von Rohstoffen und Energie je Einheit des Bruttosozialprodukts in den vergangenen Jahrzehnten deutlich reduziert und die Ressourcenproduktivität entsprechend gesteigert. Während sich allerdings die Arbeitsproduktivität – also die Wertschöpfung pro Arbeitsstunde – im früheren Bundesgebiet von 1960 bis 1990 mehr als verdreifacht hat, stieg die Energieproduktivität nur um rund 36 Prozent und die Rohstoffproduktivität um rund 90 Prozent. Für eine nachhaltige Entwicklung wird es zukünftig darauf ankommen, der Ressourcenproduktivität im Vergleich zur Arbeitsproduktivität größere Aufmerksamkeit zu widmen, insbesondere vor dem Hintergrund, dass die bisher in den Industrieländern erreichten Effizienzsteigerungen in der Regel durch wachsende Produktions- und Verbrauchszahlen überkompensiert wurden.

Vernünftige Transportketten – ein Beitrag zur Ressourcenschonung

Foto: DB AG/Klee

Das Bundesumweltministerium hat 1998 hierzu in seinem umweltpolitischen Schwerpunktprogramm für Deutschland konkrete, mittelfristig orientierte (bis 2020) Handlungsziele formuliert:

- Erhöhung der Rohstoffproduktivität um das 2,5fache (Bezugsjahr 1993)
- Verdopplung der Energieproduktivität auf der Basis von 1990

Diese Ziele erscheinen vor dem Hintergrund der Diskussion um einen Faktor 4 oder 10 nicht besonders ambitioniert. Doch vergleicht man sie beispielsweise mit der Entwicklung der Energieproduktivität von 1970 bis 1990, einem Zeitraum mit zwei Ölkrisen und einer Effizienzsteigerung um circa 40 Prozent (das heißt Faktor 1,4), so sind selbst für das Erreichen der oben genannten Handlungsziele schon erhebliche Anstrengungen erforderlich. Hierzu bedarf es – sowohl auf Bundes- und Landesebene wie auch international – der Entwicklung beziehungsweise Förderung geeigneter Strategien, Instrumente und Rahmenbedingungen insbesondere für Themenfelder wie produktionsintegrierten Umweltschutz, Stoffstrommanagement und Produktverantwortung.

In der Umweltbehörde ist die Diskussion über die Höhe der für Hamburg anzustrebenden Effizienzsteigerung noch nicht weit genug fortgeschritten, um sich schon auf einen konkreten Zielwert festlegen zu können. Doch die Umweltbehörde will die Ressourceneffizienz am Wirtschaftsstandort Hamburg deutlich verbessern. Sie will ihre diesbezüglichen Aktivitäten stärker bündeln und setzt hierbei insbesondere auf den verstärkten Einsatz bestehender Instrumente – wie Öko-Audit, ÖKOPROFIT und andere Umweltmanagementsysteme – sowie die Förderung des produktionsintegrierten Umweltschutzes und zukunftsfähiger Produktionstechniken.

Produktionsintegrierter Umweltschutz

Betrieblicher Umweltschutz wird vielfach noch immer mit den überwiegend verbreiteten End-of-Pipe-Lösungen gleichgesetzt. Bei diesen werden dem Produktionsprozess Maßnahmen nachgeschaltet, beispielsweise zur Reinigung von Abgasen oder Abwasser. Derartige Techniken erhöhen nicht nur die Betriebskosten, sondern verlagern meist das Schadstoffproblem von einem Umweltmedium in ein anderes. Doch effektiver Umweltschutz und effizientes Wirtschaften müssen nicht zwei unvereinbare Ziele sein. Ökologisch und wirtschaftlich sinnvoll ist eine innovative Technik, bei der im Produktionsprozess das Entstehen schadstoffbelasteter Emissionen vermindert und Abfallströme auf ein Minimum reduziert werden. Denn es ist effizienter, die Ursachen für Umweltbelastungen an der Quelle zu vermeiden, statt umweltschädliche Wirkungen zu begrenzen. Dies ist das Prinzip des produktionsintegrierten Umweltschutzes (PIUS).

Abgasreinigung bei der Norddeutschen Affinerie – Filtern ist wichtig …

Foto: Norddeutsche Affinerie

Während nachgeschaltete Technologien zur Einhaltung der Emissionsrichtlinien weder die Produktivität noch die Produktqualität verbessern, sondern Kosten erzeugen, können Maßnahmen des integrierten Umweltschutzes die Produktivität erhöhen und die Produktkosten senken. Die möglichen Maßnahmen reichen dabei von einer besseren Erfassung der innerbetrieblichen Stoffströme über den Einsatz alternativer Rohstoffe bis hin zum Einsatz neuer Fertigungstechniken und -anlagen. Auf der betrieblichen Ebene müssen auf Grundlage von Stoffbilanzen und Kenntnissen der Wirkungszusammenhänge Umweltauswirkungen bereits bei der Gestaltung der Produkte und Produktionsprozesse berücksichtigt werden. Außerdem ist ein Stoffstrommanagement über die gesamte Produktkette hinweg erforderlich. Ein umweltschonender Produktionsprozess, bei gleichzeitiger Senkung der betrieblichen Kosten, stellt im Übrigen nicht nur die Grundlage von zukunftsfähigem gesellschaftlichem Wohlstand dar, sondern trägt im Rahmen des Strukturwandels auch entscheidend zur Standortsicherung der Wirtschaftsmetropole Hamburg bei.

... Emissionen durch PIUS vermeiden ist besser.

Foto: Nordzucker AG

Die Umweltbehörde will daher zum einen entsprechende Beratungsstrukturen und Fördermöglichkeiten in Hamburg schaffen sowie bestehende Förderungsmöglichkeiten wie das Hamburger Förderprogramm für Umwelttechnologien ausbauen. Zum anderen sollen gezielt Projekte zur Erarbeitung von Stoffstromkonzepten sowie die Einführung von Stoffstrommanagementsystemen unterstützt werden, die diesen Ansatz in die Tat umsetzen. So unterstützt sie derzeit beispielsweise ein Forschungsprojekt zum Thema „Nachhaltige Metallwirtschaft – Effizienzgewinne durch Kooperation bei der Optimierung von Stoffströmen in der Region Hamburg". Bei diesem Projekt wird am Beispiel des Wirtschaftsclusters „metallverarbeitendes und -erzeugendes Gewerbe" untersucht, in welcher Weise die wirtschaftlichen Akteure in der Region Hamburg die zwischen- und überbetrieblichen Stoffströme so steuern und optimieren können, dass sie dem Leitbild einer nachhaltigen regionalen Wirtschaft entsprechen. Neben Themen wie Stoffstrommanagement und Energieminimierung geht es hier auch um die Identifizierung nicht genutzter Wertschöpfungspotenziale, die Untersuchung der Nebenstoffströme im Bereich Metallwirtschaft und den Aufbau eines regionalen Produkt-, Maschinen- und Komponentenrecyclingsystems. Auch für andere Branchen und Industriezweige sollen entsprechende Konzepte beziehungsweise Forschungsvorhaben als Pilotprojekte gefördert werden. Die Erfahrungen und Ergebnisse solcher Projekte sollen auf andere Unternehmen übertragbar sein.

Integrierter Umweltschutz soll sich nicht auf den einzelnen Betrieb beschränken, sondern auch gebietsbezogen realisiert werden. Hier geht es darum, bereits bei der Planung von Gewerbegebieten oder Betriebsansiedlungen lokale und regionale Stoff- und Energieströme im Rahmen von Betriebskooperationen und Betriebsnachbarschaften zu betrachten und mögliche Synergieeffekte beim Stoff- und Energieumsatz zu nutzen. Zur Gestaltung nachhaltiger Gewerbeansiedlungen und zum umweltgerechten Gewerbebau muss ein Beratungskonzept entwickelt werden, das neben dem integrativen, frühzeitigen Zusammenbringen aller am Planungsprozess beteiligten Akteure auch die Umsetzung und Absicherung von ökologischen Standards sicherstellt.

Umweltmanagementsysteme, Öko-Audit, ÖKOPROFIT

Die EU hat 1993 mit der Verabschiedung der Öko-Audit-Verordnung ein Instrument geschaffen, das die Eigenverantwortung der Unternehmen im Umweltschutz stärken und den betrieblichen Umweltschutz kontinuierlich verbessern soll. Bei der Umsetzung der EG-Öko-Audit-Verordnung ist die Bundesrepublik bisher Vorreiter mit 2.380 registrierten Betrieben (Stand Dezember 1999). In den anderen EU-Mitgliedstaaten dominieren eher Umweltmanagementsysteme nach ISO 14.000. Das Neuartige des Öko-Audit-Systems besteht darin, dass die Teilnahme freiwillig ist und nach erfolgreicher Validierung und Registrierung im Standortregister eine Teilnahmeerklärung als Anreiz und Motivationsfaktor verliehen wird. Zum einen kann die Teilnahmeerklärung für die Unternehmenswerbung verwendet werden, zum anderen sind in allen Bundesländern zwischen den Überwachungsbehörden und der Industrie für validierte oder auch nach ISO 14.001 zertifizierte Betriebe Vollzugserleichterungen bei der betrieblichen Überwachung vereinbart worden.

Umweltmanagementsysteme in der Lebensmittelherstellung

Zum modernen Umweltschutz gehört eine gute Qualitätskontrolle

Foto: Nordzucker AG

Im Dezember 1998 wurde zwischen der Handelskammer Hamburg und der Umweltbehörde die „Hamburger Umweltkooperation“ unterzeichnet. Sie enthält eine gemeinsame Erklärung zur freiwilligen Teilnahme am EG-Öko-Audit und den damit verbundenen Vollzugserleichterungen. Die Vollzugserleichterungen betreffen die Mitteilungs- und Dokumentationspflichten, die Sachverständigenprüfungen, Messungen und behördliche Regelüberwachungen. Dass sich die Teilnahme am Öko-Audit nicht nur wegen der Vollzugserleichterungen lohnt, zeigen die Ergebnisse der bis Ende 1999 registrierten 22 Unternehmen in Hamburg. Diese haben nach eigenen Angaben insgesamt 50.000 Tonnen Abfall und 4,5 Millionen Kubikmeter Abwasser vermieden sowie 6 Millionen Kilowattstunden Energie eingespart. Bisher haben sich 26 Hamburger Unternehmen am Öko-Audit beteiligt und sich erfolgreich validieren und registrieren lassen.

Foto: Nordzucker AG

Foto: Nordzucker AG

Moderner Umweltschutz beginnt beim Produkt

Am Öko-Audit können neben Produktionsbetrieben inzwischen auch Dienstleistungsunternehmen teilnehmen. Dass das Öko-Audit nicht nur für klassische Produktionsbetriebe ein geeignetes Instrument ist, beweist das Beispiel des Otto-Versands. Dieser hat sich bereits 1997 nach ISO 14.001 zertifizieren lassen und ist seit 1998 auch nach EMAS (Öko-Audit-Verordnung) registriert. Seit Einführung des Umweltmanagementsystems konnten dort durch Optimierung der Logistik und der Transporte sowie Einsparungen im Energie- und Wasserverbrauch gut 2 Millionen Mark eingespart werden. Für die Umwelt hat es sich auch gerechnet, da durch Transportverlagerung und -optimierung jährlich 30 Prozent weniger Kohlendioxid emittiert werden, die Modernisierung von Großrechnern 1,8 Millionen Kilowattstunden Energie pro Jahr spart und durch verstärkte Regenwassernutzung der Trinkwasserverbrauch um 5,5 Prozent reduziert wurde.

Umweltmanagementsysteme nach der Öko-Audit-Verordnung oder ISO 14.000 werden überwiegend von größeren Unternehmen eingesetzt, da dort entsprechende Managementstrukturen und Fachpersonal vorhanden sind. Das größte Potenzial liegt jedoch im Bereich der kleinen und mittleren Unternehmen, die etwa 98,5 Prozent aller deutschen Unternehmen ausmachen. Hier fehlt es häufig an entsprechendem Wissen und personellen Kapazitäten. Diese Lücke soll mit Hilfe des Instrumentes ÖKOPROFIT (Ökologisches Projekt für integrierte Umwelttechnik) geschlossen werden, das speziell auf kleine und mittelständische Unternehmen zugeschnitten ist. Das ÖKOPROFIT bietet ihnen Beratung und Unterstützung durch externe Fachleute sowie spezielle betriebs- und branchenübergreifende Workshops. Die externen Fachleute unterstützen die Betriebe während des gesamten Prozesses und bei der Umsetzung von Maßnahmen; meist dauert das Verfahren circa 1 Jahr.

Dieses ursprünglich in Graz entwickelte Konzept hat sich schon in vielen Städten und Regionen Österreichs sowie inzwischen auch in Deutschland bewährt. Hamburg hat daher im April 2000 eine Initiative gestartet, gemeinsam mit Handelskammer, Handwerkskammer, Wirtschaftsbehörde und Umweltbehörde ÖKOPROFIT in Hamburger Betrieben zu etablieren. An dem Projekt „ÖKOPROFIT Hamburg" beteiligen sich zurzeit 16 Hamburger Unternehmen. Mit gezielter Öffentlichkeits- und Aufklärungsarbeit sowie Durchführung weiterer ÖKOPROFIT-Jahrgänge möchte die Umweltbehörde die Beteiligungsrate deutlich steigern. Als Erweiterung des Projekts sollen in einem ÖKOPROFIT-Club Unternehmen zusammengefasst werden, um an einer Nachbetreuung teilzunehmen. Dabei stehen der Erfahrungsaustausch, die Ausarbeitung weiterer Maßnahmen, eine erneute Auszeichnung und die Weiterentwicklung des Umweltmanagegementsystems unter dem Aspekt „Von ÖKOPROFIT zum Öko-Audit" im Vordergrund.

Kooperation mit dem Handwerk

In einer Kooperation mit dem Handwerk werden derzeit verschiedene Projekte zum „Nachhaltigen Umweltschutz im Handwerk" durchgeführt beziehungsweise gefördert. Ein erfolgreiches Gemeinschaftsprojekt, der „Grüne Reparaturführer für Hamburg" ist gerade in den „Gelben Seiten" für das Jahr 2000 veröffentlicht worden. Weitere Schwerpunkte sind derzeit die Entwicklung branchenbezogener Konzepte zu Energie- und Wassersparen, Optimierung der Abwasser- und Luftreinhaltetechnik sowie Abfallentsorgung.

Ressourcenschonung in der öffentlichen Verwaltung

Staat und Verwaltung stehen heute vor der Herausforderung, mit deutlich weniger Geld auskommen und ihre Arbeitsweise effektiver, effizienter, kundenorientierter und kostengünstiger gestalten zu müssen. Effizientes kostengünstiges und kundenorientiertes Handeln mit neuen, flexiblen Organisations-, Kontroll- und Finanzierungsmodellen muss deshalb grundsätzlich die Zielrichtung sein. Die Verwaltung muss ihre Aufgaben zunehmend auch unter Wettbewerbsbedingungen erfüllen und wird daher verstärkt auf betriebswirtschaftliche Instrumente wie Kosten- und Leistungsrechnung und Controlling setzen. Eine moderne Verwaltung muss in diesem Zusammenhang auch die Erfahrungen des betrieblichen Umweltmanagements in der Wirtschaft mit einbeziehen. Das Erfordernis eines Umweltcontrollings für das moderne Verwaltungshandeln ergibt sich schon daraus, dass auf Handlungen des Staates ein hoher Anteil des Bruttosozialproduktes entfällt und staatliche Entscheidungen maßgeblich umweltrelevante Handlungen in unserer Gesellschaft beeinflussen. Hier haben staatliche Stellen daher auch eine Vorbildfunktion zu übernehmen.

Foto: W. Thiel

Ressourcenschonung konkret: Motivationskampagne „fifty/fifty" an Hamburgs Schulen

Auch die Hamburger Verwaltung muss hier mit gutem Beispiel vorangehen. Beschaffungswesen, Bau, Unterhaltung und Bewirtschaftung öffentlicher Gebäude müssen den Anforderungen des Leitbildes der Nachhaltigkeit entsprechen. Im Bereich des Managements ist in Hamburg mit der Einführung des „Neuen Steuerungsmodells" bereits ein wichtiger Modernisierungsschritt getan. Auch im Bereich des Umweltschutzes müssen in der Verwaltung moderne Instrumente wie Umweltmanagementsysteme etabliert werden. Das Hamburger Rathaus hat sich im Herbst 1999 nach der Öko-Audit-Verordnung validieren lassen. Die Umweltbehörde, die gerade Instrumente wie Öko-Audit und ÖKOPROFIT besonders propagiert, wird sich ebenfalls validieren lassen. Sie will damit Vorbild und erfahrene Ansprechpartnerin für Industrie und Gewerbebetriebe sein. Zum anderen sollen die Erfahrungen der Umweltbehörde in Arbeitshilfen für die anderen Verwaltungen münden, um Umweltmanagementsysteme auch dort flächendeckend einzuführen.

Seit langem werden von der Umweltbehörde im Bereich des Energie- und Wassersparens im öffentlichen Sektor zahlreiche Einzelprogramme verfolgt, wie beispielsweise Heizkesseltausch und Leuchtentausch. Eine besondere Bedeutung kommt Motivationskampagnen wie „fifty/fifty" zu. Dieses erfolgreiche Projekt, das weit über Hamburg hinaus Schule gemacht hat, soll den Heizenergie-, Elektroenergie- und Wasserverbrauch in den Schulen der Freien und Hansestadt senken, und zwar über Verhaltensänderungen von Schülern und Lehrern unter fachkundiger Mitwirkung der Hausmeister. Auch für die Zukunft wird erwartet, dass Einsparungen bis zu 10 Prozent des Verbrauchs von Strom, Heizenergie und Wasser erzielt werden. Es wird darüber hinaus angestrebt, dieses Modell auch auf andere Behörden und Dienststellen zu übertragen. Des Weiteren wird künftig dem Stromsparen im Bereich der elektronischen Datenverarbeitung (EDV) ein besonderes Gewicht zukommen.

Foto: Zentralverband Deutscher Schornsteinfeger e.V.

Schornsteinfeger als Energiesparberater

Ziele für Hamburg

Worum es geht	*Was die Umweltbehörde will*
Umweltmedium/Bereich	Produktion, Produkte und Dienstleistung – Ressourceneffizienz –
Schutzgüter	▪ Ressourcenschonung ▪ Naturhaushalt ▪ Klima
Qualitätsziel ▪ Welcher Zustand wird in der Zukunft angestrebt?	Produktion und Dienstleistung erfolgen ressourcenschonend und ressourceneffizient.
▪ Operationalisiert: Was bedeutet das konkret?	(Siehe hierzu Kapitel 2.1 Kreislaufwirtschaft, 2.5 Grundwasserschutz und 3 Klimaschutz.)
Handlungsziel langfristig ▪ Wie soll das Qualitätsziel langfristig erreicht werden?	▪ In Hamburger Betrieben sollen Stoffstrom- und Umweltmanagementsysteme flächendeckend eingeführt werden. ▪ Integrierter Umweltschutz soll bei Produktion und Dienstleistung zur Regel werden. ▪ Die Produktverantwortung soll über die gesamte Produktkette gestärkt werden, von der Rohstoffgewinnung über die Produktentwicklung und Haltbarkeit bis hin zur Entsorgung.
Handlungsziel mittelfristig ▪ Was soll konkret bis 2010 erreicht werden?	Produktionsintegrierter Umweltschutz ▪ Förderung umwelt- und ressourcenschonender, effizienter Produktionstechniken, Produkte und branchenspezifischer Standards wie z. B.: - Pilotvorhaben zum produktionsintegrierten Umweltschutz - branchenspezifischer Pilotprojekte zur Optimierung der Stoffkreisläufe sowie Minimierung des Verbrauchs von Roh- und Hilfsstoffen bzw. der Verwendung von Recyclingstoffen (z. B. Pilotprojekt „Nachhaltige Metallwirtschaft“) - Förderung von Beratungs- und Entwicklungskonzepten für eine überbetriebliche Stoffstrom- und Energievernetzung in Gewerbegebieten zur Ausnutzung von Synergieeffekten

Worum es geht	*Was die Umweltbehörde will*
Handlungsziel mittelfristig ▪ Was soll konkret bis 2010 erreicht werden?	Produktverantwortung (siehe hierzu auch Kap. 2.1) ▪ Über Hamburgs Beteiligung in entsprechenden Fachgremien auf Bundes- und EU-Ebene soll die Produktverantwortung der Hersteller verbessert werden. ▪ Die Entwicklung und Etablierung nachhaltiger Produkte bzw. Nutzungs-/Dienstleistungskonzepte soll unterstützt werden. Beispiele sind: - Nutzen statt Kaufen, z. B. Leasing von Produkten wie Fotokopierern und Carsharing - Unterstützung von Projekten zur Entwicklung von langlebigen und reparaturfreundlichen Produkten (z. B. Reparaturführer) Beratungsnetzwerke ▪ Die Hamburger Infrastruktur soll hinsichtlich Beratung, Informations- und Erfahrungsaustausch ausgebaut werden, in Hinblick auf Forschung sowie Technologietransfer und zur gezielten Förderung ressourceneffizienter Projekte. Es sollen branchenspezifische Informationsnetzwerke zum betrieblichen Umweltschutz auf- bzw. ausgebaut werden (Intensivierung der Zusammenarbeit mit Innungen, Kammern etc.). Umweltmanagementsysteme ▪ Die Einführung von Umweltmanagementsystemen, Umweltkostenrechnung etc. soll gefördert werden, sowohl in Produktions- wie auch in Dienstleistungsbetrieben: - Durch intensivere Öffentlichkeitsarbeit (spezielle Kampagnen) soll die Aufklärung in Hinblick auf die Vorteile derartiger Instrumente und der Bekanntheitsgrad verbessert werden - Es sollen insbesondere branchenbezogene Pilotvorhaben initiiert und gefördert werden. Hier steht vor allem die Übertragbarkeit der Erfahrungen und Ergebnisse auf andere Unternehmen im Vordergrund - Die „Hamburger Umweltkooperation“ (Vollzugserleichterungen bei Teilnahme am Öko-Audit) soll ausgebaut werden. Bis 2010 soll die Anzahl der teilnehmenden Betriebe deutlich gesteigert werden - Im Bereich der kleinen und mittelständischen Unternehmen soll das Instrument ÖKOPROFIT intensiver (z. B. durch verstärkte Beratungsinitiative) gefördert und weitere ÖKOPROFIT-Jahrgänge durchgeführt werden. Als Erweiterung des Projekts sollen in einem ÖKOPROFIT-Club Unternehmen zusammengefasst werden, um an einer Nachbetreuung teilzunehmen

Ziele für Hamburg

Worum es geht	*Was die Umweltbehörde will*
Handlungsziel mittelfristig ▪ Was soll konkret bis 2010 erreicht werden?	Öffentliche Verwaltung ▪ Ressourcenschonung und Ressourcenproduktivität sollen in der Hamburger Verwaltung mit gutem Beispiel vorangetrieben werden: - Umweltmanagementsysteme sollen flächendeckend eingeführt werden. Die Umweltbehörde will sich 2001 nach der Öko-Audit-Verordnung validieren lassen und auf Basis ihrer Erfahrungen Arbeitshilfen für andere Fachbehörden entwickeln - Kampagnen wie „fifty/fifty" sollen weiterentwickelt und auch in anderen Behörden und Dienststellen durchgeführt werden - Die öffentliche Beschaffung soll nachhaltige Produkte und Dienstleistungen unterstützen, Gleiches gilt für Bauvorhaben und bauliche Instandhaltungsmaßnahmen. Die entsprechenden Leitlinien sollen diesbzgl. überarbeitet sowie Pilotprojekte und Motivationskampagnen entwickelt werden - Nachhaltige Nutzungskonzepte wie beispielsweise Carsharing sollen durch die öffentliche Verwaltung unterstützt, gefördert und genutzt werden - Siehe auch Ziele im Kapitel Klimaschutz, Energieeinsparung
Indikatoren zur Erfolgskontrolle	▪ Anzahl der Betriebe, die Umweltmanagementsysteme eingeführt haben ▪ Anzahl der Verwaltungseinheiten, die ein Umweltmanagement eingeführt haben ▪ Mengen der in Hamburger Betrieben und in der Hamburger Verwaltung eingesparten Energie, Wasser, Rohstoffe und Abfälle

2.3 NACHHALTIGE FLÄCHENENTWICKLUNG

Fläche und Boden sind endliche Ressourcen. Eine Gesellschaft, die unachtsam mit diesem wertvollen Gut umgeht, zieht sich selbst den Boden unter den Füßen weg. Die Flächenentwicklung muss nachhaltig betrieben werden – in qualitativer und quantitativer Hinsicht. Dies ist in den vergangenen Jahrzehnten häufig versäumt worden.

Der Flächenverbrauch bleibt auf hohem Niveau

Seit den fünfziger Jahren hat sich kontinuierlich der Anteil an Flächen verringert, die regenerative Funktionen übernehmen beziehungsweise landwirtschaftlich genutzt werden. Die Verstädterung und Landschaftszersiedelung schreitet voran. Dieser Trend wird unter dem Schlagwort „Flächen- oder Landschaftsverbrauch" zusammengefasst. Flächenverbrauch bezeichnet hier den Nutzungswandel von Abbauland, landwirtschaftlichen Flächen, Wald, Wasserflächen, Unland, Übungsgelände, Schutzfläche in Siedlungs- und Verkehrsfläche. Im eigentlichen Sinne können Flächen natürlich nicht verbraucht werden. Gemeint ist hier die Umwandlung von ökologisch höherwertigen Nutzungen der Flächen in pauschal betrachtet ökologisch weniger wertvolle Nutzungsformen. Der Flächenverbrauch erreichte in den siebziger Jahren seinen Höhepunkt. Seit den achtziger Jahren hat sich der Flächenverbrauch zwar verlangsamt, ein Ende ist allerdings nicht in Sicht.

Zur Abbildung des Flächenverbrauchs hat sich die Entwicklung der Siedlungs- und Verkehrsfläche – so wie in den amtlichen Statistiken geführt – als Summenparameter etabliert. Hierzu zählen nach bundesweit einheitlicher Definition Gebäude- und Freiflächen für Wohnen und Arbeiten sowie die Betriebsflächen ohne Abbau, die Verkehrsflächen und die Erholungsflächen (Parks, Kleingärten, et cetera) zuzüglich Friedhöfen.

Aussagen über die Entwicklung der Bodenversiegelungen oder die Wertigkeit der Flächen für den Arten- und Biotopschutz sind über den Summenparameter „Siedlungs- und Verkehrsfläche" nicht direkt ableitbar, da hierin laut Definition auch die Erholungs- und Friedhofsflächen sowie der Freiflächenanteil der Gebäudeflurstücke enthalten sind. Aufgrund der Definition kann auch ein durchgrünter Stadtteil mit Parkanlagen nahezu 100 Prozent Siedlungs- und Verkehrsfläche aufweisen. Wohl aber werden über den Summenparameter Siedlungs- und Verkehrsfläche Trends über die Verschiebung im Nutzungsgefüge in Richtung einer zunehmenden Verstädterung abgebildet.

Die Beschreibung des Flächenverbrauchs mit Hilfe der Entwicklung der Siedlungs- und Verkehrsfläche ist nur grob, da die Qualitäten/Versiegelungsgrade der Flächen nicht berücksichtigt sind. Man kommt jedoch zurzeit um diese Art der Flächenentwicklungsbeschreibung nicht herum, da sie noch bundesweite Verwendung findet und damit auch die Grundlage bildet für die Diskussion und den Vergleich der Kommunen/Länder untereinander. Als Summenindikator übernimmt er eine Orientierungsfunktion und ermöglicht eine Operationalisierung und Kommunizierbarkeit des Handlungsziels.

Auch in Hamburg besteht dieser Trend. Wie bei allen anderen Großstädten nehmen die Siedlungsflächen innerhalb der Stadt und im Umland seit Jahren zu. Dabei weist Hamburg als Kernstadt – dem Bundestrend entsprechend – einen unterproportionalen Zuwachs an Siedlungsfläche auf. Am Stadtrand ist der Zuwachs höher.

Im Zeitraum von 1991 bis 1999 betrug der Zuwachs an Siedlungsfläche in Hamburg 3 Prozent, somit wurden 1.263 Hektar für Siedlungszwecke neu in Anspruch genommen. Das entspricht einem mittleren jährlichen Zuwachs von 140 Hektar pro Jahr. Dabei ist im Schnitt die Siedlungsfläche pro Kopf nur geringfügig angestiegen: Entfielen im Jahr 1990 durchschnittlich 249 Quadratmeter auf einen Einwohner, so waren dies im Jahr 1999 nur 5 Quadratmeter mehr. Aktuell sind 57 Prozent des Hamburger Stadtgebietes Siedlungs- und Verkehrsfläche, 28 Prozent Landwirtschaftsfläche, 8 Prozent Wasserfläche und 4,5 Prozent Waldfläche. 2,5 Prozent der Flächen haben andere Nutzungen.

Der Anteil der Siedlungsfläche weist zwischen den Bezirken zum Teil sehr starke Schwankungen auf. So beträgt der Anteil der Siedlungsfläche in Hamburg-Nord 95 Prozent, in Bergedorf lediglich 28 Prozent.

Der Zuwachs an Siedlungsfläche erfolgt fast ausschließlich zu Lasten landwirtschaftlicher Flächen. Im gleichen Zeitraum hat sich die Landfläche des Hafennutzungsgebietes nur geringfügig – von 3.152 Hektar auf 3.178 Hektar – erhöht. Durch die Hafenerweiterung in Altenwerder werden rund 215 Hektar hinzukommen. Es findet eine Westwanderung des Hafens statt, während Hafenflächen im Osten untergenutzt werden oder brachfallen (Konversionsflächen: „HafenCity").

Den höchsten Zuwachs an Siedlungsfläche verzeichneten in den Jahren 1991 bis 1999 die Bereiche Dienstleistung und Handel mit 28,1 Prozent. Hier schlagen besonders die großflächigen Einzelhandelsmärkte zu Buche. In den Sektoren Gewerbe und Industrie betrug der Zuwachs im gleichen Zeitraum nur 6,2 Prozent, bei der Wohnnutzung 3,8 Prozent und lediglich 1,7 Prozent Steigerung entfielen auf die Verkehrsflächen.

Bundesländervergleich der Wohnflächen 1998

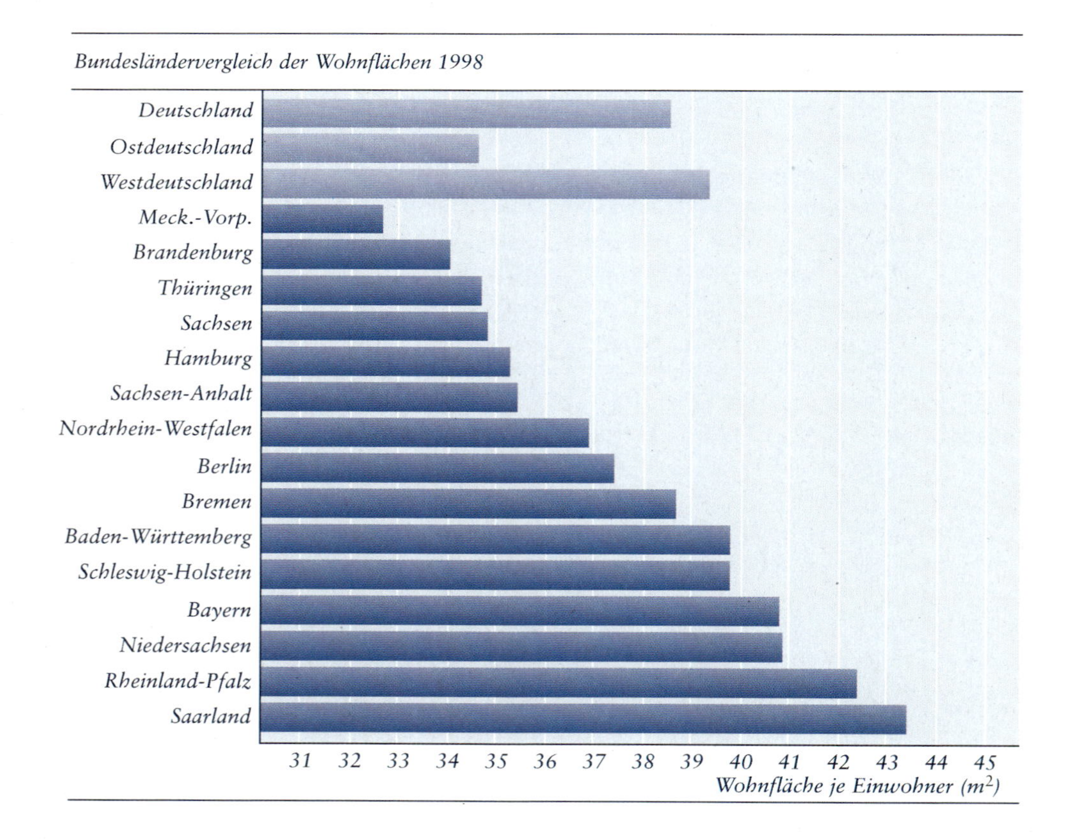

Bereinigt man – abweichend von der bundesweit einheitlich gebräuchlichen Definition – die Flächen für Siedlungszwecke um die Erholungsflächen zuzüglich Friedhöfen als „grüne Nutzungsformen", betrug der Zuwachs an „nicht grüner" Siedlungsfläche von 1991 bis 1999 noch 987 Hektar, was einem durchschnittlichen jährlichen Zuwachs von 110 Hektar entspricht. Geht man davon aus, dass nur ein Drittel der Flächen durch Gebäude, Straßen und Stellplätze versiegelt sind, sind in den letzten 9 Jahren rund 3 Millionen Quadratmeter Fläche zusätzlich versiegelt worden.

Die Ausdehnung der Stadt in die Fläche ist Ausdruck eines Prozesses der Suburbanisierung: Immer weniger Menschen wohnen und arbeiten in der inneren Stadt. Mit den Menschen wandern auch Dienstleistungen und Einzelhandel an den Stadtrand ab. Die Folge sind immer längere Wege zur Arbeit, zum Einkaufen und zu den Freizeiteinrichtungen und damit ein stetig anwachsender Verkehr.

Trotz sinkender Bevölkerungszahl hält der Flächenverbrauch an

Siedlungsausdehnung und Flächenverbrauch finden auch bei stagnierender Bevölkerungszahl statt. Sie sind unter anderem Ausdruck des erhöhten Wohnflächenstandards. Die Menschen leben in immer größeren Häusern oder Wohnungen. So hat sich im Zeitraum von 1970 bis 1995 die Nettowohnfläche pro Einwohner von 20 Quadratmetern auf 34 erhöht. Auch Wirtschaft und Handel verbrauchen weiter mehr Flächen. Das Gleiche gilt für den Bereich der Freizeitnutzungen.

Eine Trendwende ist nicht in Sicht. Gesicherte Aussagen über das Niveau des Zuwachses an Siedlungsfläche sind allerdings kaum möglich. Sicher ist nur, dass auch künftig ein Bedarf an neuen Flächen für Bauvorhaben besteht.

Flächenverbrauch durch Parkplätze

Foto: K. Hamann

Im Hamburger Flächennutzungsplan (FNP), mit Planungshorizont 2010, sind – rein quantitativ betrachtet – 46.395 Hektar Siedlungs- und Verkehrsfläche städtebaulich dargestellt.[1] 1999 betrug die Siedlungs- und Verkehrsfläche 43.009 Hektar, so dass im Flächennutzungsplan rein rechnerisch noch eine „Gesamtplanungsreserve" von 3.386 Hektar enthalten ist, die bei Beibehaltung des bisherigen Trends (140 Hektar pro Jahr) rein rechnerisch noch bis 2023 ausreichend wäre. Die aus dem Flächennutzungsplan ermittelten Gesamtplanungsreserven basieren auf dem Abgleich von Bestandsdaten und dem Mengengerüst der Plandarstellungen. Da sich die Bestandsdaten und die auf den Flächennutzungsplandarstellungen basierenden Planungsdaten nicht systematisch ineinander überführen lassen, wird von „rechnerischen Reserven" gesprochen. Das aus der „Ausschöpfung" der rechnerischen Planungsreserven abgeleitete Flächenverbrauchsreduktionsziel ist daher – so wie dargestellt – nur ein vorläufiger Orientierungs- und Steuerungswert, der durch noch zu entwickelnde geeignetere Indikatoren abgelöst werden soll.

Um den künftigen Flächenverbrauch zu befriedigen und gleichzeitig die Bebauung bislang freier Flächen zu vermindern, setzt Hamburg verstärkt auf Innenentwicklung. Hamburg nutzt so genannte Konversionsflächen für neue Vorhaben, beispielsweise werden ehemalige Hafenflächen für Wohnen und Dienstleistung zur „HafenCity" umgestaltet und alte Bundeswehrliegenschaften zu neuen Wohnvierteln.

[1] *Es wurden hierzu folgende Darstellungsarten des Flächennutzungsplanes für die Zusammenstellung der Siedlungs- und Verkehrsfläche herangezogen: Wohnbauflächen, Wohnbauflächen mit parkartigem Charakter, Bauflächen mit Dorf- und Wohngebietscharakter, Dorfgebiete, gemischte Bauflächen, gemischte Bauflächen für Dienstleistungszentren, gewerbliche Bauflächen, Hafen, Flächen für den Gemeinbedarf, Flächen für den Gemeinbedarf, die nicht oder nur geringfügig bebaut werden sollen, Sonderbauflächen, Flächen für Versorgungsanlagen oder die Verwertung oder Beseitigung von Abwasser und festen Abfallstoffen, Flächen für Aufschüttungen, Grünflächen, Friedhöfe, Autobahnen, Hauptverkehrsstraßen, Flächen für Bahnanlagen sowie Flughafen. Die Hektarangaben sind dem FNP-Erläuterungsbericht, Seite 93, entnommen.*

Erhalt der Bodenfunktionen ist Grundwasserschutz

Es ist unumgänglich, den Verbrauch an Flächen insgesamt zu reduzieren. Denn Boden ist nicht vermehrbar. Zerstörte oder beeinträchtigte Bodenfunktionen sind nicht oder nur sehr langfristig mit hohem Aufwand regenerierbar. Böden sind Lebensgrundlage und Lebensraum für Menschen, Tiere, Pflanzen und Bodenorganismen (siehe hierzu auch Kapitel 1.1.5). Boden ist mit seinen Wasser- und Nährstoffkreisläufen Bestandteil des Naturhaushalts. Boden ist Abbau-, Ausgleichs- und Aufbaumedium für stoffliche Einwirkungen aufgrund der Filter-, Puffer- und Stoffumwandlungseigenschaften, insbesondere auch zum Schutz des Grundwassers.

In dem Umfang, in dem Flächenverbrauch mit Bodenversiegelung einhergeht, werden die Bodenfunktionen dauerhaft oder sogar irreversibel zerstört. Die Reduzierung der Flächenneuinanspruchnahme mit dem Schwerpunkt Verringerung der Bodenversiegelung ist daher konsequentes Ziel einer nachhaltigen Boden-/ Flächennutzung. Hier besteht eine generationenübergreifende Verantwortung, denn der Verbrauch der endlichen Flächenreserve geht zu Lasten künftiger Generationen.

Foto: Umweltbehörde Hamburg

Natur braucht freie Fläche

Arten- und Biotopschutz

Um die natürliche Artenvielfalt zu erhalten, müssen natürliche oder naturnahe, artenspezifisch ausreichend große Landschaftsräume vorhanden sein (siehe hierzu Kapitel 1.1). Durch die zunehmend flächendeckende Zersiedlung verringern sich noch ausreichend große, unzerschnittene Landschaftsräume. Schutzgebietskonzepte und Vorrangflächen für den Naturschutz, quantitative und qualitative naturschutzfachliche Konzepte und Ziele sind Entwürfe und Strategien nachhaltiger Flächenentwicklung aus Sicht des Arten- und Biotopschutzes, die spiegelbildlich auf der Reduzierung des Flächenverbrauchs aufbauen. Im Artenschutzprogramm und im Landschaftsprogramm ist die Schutzgebietskonzeption für Hamburg dargelegt. Der Erhalt dieses Gefüges ist nur dann langfristig zu erreichen, wenn die damit korrespondierende im Flächennutzungsplan dargestellte Nutzungsstruktur ebenfalls erhalten bleibt.

Nachhaltige Flächennutzung

Landwirtschaftliche und forstwirtschaftliche Flächen haben in Hamburg vielfältige Funktionen, die positive Anknüpfungspunkte einer nachhaltigen Flächennutzung bieten. So hat sich aufgrund der naturräumlichen Gegebenheiten und der Vielfalt landwirtschaftlicher Produktion in Hamburg (Obstbau, Grünlandwirtschaft, in geringerem Umfang Ackerbau) eine vielschichtige Kulturlandschaft herausgebildet.

Die land- und forstwirtschaftlichen Flächen haben zumeist einen hohen ökologischen Wert, insbesondere für den Arten- und Biotopschutz und den Grundwasserschutz. Sie weisen eine große Landschaftsbildqualität auf und besitzen wichtige Naherholungsfunktionen. Darüber hinaus bieten sie die Möglichkeit einer umweltfreundlichen Versorgung der Stadt mit frischen landwirtschaftlichen Produkten. Hier besteht insbesondere ausbaufähiges Potenzial für die Vermarktung von ökologisch angebauten oder im integrierten Anbau erzeugten Produkten.

Der Flächenverbrauch bedroht die Landwirtschaft

Foto: Umweltbehörde Hamburg

Von den rund 75.000 Hektar der Hamburger Gesamtfläche werden zurzeit noch rund 20.000 Hektar landwirtschaftlich und gartenbaulich genutzt. In den vergangenen 30 Jahren sind der Hamburger Landwirtschaft bereits 4.000 Hektar durch den Flächenverbrauch für Wohnen, Gewerbe, Verkehr und Freizeiteinrichtungen verloren gegangen. Sollen diese Vorteile der landwirtschaftlichen Nutzung für die Großstadt Hamburg erhalten beziehungsweise im Sinne einer nachhaltigen Flächennutzung weiterentwickelt werden, dürfen die landwirtschaftlichen Flächen nicht beliebig weiter in Siedlungsflächen umgewandelt werden.

Landschaft zur Erholung

Die Nutzung der Landschaft zur Erholung hat nach wie vor einen hohen Stellenwert. Attraktive, schnell erreichbare Naherholungsmöglichkeiten sind weiche Standortfaktoren. Je weniger die Großstadt Hamburg intakte Landschaftsräume anbieten kann, desto stärker ist der Trend, die Natur mit dem Auto im Umland aufzusuchen, mit der Folge zusätzlicher Freizeitverkehrsströme.

Erhalt von Urbanität

Hamburg ist hinsichtlich seiner städtischen Dichte und seines urbanen Charakters heterogen: Es gibt die innere Stadt, die dem Modell der kompakten europäischen Stadt entspricht, und die äußere Stadt. Gerade das Modell der europäischen Stadt, die sich durch Kompaktheit, Nutzungs- und Kommunikationsdichte, Nutzungsvielfalt und Nutzungsmischung auszeichnet, geht aufgrund fortschreitender Suburbanisierung verloren und vermindert damit die Chancen, die Städte im Sinne nachhaltiger und ökologischer Ziele weiterzuentwickeln.

Zudem stößt Außenentwicklung immer häufiger aufgrund der neu zu schaffenden Infrastruktur auf ökonomische Grenzen, denn die Erschließungskosten sind hoch. Innenentwicklungsvorhaben können dagegen an vorhandene technische und soziale Infrastruktur anknüpfen und sind daher in ihren Erschließungskosten günstiger.

Foto: Alster-Touristik-GmbH

Naherholung im Herzen der Stadt – die Alster

Steuerung der Flächenentwicklung

Um Flächenentwicklung nachhaltig zu steuern, braucht man eine klare Zieldefinition, geeignete Parameter für die Steuerung der Zielerreichung sowie einen Set von Indikatoren, mit deren Hilfe das Gelingen nachhaltiger Flächenentwicklung mess- und beurteilbar wird. All dies befindet sich für das Handlungsfeld „Nachhaltige Stadt- und Flächenentwicklung" bundesweit erst in der Entwicklungsphase.

Auch für Hamburg müssen differenzierte Zielsetzungen, Indikatoren beziehungsweise Parameter für die Steuerung und Beurteilung erst noch entwickelt werden. Bis dahin bietet es sich an, die Nachhaltigkeit der Flächenentwicklung über die Höhe des Siedlungsflächenzuwachses als Summenparameter zu bewerten und zu steuern, so wie die Enquete-Kommission und das Bundesumweltministerium dies vorgeschlagen haben.

Foto: Staatliche Pressestelle

Urbanes Leben im Stadtteil

Siedlungsflächen für die nächsten Generationen sichern

Die Enquete-Kommission „Schutz des Menschen und der Umwelt" des 13. Deutschen Bundestages hat 1997 die Empfehlung ausgesprochen, den Zuwachs der Siedlungsfläche bis 2010 um 90 Prozent, das heißt auf 10 Prozent des Niveaus im Zeitraum von 1993 bis 1995, abzusenken. Im Umweltbarometer Deutschland (1998) wurde vom Bundesumweltministerium eine Reduzierung um 70 Prozent bis 2020 empfohlen.

Für Hamburg wurde die quantitative Wachstumsmarge aus dem Flächennutzungsplan (Stand: Neubekanntmachung 1997) abgeleitet. Ausgangspunkt für die Quantifizierung des Umwelthandlungszieles war die Annahme, dass im Flächennutzungsplan und im Landschaftsprogramm inklusive Artenschutzprogramm aufeinander abgestimmte qualitative Entwicklungsziele für eine nachhaltige städtebauliche und landschaftsplanerische Entwicklung Hamburgs verankert sind.[2] Qualitätsziele sind beispielsweise die Siedlungs- und Landschaftsachsenentwicklung, das Freiraumverbundsystem, das Verhältnis Stadtraum – Landschaftsraum und die dargestellten Schutzgebietskonzeptionen.

[2]Abweichungen zwischen Flächennutzungsplan einerseits sowie Landschaftsprogramm und Artenschutzprogramm andererseits bestehen bei den gekennzeichneten Flächen mit Klärungsbedarf. Unter der Voraussetzung, die im Landschaftsprogramm und im Artenschutzprogramm gekennzeichneten Flächen mit Klärungsbedarf im Bestand zu erhalten und nicht der Siedlungsentwicklung zuzuführen, würde sich für diejenigen Bereiche, in denen landwirtschaftlich genutzte Fläche im FNP als Siedlungsfläche dargestellt ist, eine Reduzierung der Planungsreserven ergeben.

Diese Ziele sind in ihrer räumlichen Zuordnung – als Mengengerüst des Flächennutzungsplanes – quantifizierbar. Ohne Änderung des Trends (140 Hektar pro Jahr) würden die Planungsreserven rechnerisch bis 2023 ausreichen. Ziel für die Formulierung des Umwelthandlungszieles war, dass die im Flächennutzungsplan (FNP), Landschafts- und Artenschutzprogramm vorgesehenen Siedlungsflächen mindestens für den Zeithorizont von zwei Generationen, das heißt bis 2050, Bestand haben sollen. Das kann durch eine Reduzierung des Siedlungsflächenzuwachses um 53 Prozent bis 2050 erreicht werden. Dies entspricht einer Verringerung des mittleren jährlichen Zuwachses von aktuell 140 Hektar pro Jahr auf höchstens 66 Hektar pro Jahr bis 2050.

Von diesem Einsparziel beim Flächenverbrauch als vorläufigem Orientierungs- und Steuerungswert soll vor allem Signalwirkung ausgehen, ob die Entwicklung in die richtige, flächensparsame Richtung geht oder der weiteren Kurskorrektur bedarf.

Um den Flächenverbrauch entsprechend zu minimieren, müssen Strategien nachhaltiger Stadtentwicklung entwickelt und umgesetzt werden.

Es wird vor allem darauf ankommen, bestehende Standortqualitäten zu halten beziehungsweise zu entwickeln, um sowohl Auswanderungsdruck an den Stadtrand als auch das Umland zu minimieren. Gleichzeitig sollten zusätzliche Flächenansprüche vornehmlich durch Innenentwicklung und nicht durch Flächenausdehnung befriedigt werden. Hierzu gehört: die Nutzungsmischung in den gewachsenen Stadtteilen zu erhalten, stadtnahe und städtische Frei- und Erholungsflächen zu sichern und die Aufenthaltsqualität in den inneren Stadtteilen zu erhöhen. Des Weiteren muss die Suburbanisierung mit ihrem Siedlungsflächenverbrauch und steigendem Verkehrsaufkommen begrenzt werden.

Der Bedarf an zusätzlichen Wohnflächen und an Standorten für Gewerbe, Industrie, Einzelhandel sowie Freizeiteinrichtungen soll möglichst nicht durch neue Flächen befriedigt werden. Nachverdichtung, Flächenrecycling und die Entwicklung integrierter Standorte für Wohnen, Einzelhandel und Gewerbe sind flächenschonende Alternativen. Diesen Zielen dienen das Hamburger Stadtentwicklungskonzept, die Leitsätze zum Flächennutzungsplan sowie das Landschaftsprogramm einschließlich Artenschutzprogramm.

Durchschnittliche Flächenentwicklung in Hamburg 1991 – 1999

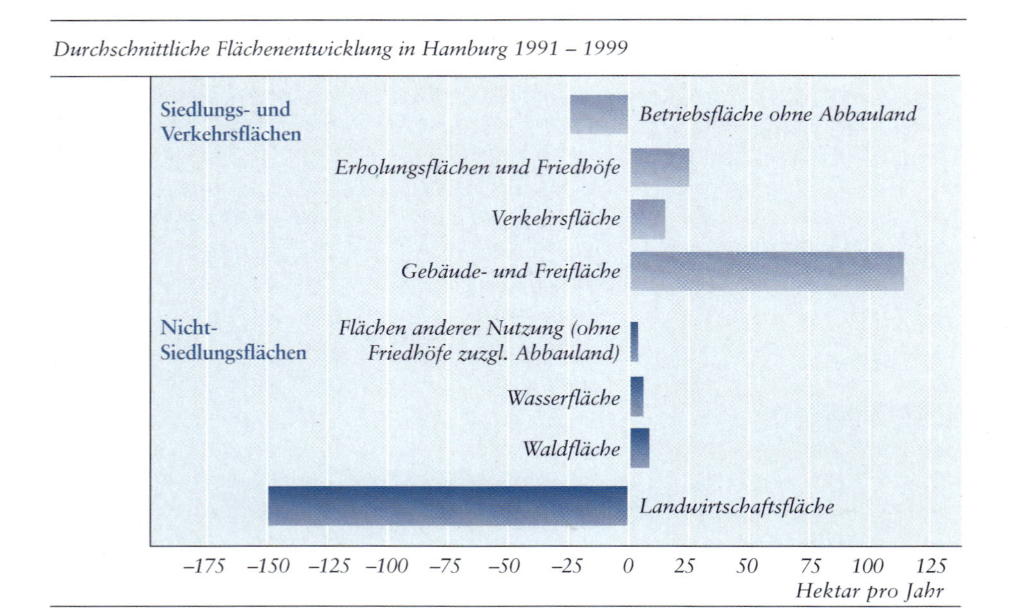

Ziele für Hamburg

Worum es geht	*Was die Umweltbehörde will*
Umweltmedium/Bereich	Fläche, Boden, Landschaft, Natur – Flächenentwicklung, Landschafts- und Naturschutz, vorsorgender Bodenschutz –
Schutzgüter	▪ Ressourcenschonung ▪ Naturhaushalt ▪ Kommunale Lebensqualität
Qualitätsziel ▪ Welcher Zustand wird in der Zukunft angestrebt?	▪ Mit Grund und Boden wird sparsam und schonend umgegangen. ▪ Der Siedlungsflächenzuwachs geht weder zu Lasten der Funktionsfähigkeit des Naturhaushalts, noch schränkt er die Möglichkeiten der Siedlungsentwicklung künftiger Generationen ein. ▪ Die nachhaltige Stadtentwicklung soll ein Gleichgewichtsniveau erreichen, das städtebauliches Wachstum erlaubt, ohne die Funktion des Naturhaushalts zu zerstören. ▪ Natur und Landschaft sollen im bebauten und unbebauten Bereich geschützt sein. ▪ Schutzgebiete und Vorrangflächen für den Naturschutz, stadtnahe Kultur- und Erholungslandschaft, Landwirtschaftsflächen sowie Waldflächen sind dauerhaft gesichert.
▪ Operationalisiert: Was bedeutet das konkret?	▪ Die im Flächennutzungsplan (Stand: Neubekanntmachung 1997) enthaltenen Siedlungsflächenreserven sollen mindestens für den Zeithorizont von zwei Generationen bis 2050 Bestand haben (1999: Gesamtplanungsreserve von 3.386 ha). Ziel ist es, die im Landschaftsprogramm und Artenschutzprogramm gekennzeichneten Flächen mit Klärungsbedarf möglichst nicht in Anspruch zu nehmen.

Ziele für Hamburg

Worum es geht	*Was die Umweltbehörde will*
Handlungsziel langfristig ▪ Wie soll das Qualitätsziel langfristig erreicht werden?	▪ Die Zuwachsraten der Siedlungsflächen werden gesteuert und reduziert. ▪ Es soll ein Konsens erzielt werden über langfristig bestehende städtebauliche (Außen-)Entwicklungsreserven und diese Flächen sollen entsprechend festgelegt werden. ▪ Der Flächenverbrauch soll reduziert werden, ebenso die Ausdehnung der Siedlungsflächen durch die Nutzung bestehender Siedlungsflächen. Die Innenentwicklung erhält Vorrang. ▪ Flächenrecycling und Brachenentwicklung werden ausgebaut und der Neuerschließung vorgezogen. Die Nutzung bislang nicht ausgelasteter Flächen wird intensiviert. Des Weiteren werden Auswahlkriterien für eine Fortführung des Flächenrecycling-Managements nach städtebaulicher Prioritätensetzung entwickelt.
▪ Operationalisiert: Was bedeutet das konkret?	▪ Der jährliche Anstieg der Siedlungsfläche soll bis 2050 um über 50 % auf durchschnittlich 66 ha/a (vorläufiger Steuerungswert) reduziert werden.
Handlungsziel mittelfristig ▪ Was soll konkret bis 2010 erreicht werden?	▪ Die Neuerschließung und Neuinanspruchnahme von Flächen für Siedlungszwecke wird auf 66 ha/a (vorläufiger Orientierungs- und Steuerungswert) vermindert. ▪ Mit dem Umland soll eine nachhaltige, flächenschonende Siedlungsentwicklung abgestimmt werden. ▪ Es werden weniger Flächenreserven des geltenden Flächennutzungsplans in Anspruch genommen. Die im Landschaftsprogramm gekennzeichneten Flächen mit Klärungsbedarf sind aus der planerischen Flächendisponierung herausgenommen. ▪ Es soll eine differenzierte Bestandsaufnahme des Flächenverbrauchs sowie eine Analyse seiner Ursachen durchgeführt werden. ▪ Es müssen Indikatoren für die nachhaltige Stadt- und Flächenentwicklung entwickelt und eingeführt werden, um differenzierte Steuerungs-, Bemessungs- und Beurteilungskriterien zu erhalten. ▪ Die Flächenvergabe in neu erschlossenen Wohn- und Gewerbegebieten soll sparsam sein.

Worum es geht	*Was die Umweltbehörde will*
Handlungsziel mittelfristig ▪ Was soll konkret bis 2010 erreicht werden?	▪ Flächensparende Baumethoden und optimale Nutzung städtebaulicher Dichte werden gefördert. ▪ Es sollen Handlungsstrategien und organisatorische Maßnahmen festgelegt werden, die den Vorrang der Innenentwicklung sichern. ▪ Die bestehenden Wohn- und Gewerbegebiete werden sozial und ökologisch verträglich weiterentwickelt und durch Neubauten ergänzt. Dies geschieht mittels Arrondierung, Nachverdichtung, Nutzungsintensivierung, Baulückenschließung, Aufstockung, Dachausbau etc. ▪ Die Konversion zur Wiedernutzung von ehemaligen Militärflächen, Bahnflächen, Hafenflächen etc. wird fortgeführt. ▪ Ein Brachflächenkataster soll eingeführt werden. ▪ Flächenreserven in den Bestandsgebieten werden durch aktives Flächenmanagement und Erhöhung des Flächenrecyclings beschleunigt bereitgestellt. ▪ Es werden Stadterneuerungsverfahren in Wohn- und Gewerbegebieten durchgeführt, die eine angemessene Nutzungsvielfalt und -dichte sichern. ▪ Funktionsfähige Stadt- und Stadtteilzentren sollen gesichert werden. ▪ Es sollen Strategien entwickelt werden zur Standortsicherung von gewerblich-industriellen Funktionen sowie zur Aufwertung untergenutzter Dienstleistungsstandorte. ▪ Es sollen Maßnahmen ergriffen werden zur Verbesserung der ökologischen Qualität der vorhandenen Siedlungsstruktur, zur Verringerung der Versiegelung, zur Verbesserung der Freiraumversorgung und des Freiraumverbundes sowie der Qualität vorhandener Grün- und Freiflächen. ▪ Im Hafen sollen durch ein Flächen- und Standortmanagement die hafenwirtschaftlichen und städtebaulichen Flächennutzungen optimiert und die ökologischen Funktionen (Gewässer-, Arten- und Biotopschutz) innerhalb des Hafengebiets gesichert werden.
Indikatoren zur Erfolgskontrolle	▪ Entwicklung des Siedlungsflächenzuwachses ▪ Flächenrecyclingquote

2.4 NACHSORGENDER BODENSCHUTZ/ALTLASTENSANIERUNG

In Hamburg hat sich in den letzten Jahrzehnten ein Wandel innerhalb der wirtschaftlichen Strukturen vollzogen. Die Entwicklung führte weg von den maritimen, rohstofforientierten und arbeitsintensiven Branchen hin zu technologie- und Know-how-orientierter Fertigung sowie zu neuen Dienstleistungen und zu moderner Logistik- und Medienwirtschaft. Zahlreiche industrielle Betriebe wurden in Teilen oder gänzlich geschlossen. Viele alte kontaminierte Industrie- und Gewerbestandorte blieben als Altlasten zurück. Sie entstanden durch unsachgemäßen Umgang mit umweltgefährdenden Stoffen bei Produktion, Lagerung und Umschlag sowie auch durch Kriegseinflüsse oder als Folge von Betriebsstörungen. Die stillgelegten Flächen liegen vielfach brach und warten auf neue Nutzung oder werden minderwertig genutzt.

2.4.1 Gefahrenabwehr

Jahrzehnte industrieller Entwicklung ohne ausreichende Umweltschutzmaßnahmen haben in Hamburg Spuren hinterlassen. Seit 1979 werden in der Hansestadt altlastverdächtige Flächen systematisch in einem Altlastenhinweiskataster erfasst. Inzwischen lässt sich das Ausmaß der Schäden beziehungsweise die Anzahl der verunreinigten Flächen gut einschätzen.

Das Altlastenhinweiskataster sammelt Informationen über Flächen, für die Hinweise auf Verunreinigungen vorliegen. Solche Flächen können Altablagerungen wie Deponien oder Altstandorte wie Industriebetriebe sein. Das Kataster enthält außerdem Informationen über sonstige Bodenverunreinigungen, beispielsweise durch den Einsatz von Pflanzenschutzmitteln. Derzeit enthält das Altlastenhinweiskataster rund 2.200 Verdachtsflächen.

Eingekapselt und ständig überwacht – die Giftmülldeponie Georgswerder

Foto: Umweltbehörde Hamburg

Boden und Grundwasser vor Altlasten schützen

Zentrale Aufgabe der Altlastenbearbeitung ist es, anthropogene Boden- und Grundwasserbelastungen auf ihre Gefahrenlage und ihr Schadensausmaß hin zu untersuchen und entsprechend der resultierenden Bewertung auf ein umweltverträgliches Maß zu beschränken.
Da angesichts begrenzter Ressourcen nicht alle Altlastverdachtsflächen gleichzeitig untersucht, saniert oder gesichert werden können, müssen Prioritäten gesetzt werden.

Die Rahmenbedingungen sind bundeseinheitlich durch das Bundes-Bodenschutzgesetz (BBodSchG) sowie die Bundes-Bodenschutz- und Altlastenverordnung (BBodSchV) geregelt. Diese Verordnung enthält Prüf- und Maßnahmenwerte, die für die nutzungsbezogene Beurteilung einer Fläche erforderlich sind.

Foto: Staatliche Pressestelle

Der Schutz der Menschen vor Altlasten hat Priorität

Die Gefahrenabwehr hat folgende Ziele, die entsprechend der Wirkungspfade gegliedert sind.

- Schutz der Menschen vor gesundheitlicher Gefährdung:
  Menschen sollen über die Wirkungspfade Boden–Mensch (direkter Kontakt), Boden–Nutzpflanze–Mensch und Boden–Pflanze–Tier–Mensch keinen kritischen Belastungen ausgesetzt sein. Daher haben Wohngebiete, Kinderspielflächen, Klein- und Hausgärten und landwirtschaftlich genutzte Flächen Vorrang
- Schutz vor Gefahren durch Deponiegas:
  Deponien werden frühzeitig untersucht und bewertet, um beispielsweise Gefahren durch Methan, das unter bestimmten Bedingungen explosionsfähige Gemische bilden kann, rechtzeitig zu erkennen und abzuwenden
- Schutz der Grund- und Trinkwasservorräte:
  Damit sich kritische Schadstoffe nicht aus dem Boden in das Grundwasser und in bisher unbelastete Grundwasserbereiche ausbreiten, werden die potenziellen Gefahrenquellen systematisch bewertet. Dazu zählen altlastverdächtige Altablagerungen (wie Deponien) und Altstandorte (zum Beispiel Raffinerien, Werften, Gaswerke), vorhandene Grundwasserschäden, Standorte von ehemaligen und noch betriebenen Tankstellen und chemischen Reinigungen sowie aktuelle Schadensfälle. Hier haben Flächen in Wasserschutzgebieten einen besonderen Vorrang

Aus diesen Zielen wird ersichtlich, dass häufig eine vernetzte Betrachtung der Schutzgüter Ressourcenschonung, Menschliche Gesundheit, Naturhaushalt und Kommunale Lebensqualität erforderlich ist, um Gefährdungen durch Altlasten und schädlichen Bodenveränderungen abzuwenden. Für alle Wirkungspfade muss der Handlungsbedarf formuliert und – neben Nutzungsbeschränkungen und Überwachungen – insbesondere Sanierungs- oder Sicherungsmaßnahmen durchgeführt werden.

Sanieren geht vor Sichern

1997 wurde festgelegt, dass Altlasten und Flächen, für die die öffentliche Hand verantwortlich ist, bis zum Jahr 2010 abschließend bearbeitet sein sollen. Dabei gilt der Grundsatz „Sanieren vor Sichern". Das heißt, die Sanierung von Flächen ist unter Berücksichtigung der Behandlungskosten einer reinen Sicherung vorzuziehen. So werden langfristige Betriebskosten vermieden und eine höhere Funktionalität der Flächen sichergestellt.

Vor dem Hintergrund der begrenzten finanziellen Mittel der Stadt Hamburg müssen Sanierungs- und Sicherungsmaßnahmen hinsichtlich des finanziellen und technischen Aufwands einerseits und des ökologischen Nutzens andererseits bewertet und eingesetzt werden.

Die Bearbeitungsschwerpunkte des Wirkungspfades Boden–Mensch sind:

- die Untersuchung und gegebenenfalls Sanierung von Kinderspielplätzen und sensibel genutzten Altstandorten
- die Überprüfung empfindlicher Nutzungen wie Wohnen und der Anbau von Nutzpflanzen auf Altspülfeldern. Beispiele hierfür sind die Bille-Siedlung, Warwisch und Wilhelmsburg
- die Untersuchung und gegebenenfalls Sanierung großflächiger Bodenverunreinigungen, zum Beispiel Schwermetallbelastungen im Südosten Hamburgs

Im Hinblick auf die Gefährdung durch Deponiegas werden vorrangig bebaute Hausmülldeponien untersucht und gegebenenfalls saniert beziehungsweise überwacht. Falls erforderlich, werden nachträglich Sicherungsmaßnahmen durchgeführt oder bei Neubauten vorsorglich veranlasst.

Bei dem Wirkungspfad Boden–Grundwasser gibt es folgende Bearbeitungsschwerpunkte:

- Private und öffentliche Altlastverdachtsflächen sowie schädliche Bodenveränderungen mit besonderem Gefährdungspotenzial für das Grundwasser werden untersucht und gegebenenfalls saniert beziehungsweise gesichert. Die Bearbeitung der stadteigenen Flächen soll bis 2010 abgeschlossen sein
- Altstandorte, Altlablagerungen und schädliche Bodenveränderungen werden innerhalb von geplanten oder ausgewiesenen Wasserschutzgebieten flächendeckend untersucht und vorrangig saniert beziehungsweise gesichert
- Bekannte großräumige Grundwasserverunreinigungen, beispielsweise im Industriegebiet Eidelstedt, werden untersucht, überwacht und saniert beziehungsweise gesichert

Bodensanierung in der Bille-Siedlung

Foto: Umweltbehörde Hamburg

Überregionale Ziele

Zielebene	*Das Umweltqualitätsziel*	*Das Umwelthandlungsziel*
International	▪ Die Bodendegradation ist auf ein Niveau reduziert, auf dem eine gefährliche anthropogene Störung der Bodenfunktionen (Lebensraum-, Regelungs-, Nutzungs- und Kulturfunktion) verhindert wird. (Entwurf einer Zieldefinition für eine „Boden-Konvention der Vereinten Nationen“, Wissenschaftlicher Beirat der Bundesregierung – Globale Umweltveränderungen (WBGU), 1994: Die Welt im Wandel)	▪ Es soll ein Rahmenübereinkommen der Vereinten Nationen über Bodennutzung und Bodenschutz („Boden-Konvention“) erarbeitet werden.
	▪ Das Grundwasser soll einen guten Zustand haben. (Wasserrahmenrichtlinie 2000/ /EG des Europäischen Parlaments und des Rates zur Schaffung eines Ordnungsrahmens für Maßnahmen der Gemeinschaft im Bereich der Wasserpolitik; gemeinsamer Entwurf – nach Billigung durch den Vermittlungsausschuss; Brüssel, den 18.07.2000)	▪ Das Grundwasser soll spätestens 16 Jahre nach Inkrafttreten der EU-Wasserrahmenrichtlinie einen guten Zustand erreichen.
National	▪ Die Funktionen des Bodens sind nachhaltig gesichert oder wiederhergestellt. (BBodSchG vom 17.03.1998)	▪ Der Boden und die Altlasten sowie die hierdurch verursachten Gewässerverunreinigungen sind saniert.
	▪ Das Grundwasser soll anthropogen möglichst unbelastet sein. (Sondergutachten „Flächendeckend wirksamer Grundwasserschutz – ein Schritt zur dauerhaft umweltgerechten Entwicklung“, Rat der Sachverständigen für Umweltfragen, 1998)	▪ Der Grundwasserschutz soll flächendeckend bestehen.

Ziele für Hamburg

Worum es geht	*Was die Umweltbehörde will*
Umweltmedium/Bereich	Nachsorgender Bodenschutz/Altlastensanierung – Gefahrenabwehr –
Schutzgüter	▪ Ressourcenschonung ▪ Menschliche Gesundheit ▪ Naturhaushalt ▪ Kommunale Lebensqualität
Qualitätsziel ▪ Welcher Zustand wird in der Zukunft angestrebt?	Anthropogene Boden- und Grundwasserbelastungen sind auf ein umweltverträgliches Maß reduziert oder gegen eine weitere Ausbreitung gesichert.
▪ Operationalisiert: Was bedeutet das konkret?	Bei Altlasten und schädlichen Bodenveränderungen sollen zur Gefahrenabwehr Vorkehrungen dahingehend getroffen werden, dass: ▪ der Mensch auf empfindlich genutzten Flächen keinen kritischen Bodenbelastungen ausgesetzt ist. Empfindliche Nutzungen sind Wohngebiete, Kinderspielflächen, landwirtschaftlich genutzte Flächen und Kleingärten ▪ der Mensch keinen Gefahren durch ausströmende Gase (z. B. Explosionsgefahren durch Methan) ausgesetzt ist. Ausgasungen können insbesondere bei ehemaligen Deponien auftreten ▪ keine kritischen Schadstoffe vom Boden in das Grundwasser gelangen. In diesem Zusammenhang müssen altlastverdächtige Altablagerungen, Altstandorte und schädliche Bodenveränderungen sowie Tankstellen, chemische Reinigungen und aktuelle Schadensfälle beurteilt werden. Besonderen Vorrang haben Flächen in Wasserschutzgebieten ▪ belastete Grundwasserbereiche auf eine umweltverträgliche Qualität zurückgeführt sind und unbelastete Grundwasserbereiche keinen Gefahren aus belasteten Grundwässern ausgesetzt werden

Worum es geht	*Was die Umweltbehörde will*
Handlungsziel langfristig ▪ Wie soll das Qualitätsziel langfristig erreicht werden?	▪ Alle Verdachtsflächen sind überprüft und Handlungsbedarfe bestimmt. ▪ Handlungsbedarfe sind mit dem Ziel abgearbeitet, dass keine dauerhaften Gefahren, erheblichen Nachteile und Belästigungen für den Einzelnen oder die Allgemeinheit befürchtet werden müssen. ▪ Die Gefahrenbwehr arbeitet nach dem Grundsatz „Sanieren geht vor Sichern". ▪ Die Altlastenbearbeitung soll abgeschlossen sein.
▪ Operationalisiert: Was bedeutet das konkret?	▪ Für alle Verdachtsflächen sollen notwendige Nutzungsbeschränkungen, Sanierungen, Sicherungen und Überwachungen umgesetzt werden. Die Prüf- und Maßnahmenwerte der BBodSchV sowie die Sanierungsleitwerte der Stadt Hamburg bilden die Basis für die Gefahrenbeurteilungen und die Maßnahmen. ▪ Für Altlasten, bei denen eine Sanierung technisch oder finanziell nicht durchführbar ist, sollen Sicherungsmaßnahmen durchgeführt werden.
Handlungsziel mittelfristig ▪ Was soll konkret bis 2010 erreicht werden?	▪ Die Bearbeitung der Altlasten und Flächen, für die die öffentliche Hand verantwortlich ist, soll bis zum Jahr 2010 abgeschlossen sein. Um die Funktionalität der Flächen zu verbessern und um langfristige Betriebskosten zu vermeiden, wird die Sanierung von Flächen einer reinen Sicherung vorgezogen. Dabei müssen jedoch die anfallenden Behandlungskosten berücksichtigt werden.
Indikatoren zur Erfolgskontrolle	▪ Verhältnis abgearbeiteter Flächen zu insgesamt bearbeiteten Flächen bzgl. - Abnahme der Zahl der Verdachtsflächen - Anzahl der durchgeführten Sanierungen - Anzahl der durchgeführten Sicherungen

2.4.2 Flächenrecycling von Altlasten

Es gibt in Hamburg vielfach Flächen, die brachliegen oder derzeit minderwertig genutzt werden. Sie befinden sich häufig in innenstadtnahen, infrastrukturell gut erschlossenen Lagen, oft im Bereich vorhandener Wohn- und Gewerbeflächen. Solche Flächen sind speziell im großstädtischen Ballungsraum von besonderer Bedeutung. Ihre Reaktivierung ist ein großer Gewinn für die weitere Entwicklung der Stadt.

Gewinn für Umwelt und Stadtentwicklung

Die Reaktivierung dieser Flächen hat in der Regel gleich mehrere positive Effekte: Die Wiedernutzung der Flächen ist in der Regel mit einer ökologischen Verbesserung verbunden. Gleichzeitig wird der Verbrauch ökologisch höherwertiger Grün- und Freiflächen vermieden, ohne die wirtschaftliche Entwicklung der Stadt zu beeinträchtigen. Durch die zentralere Lage verringern sich die Wegstrecken für die Menschen und damit das Verkehrsaufkommen. Dies verbessert die kommunale Lebensqualität insgesamt.

Zugleich ist eine Revitalisierung dieser Liegenschaften für die Stadt wie für den Investor kostengünstiger als eine Ansiedlung auf neu auszuweisenden Flächen, bei denen die infrastrukturellen Anbindungen erst kosten- und zeitaufwändig hergestellt werden müssen. In diesem Sinne zeichnet sich Flächenrecycling durch besondere Sozialverträglichkeit und ökologische Nachhaltigkeit aus.

Leitlinien für das Flächenrecycling von Altlasten

Mit Hilfe des Flächenrecyclings will die Umweltbehörde bestehende Umweltgefahren zum Schutz der menschlichen Gesundheit und des Naturhaushalts beseitigen und die Voraussetzungen für eine höherwertige Nutzung der belasteten Flächen schaffen. Langfristig sollen für alle Flächen mit Schadstoffverdacht, die zu einer Wieder- oder Neunutzung anstehen, nutzungsbezogene Handlungsbedarfe geklärt werden. Es kann in manchen Fällen ausreichen, Nutzungsbeschränkungen zu erteilen, in anderen Fällen muss saniert oder gesichert werden.

Flächenrecycling in Hamburgs Bezirken (Zeitraum 1990 bis 2000)

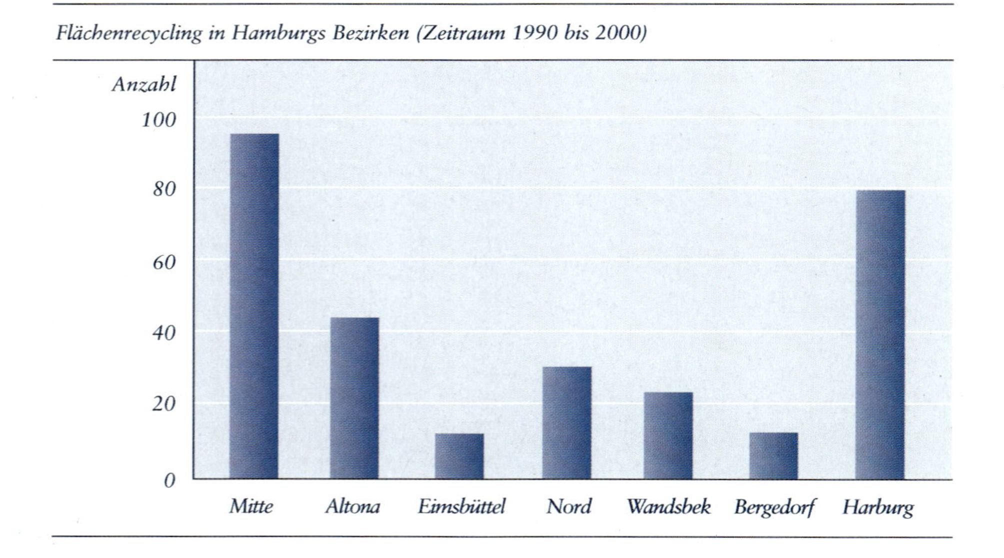

Für das Flächenrecycling gelten in Hamburg zwei Leitlinien:

- Die wirtschaftliche und strukturelle Entwicklung eines großstädtischen Ballungsraumes wie Hamburg soll mit möglichst sparsamem Flächenverbrauch erfolgen. Die Wiedernutzung belasteter Flächen für Gewerbe und Wohnen ist eine wesentliche Voraussetzung für die Reduzierung des Flächenverbrauchs von hochwertigen Grün- und Freiflächen und damit zur Erhaltung einer hohen Lebensqualität
- Risiken für die Umwelt aus Bodenbelastungen sollen gemindert werden. Dabei ist zu berücksichtigen, dass in den für das Flächenrecycling relevanten Fällen aufwändige Maßnahmen wie Dekontamination in der Regel erst durch die höherwertige Nutzung der belasteten Flächen notwendig und zugleich wirtschaftlich vertretbar werden

Beim Flächenrecycling steht auf der einen Seite das ökonomische Interesse, einen hohen Grundstückswert zu erhalten, auf der anderen Seite die ökologischen Anforderungen, Bodenbelastungen zu beseitigen. Beides ergänzt sich und führt letztlich zur Dekontamination dieser Flächen. Grundlage des Handelns ist die Bewertung der Gefährdung, die von der Fläche ausgeht. Welche Maßnahmen zur Reaktivierung der Flächen erforderlich sind, orientiert sich zum einen an Gefahrenabwehr- und Vorsorgeaspekten, zum anderen an der späteren Nutzung. Die Basis der Gefahrenbeurteilung bilden die Prüf- und Maßnahmenwerte der Bundes-Bodenschutz- und Altlastenverordnung (BBodSchV) sowie Hamburgs Sanierungsleitwerte für Mineralölkohlenwasserstoffe (MKW) von 1990, für leichtflüchtige chlorierte Kohlenwasserstoffe (LCKW), BTEX (Benzol, Toluol, Ethylbenzol, Xylole), polyaromatische Kohlenwasserstoffe (PAK) und Benzinkohlenwasserstoffe von 1992.

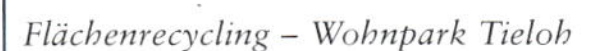

Flächenrecycling – Wohnpark Tieloh

Foto: Umweltbehörde Hamburg

Hamburg geht mit guten Beispielen voran

Folgenden Projekte zeigen beispielhaft, wie durch Flächenrecycling gute sozialverträgliche, ökonomische und ökologische Ergebnisse erzielt werden können.

- Wohnpark Tieloh:
  Eine ehemalige chemische Reinigung hatte eine Verunreinigung mit chlorierten Kohlenwasserstoffen verursacht. Heute stehen auf einer Fläche von 1,6 Hektar 300 neue Wohneinheiten mit Tiefgaragen.
- Ausschläger Allee:
  Ein früheres Gaswerk hatte eine Fläche mit aromatischen Kohlenwasserstoffen, polyzyklischen aromatischen Kohlenwasserstoffe (PAK) und Cyaniden verunreinigt. Nach der Sanierung entstand hier auf 2,8 Hektar das Technikzentrum der Hamburger Wasserwerke GmbH.
- Rothenbaumchaussee:
  Auf einem früheren Sportplatz mit einer Fläche von 2 Hektar wurden Schlacken ausgebaggert. Heute stehen hier ein Multimediazentrum und 200 Wohneinheiten.
- Gasstraße:
  Durch ein früheres Gaswerk war ein Gelände mit aromatischen Kohlenwasserstoffen, polyzyklischen aromatischen Kohlenwasserstoffen (PAK) und Cyaniden verunreinigt. Heute wird das 8,2 Hektar große Gelände von gewerblichen Betrieben und einem Hotel genutzt, 274 Wohneinheiten mit Tiefgaragen wurden errichtet.
- Rote Brücke:
  Auf einem 6 Hektar großen Gelände hatten in der Vergangenheit eine Zinkhütte, eine Deponie, eine chemische Fabrik und eine Verchromerei Verunreinigungen hinterlassen. Der Boden wurde von Mineralöl, Benzol, polyzyklischen aromatischen Kohlenwasserstoffen (PAK), Schwermetallen und chromverunreinigtem Erdreich gereinigt. Heute steht hier ein neues Gewerbegebiet.

Vorrat halten für die Zukunft

Es muss eine disponible Menge städtischer vergabereifer gewerblicher Bauflächen vorgehalten werden, um der Flächenanfrage von Unternehmen nachkommen zu können. Dabei soll ein möglichst hoher Anteil von Flächen durch Reaktivierung, Recycling oder Nutzungsintensivierung gewonnen werden. So können Bau- und Planungsvorhaben im Sinne einer nachhaltigen Stadtentwicklungspolitik betrieben werden. Um diese Anforderungen zu erfüllen, wird zurzeit an den nachfolgenden Projekten gearbeitet:

- Erstellung eines Altlasten-Brachflächenkataster
- Reaktivierung von Bahn-, Post- und Bundeswehrflächen
- Projekt „HafenCity“
- Entwicklungsplanung Harburger Binnenhafen (Hafencampus/Bahnhofsinsel)
- Brachflächenrecycling Firma DEA, Alte Schleuse

Überregionale Ziele

Zielebene	*Das Umweltqualitätsziel*	*Das Umwelthandlungsziel*
International	Die Bodendegradation ist auf ein Niveau reduziert, auf dem eine gefährliche anthropogene Störung der Bodenfunktionen (Lebensraum-, Regelungs-, Nutzungs- und Kulturfunktion) verhindert wird. (Entwurf einer Zieldefinition für eine „Boden-Konvention der Vereinten Nationen“, Wissenschaftlicher Beirat der Bundesregierung – Globale Umweltveränderungen (WBGU), 1994: Die Welt im Wandel)	Es wird ein Rahmenübereinkommen der Vereinten Nationen über Bodennutzung und Bodenschutz („Boden-Konvention“) erarbeitet.
National	▪ Grundstücke, die ihre bisherige Funktion und Nutzung verloren hatten, sollen mittels planerischer, umwelttechnischer und wirtschaftspolitischer Instrumente wieder in den Wirtschafts- und Naturkreislauf eingegliedert werden. Dies sind z. B. stillgelegte Industrie- oder Gewerbebetriebe, Militärliegenschaften und Verkehrsflächen. (Ingenieurtechnischer Verband Altlasten e. V. (ITVA), Arbeitshilfe Flächenrecycling, Juli 1998)	▪ Sanierung von Altlasten, um Industrie- und Gewerbebrachen wieder nutzbar zu machen.
	▪ Die Funktionen des Bodens sollen nachhaltig gesichert oder wiederhergestellt sein. (BBodSchG vom 17.03.1998)	▪ Belastete Böden und Altlasten sowie die hierdurch verursachten Gewässerverunreinigungen sollen saniert werden.
	▪ Das Grundwasser soll anthropogen möglichst unbelastet sein. (Sondergutachten „Flächendeckend wirksamer Grundwasserschutz – ein Schritt zur dauerhaft umweltgerechten Entwicklung“, Rat der Sachverständigen für Umweltfragen, 1998)	▪ Der Grundwasserschutz soll flächendeckend bestehen.

Ziele für Hamburg

Worum es geht	*Was die Umweltbehörde will*
Umweltmedium/Bereich	Nachsorgender Bodenschutz/Altlastensanierung – Flächenrecycling –
Schutzgüter	▪ Ressourcenschonung ▪ Naturhaushalt ▪ Menschliche Gesundheit ▪ Kommunale Lebensqualität
Qualitätsziel ▪ Welcher Zustand wird in der Zukunft angestrebt?	▪ Grundstücke, die ihre bisherige Funktion und Nutzung verloren hatten, sollen mittels planerischer, umwelttechnischer und wirtschaftspolitischer Instrumente wieder in den Wirtschafts- und Naturkreislauf eingegliedert sein. Dies sind z. B. stillgelegte Industrie- oder Gewerbebetriebe, Militärliegenschaften und Verkehrsflächen. In der Folge reduziert sich der Verbrauch naturnaher Flächen. ▪ Durch Flächenrecycling stehen für Bau- und Planungsvorhaben ehemals genutzte Flächen neu zur Verfügung.
▪ Operationalisiert: Was bedeutet das konkret?	▪ Das Angebot bereits infrastrukturell erschlossener Flächen soll erhöht werden. ▪ Die Boden- und Grundwasserbelastungen werden vermindert.
Handlungsziel langfristig ▪ Wie soll das Qualitätsziel langfristig erreicht werden?	▪ Verdachtsflächen und sonstige für eine Nutzung geeigneten Flächen sollen nutzungsbezogen beurteilt und abgearbeitet werden. ▪ Es wird nach dem Grundsatz „Sanieren vor Sichern" gearbeitet. ▪ Belastete Flächen werden reaktiviert, um den Verbrauch naturnaher Flächen zu vermindern.
▪ Operationalisiert: Was bedeutet das konkret?	Für alle Flächen mit Schadstoffverdacht, die zu einer Wieder- bzw. Neunutzung anstehen, sollen notwendige Nutzungsbeschränkungen, Sanierungen, Sicherungen und Überwachungen umgesetzt werden. Die Prüf- und Maßnahmenwerte der BBodSchV sowie die Sanierungsleitwerte der Stadt Hamburg bilden die Basis für die Gefahrenbeurteilungen und die Maßnahmen.

Worum es geht	*Was die Umweltbehörde will*
Handlungsziel mittelfristig - Was soll konkret bis 2010 erreicht werden?	- Für die Flächen mit Schadstoffverdacht, die bis 2010 zur Wiedernutzung anstehen, sollen die notwendigen Nutzungsbeschränkungen, Sanierungen, Sicherungen und Überwachungen umgesetzt werden. - Die planerische Vorbereitung von Flächen soll im bebauten Bereich mit Priorität vorangetrieben werden. Die Flächennachfrage von Unternehmen soll zu einen möglichst hohen Anteil durch Flächen befriedigt werden, die durch Reaktivierung, Recycling oder Nutzungsintensivierung gewonnen wurden. Dafür soll eine Übersicht über brachliegende bzw. zu reaktivierende Flächen erstellt werden (Altlastenbrachflächenkataster). Durch umwelttechnische Maßnahmen lassen sich aus heutiger Sicht jährlich ca. 30 ha Recyclingflächen für gewerbliche Nutzungen und Wohnungsbau aktivieren. Schwerpunkte bis zum Jahr 2010 sind: - Bau- und Planungsvorhaben und Projekte im Rahmen des Grundstücksverkehrs (z. B. Projekt „HafenCity"). - Reaktivierung von Brachflächen, Bahn- und Postflächen, Bundeswehrflächen und privaten alten Industrieflächen
Indikatoren zur Erfolgskontrolle	- Verhältnis abgearbeiteter Flächen zu insgesamt zu bearbeitenden Flächen - Abnahme der Zahl der Verdachtsflächen - Anzahl der durchgeführten Sanierungen - Anzahl der durchgeführten Sicherungen

2.5 SCHONUNG DER GRUNDWASSERRESSOURCEN

Grundwasser ist eine erneuerbare Ressource. Für ein nachhaltiges Management dieser Ressource bedarf es eines Gleichgewichts zwischen Nutzung und Neubildung. Weil Grundwasser erneuerbar ist, orientiert sich die nachhaltige Nutzung nicht an einem Nutzungsverbot, sondern an einem verantwortungsvollen Umgang mit Wasser und einem möglichst ausgeglichenen Wasserhaushalt. Praktisch bedeutet dies, Wasser möglichst sparsam zu verwenden und im Sinne eines möglichst ausgeglichenen Wasserhaushalts nicht mehr Grundwasser zu verbrauchen, als neu gebildet wird.

Grundwasser ist eine regionale Ressource. Deshalb kann über die angemessene Form der Nutzung und die Verfügbarkeit von Grundwasser auch nur vor dem Hintergrund der regionalen Gegebenheiten entschieden werden. In Hamburg muss insbesondere die Nutzung der tiefen Grundwasserleiter als bedeutende Ressource für die Trinkwasserversorgung kritisch geprüft werden. Die Erneuerungsprozesse können sich hier aufgrund der langen Fließstrecken nur in großen Zeitabständen vollziehen. Dies zeigen Altersbestimmungen des Grundwassers in den tiefen Grundwasserleitern, die bereichsweise ein Grundwasseralter von mehreren tausend Jahren ergeben haben.

2.5.1 Nachhaltige Nutzung der Wasserressourcen

Hamburgs Trinkwasser kommt aus der Tiefe

Im Ballungsraum Hamburg stützt sich die öffentliche Wasserversorgung zu über 60 Prozent auf Grundwasserentnahmen aus tiefen Wasserleitern. Diese Vorkommen sind vor Einflüssen aus der Flächennutzung gut geschützt, da sie weitgehend durch gering durchlässige Schichtenfolgen überdeckt werden. Die tiefen Wasserleiter sollen deshalb auch zukünftig vorrangig der öffentlichen Trinkwasserversorgung vorbehalten bleiben. Die verstärkte Entnahme von tiefem Grundwasser in den achtziger Jahren zeigte deutlich negative Auswirkungen. So führten beispielsweise die hohen Förderraten in einigen Gebieten zu einer verstärkten Mobilisierung salzhaltiger Grundwasser. Im Niveau der unteren Braunkohlensande sind bereits Teile der Grundwasservorkommen von der chloridischen Versalzung betroffen.

Von hier aus wird die gesamte Wasserversorgung Hamburgs überwacht

Foto: Hamburger Wasserwerke GmbH

Trinkwasserbehälter der Hamburger Wasserwerke in Rothenburgsort

Hamburg hat erhebliche Anstrengungen unternommen, um die Grundwasserentnahmen zu reduzieren und damit den beschriebenen Entwicklungen entgegenzuwirken. So konnten rund 60 Prozent der noch 1980 geförderten Wassermenge eingespart werden, unter anderem durch die restriktive Vergabe von Wasserrechten für die Grundwasserförderung von Industrie- und Gewerbebetrieben. Der Verbrauch an Wasser sank um 36,5 Millionen Kubikmeter pro Jahr. Infolgedessen sind die Grundwasserstände in den tiefen Grundwasserleitern in weiten Teilen des Stadtgebietes wieder merklich angestiegen.

Wasserwirtschaftliche Ziele für die Zukunft

Die Strategie der wasserwirtschaftlichen Planung muss sich zukünftig auf folgende Ziele konzentrieren:

- Die Erholung des Grundwasserspiegels muss vorangetrieben werden. Dazu ist weiterhin eine restriktive Vergabe von Förderrechten aus tiefen Grundwasserleitern notwendig. So kann der Grundwasserspiegel weiter ansteigen und als Folge davon die Ausbreitung der Versalzungsfronten verhindert werden. Einen wesentlichen Beitrag hierzu leisten die Hamburger Wasserwerke im Raum Billbrook. Dort wurde seit 1995 die Grundwasserentnahme reduziert und umgestellt.
- Die tiefen Grundwasserleiter sind vor anthropogenen Schadstoffeinträgen zu schützen. Dies gilt insbesondere für die Bereiche, in denen dichtende Deckschichten fehlen und somit hydraulische Verbindungen zwischen oberflächennahen und tiefen Grundwasserleitern bestehen. Schadstoffeinträge sind weitgehend ausgeschlossen, wenn die Druckspiegel der Grundwasserstände in den tiefen Wasserleitern die der oberflächennahen Grundwasserleiter möglichst übersteigen, mindestens aber dasselbe Niveau erreichen. Für die tief liegenden Marschgebiete soll dieser Zustand flächendeckend erreicht werden, vor allem in den Bereichen bekannter Deckschichtenlöcher. Dies kann in Einzelfällen bedeuten, dass die Entnahmemengen drastisch reduziert werden müssen oder eine komplette Verlagerung von Förderstandorten nötig ist

Die Umweltbehörde entwickelt zurzeit ein „Grundwasserströmungsmodell der tiefen Wasserleiter Hamburgs". Dieses Modell wird künftig ein wichtiges Hilfsmittel zur Begleitung und Steuerung dieser Maßnahmen sein. Für die Erfolgskontrolle sind zwei Handlungs- und Zustandsindikatoren geeignet: Zum einen ist dies die für eine bestimmte Region verträgliche Grundwasserentnahmemenge, zum anderen sind es die Grundwasserspiegel in den tiefen Wasserleitern im Hinblick auf die Vermeidung anthropogener Gefährdungen. Da es entsprechende Ausgangsdaten und Erfahrungswerte für einen Zeitraum von fast 100 Jahren gibt, liegt ausreichendes Datenmaterial für eine umfassende Bewertung vor. Mit Hilfe des „Grundwasserströmungsmodells der tiefen Wasserleiter Hamburgs" wird es in absehbarer Zeit möglich sein, die Nachhaltigkeit bei der Nutzung der tiefen Grundwasserleiter anhand von Zielzahlen für Fördermengen und Wasserspiegel zu beschreiben.

Foto: Hamburger Wasserwerke GmbH

Foto: Hamburger Wasserwerke GmbH

Belüftung im Wasserwerk Walddörfer

Die Wasserversorgung langfristig sichern

Um die Wasserversorgung für die Bevölkerung langfristig sicherzustellen, ist es erforderlich, den aktuellen Trinkwasserbedarf und nutzbares Grundwasserdargebot regelmäßig gegenüberzustellen. Potenzielle Versorgungsengpässe werden so frühzeitig erkannt und ökologisch nicht vertretbare Überförderungen der Ressource vermieden. Ein solcher Abgleich schafft damit Planungssicherheit für die Trinkwasserversorgung.

Die Ergebnisse der Überprüfung von Trinkwasserbedarf und verfügbarem Grundwasserdargebot im Versorgungsgebiet der Hamburger Wasserwerke (HWW) wurden zuletzt im Wasserversorgungsbericht für Hamburg dargestellt. Danach wurde prognostiziert, dass auf der Basis der damaligen Bevölkerungsschätzung für den Zeitraum bis zum Jahr 2010 ein Grundwasserbedarf von maximal 167 Millionen Kubikmetern pro Jahr besteht. Die erforderliche Sicherheitsreserve von 10 Prozent ist hierin inbegriffen. Demgegenüber wurde von einem langfristig nutzbaren Grundwasserdargebot von 165 Millionen Kubikmetern pro Jahr ausgegangen.

Inzwischen liegen für Hamburg neue Zahlen zur Bevölkerungsentwicklung und zum Pro-Kopf-Verbrauch vor. Tatsächlich wuchs die Bevölkerung in den vergangenen Jahren im Mittel um 10.000 Einwohner weniger als vorausgesagt. Die aktuellen Prognosen für den Zeitraum bis zum Jahre 2010 sind dementsprechend nach unten korrigiert worden. Der für die Errechnung des Wasserbedarfs ebenfalls wichtige Pro-Kopf-Verbrauch der Haushalte und des Kleingewerbes ist ebenfalls zurückgegangen und lag 1998 bei nur noch rund 153 Litern pro Einwohner und Tag, während er im Jahre 1992 noch 171 Liter betrug. Beide Faktoren zusammengenommen ergeben somit einen deutlich geringeren Grundwasserbedarf als noch 1996 prognostiziert.

Eine umfassende Bevölkerungsschätzung für das gesamte Versorgungsgebiet wird Anfang 2001 vorliegen. Nach derzeitigem Kenntnisstand wird Hamburg auch in Zukunft neben den eigenen Vorkommen die seit Jahrzehnten genutzten Ressourcen in Schleswig-Holstein und Niedersachsen in Anspruch nehmen müssen. In diesem Zusammenhang kommt auch dem wasserrechtlichen Verfahren zur Neuerteilung einer wasserrechtlichen Bewilligung für das Wasserwerk Nordheide eine hohe Bedeutung zu.

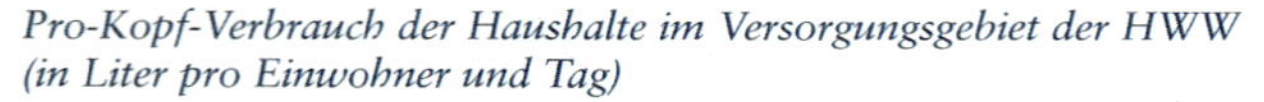

Pro-Kopf-Verbrauch der Haushalte im Versorgungsgebiet der HWW (in Liter pro Einwohner und Tag)

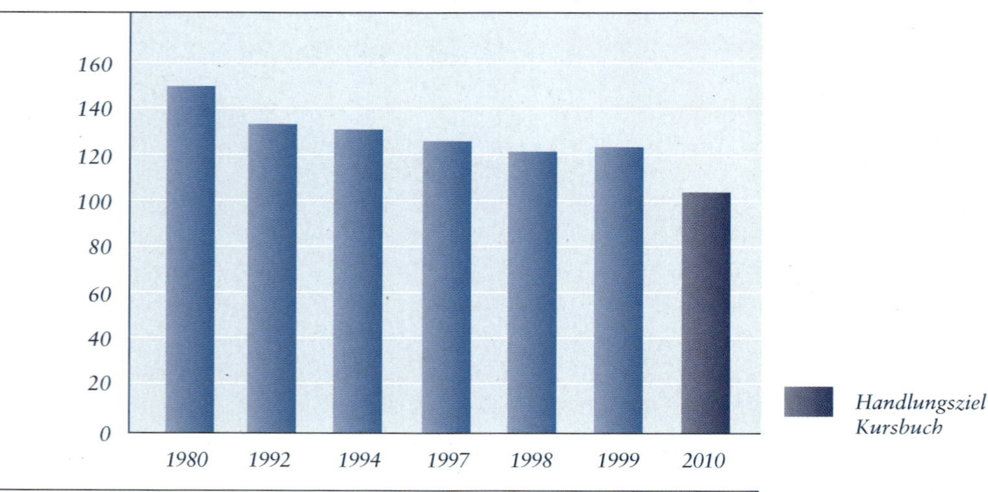

Die bestehende Bewilligung läuft im Jahre 2004 aus. Eine wichtige Rolle spielen in diesem Verfahren die Prüfung der Umweltverträglichkeit und die Auswertung der umfangreichen Beweissicherungsmaßnahmen, die den bisherigen langjährigen Betrieb der Grundwasserentnahme begleitet haben. Zuständige Genehmigungsbehörde für das Verfahren ist die Bezirksregierung Lüneburg. Um die Versorgung mit Trinkwasser sicherzustellen, soll die Grundwasserförderung des Wasserwerks Nordheide fortgesetzt werden. Die Umweltbehörde wird deshalb den Antrag der Hamburger Wasserwerke zur Verlängerung der Wasserrechte für das Wasserwerk Nordheide auf der Basis einer umfassenden Bedarfsanalyse unterstützen. Sowie die neueste Bevölkerungsschätzung vorliegt, soll auch die Wasserversorgungsplanung mit einer Prognose über die Entwicklung des Grundwasserbedarfs aktualisiert werden. Die Aktualisierung der Wasserversorgungsplanung schließt sich damit an die Überprüfung des verfügbaren Grundwasserdargebots für das gesamte Versorgungsgebiet der Hamburger Wasserwerke an.

Foto: K. Swierzy

Alltägliche Wasserverschwendung – der tropfende Wasserhahn

Sparpotenziale nutzen

Die rationelle Trinkwasserverwendung ist eine wesentliche Strategie zum Schutz und zur Schonung der Grundwasserressourcen. Sie trägt entscheidend dazu bei, die Eingriffe in den Naturhaushalt zu minimieren, und schafft Spielräume für eine nachhaltige, den speziellen örtlichen Rahmenbedingungen angepasste Bewirtschaftung der Grundwasservorkommen.

Der Trinkwasserverbrauch der Stadt ist seit 1980 um über 20 Prozent zurückgegangen – trotz zwischenzeitlich gestiegener Bevölkerungszahlen. Dies ist vor allem auf die zahlreichen Maßnahmen zur rationellen Wasserverwendung zurückzuführen und hat eine spürbare Entlastung der Grundwasserressourcen bewirkt. Die Hamburger Wasserwerke haben zu dieser erfreulichen Entwicklung beispielsweise durch äußerst niedrige Rohrnetzverluste von nicht mehr als 5 Prozent der Trinkwasserabgabe (bei einem mehr als 5.500 Kilometer langen Versorgungssystem) beigetragen. Mit diesem Wert liegt Hamburg weit vor anderen Großstädten und Regionen.

Die Umweltbehörde setzt auch künftig auf Maßnahmen zur Trinkwassereinsparung. Diese werden wie bisher speziell auf die einzelnen Kundengruppen abgestimmt. Bis zum Jahr 2010 werden für Hamburg die in der Tabelle (siehe nächste Seite) aufgeführten Einsparquoten angestrebt.

Durch die Verpflichtung zum Einbau von Wohnungswasserzählern gemäß Hamburgischer Bauordnung (1987 und 1994) konnten in der Vergangenheit bereits hohe Einsparquoten bei den Haushalten erzielt werden. Bis zum Jahr 2004 muss auch der gesamte Wohnungsbestand in Hamburg nachgerüstet sein. Zusätzliche Einsparungen bringen neue Haushaltsgeräte sowie Armaturen und WC-Spülkästen mit geringem Wasserverbrauch. Im Ergebnis erscheint ein Pro-Kopf-Verbrauch von rund 110 Litern pro Einwohner und Tag im Jahr 2010 durchaus realistisch. Dies wäre eine Einsparung von 12 Litern gegenüber 1998.

Die Vielfalt der Betriebsstrukturen im Kleingewerbe erfordert individuelle, auf die jeweiligen Produktionsabläufe zugeschnittene Einzellösungen. Deshalb wird das Sparpotenzial bis zum Jahr 2010 nur teilweise genutzt werden können.

Bei der Kundengruppe der Großabnehmer, die mehr als 60.000 Kubikmeter pro Jahr verbrauchen, werden nur noch vergleichsweise geringe Einsparquoten erwartet. Hier ist bereits ein hoher technischer Standard erreicht. Durch weitere Optimierung der Produktionsverfahren sind jedoch durchaus noch zusätzliche Verbrauchsreduzierungen möglich. Anreize zur Realisierung könnten durch staatliche Aktionsprogramme geschaffen werden.

Bei den öffentlichen Einrichtungen konzentrieren sich die zukünftigen Maßnahmen auf die systematische Umrüstung der WC-Anlagen auf wassersparende Spülsysteme. Aufgrund der Nutzungsstrukturen der Einrichtungen werden von den heute jährlich verbrauchten Trinkwassermengen rund 70 Prozent für die WC-Spülung benötigt. Die systematische Umrüstung der vielfach veralteten Anlagen auf moderne wassersparende Spülsysteme würde hier eine erhebliche Einsparung erbringen. Die Umweltbehörde wird dazu in Zusammenarbeit mit den betreffenden Behörden ein wirtschaftlich tragfähiges Konzept aufstellen.

Trinkwasser – Verbrauch und Einsparquoten

Kundengruppe	*Verbrauch (1998)*	*Angestrebte Einsparquote bis 2010*	
	Mio. m^3	*Mio. m^3*	*in %*
Haushalte	*76,4*	*7–11*	*10–15*
Kleingewerbe	*19,1*	*1–2*	*5–10*
Großabnehmer	*7,3*	*0,4–0,7*	*5–10*
Öffentliche Einrichtungen	*2,6*	*0,4–0,7*	*15–20*
Gesamt	***105,4***		***ca. 10***

Regenwasser – nutzen statt ableiten

Regenwasser wird in urbanen Siedlungsräumen mit hoher Bebauungsdichte und hohemVersiegelungsgrad sehr schnell über konventionelle Entwässerungssysteme wie Siele und Gräben abgeleitet. Auf den Wasserhaushalt wirkt sich dies negativ aus, weil sich zum einen weniger Grundwasser neu bildet und zum anderen verschmutztes Regenwasser in die Gewässer gelangt. Denn Regenwasser wird von Straßen und befestigten Flächen direkt in die Gewässer geleitet. Bei sehr starken Regenfällen läuft zudem gelegentlich das Mischwassersielsystem über, so dass dieses mit Abwasser verschmutzte Regenwasser ebenfalls in die Gewässer gelangt und die Gewässerqualität beeinträchtigt.

Es sind weiterführende Konzepte erforderlich, um diese negativen Auswirkungen umweltgerecht zu minimieren, insbesondere bei den ökologisch sensiblen Stadtgewässern. Solche Konzepte müssen über den herkömmlichen Entsorgungsgedanken hinaus zu einer Strategie der integrierten Regenwasserbewirtschaftung führen. Dabei stehen folgende Planungsziele im Mittelpunkt: Beim Grundwasser soll die Neubildung unterstützt beziehungsweise erhöht werden und die Ressource durch eine nachhaltige Nutzung geschont werden. Bei den Oberflächengewässern soll insbesondere die Gewässergüte verbessert werden, vor allem dadurch, dass Abflussspitzen des Sielsystems vermieden werden (siehe hierzu auch Kapitel 1.4).

Um diese Ziele zu erreichen, müssen Lösungsansätze parallel beschritten werden:

- rückhalten und verdunsten
- versickern statt ableiten
- speichern und verwenden

Diese Ziele sollen durch neue Pilotprojekte und verstärkte Information der Öffentlichkeit gefördert werden. Hierzu sollen speziell auf die örtlichen Verhältnisse zugeschnittene Modellprojekte entwickelt werden.

Brauchwassernutzung

Hamburg betreibt im Rahmen von Altlasten- und Schadensfallbearbeitungen derzeit rund 80 Grundwassersanierungs- und -sicherungsanlagen. Dabei wird über Sanierungsbrunnen Grundwasser entnommen und in Aufbereitungsanlagen von Schadstoffen befreit. Insgesamt fallen pro Jahr etwa 2,5 Millionen Kubikmeter gereinigtes Grundwasser an. Die Reinigungsqualität dieser Anlagen ist sehr hoch. Im Interesse einer schonenden Bewirtschaftung der Ressource Grundwasser wird deshalb die Substitution von Brauchwasser durch Wieder- beziehungsweise Weiterverwendung dieser aufbereiteten Wässer angestrebt. Für das gereinigte Wasser der Grundwasserreinigungsanlage „Jütländer Allee“ wurde eine Weiterverwendung im benachbarten Tierpark realisiert.

Foto: Tierpark Hagenbeck

Brauchwassernutzung in Tierpark Hagenbeck – das Walross Antje geht mit der Zeit

Ziele für Hamburg

Worum es geht	*Was die Umweltbehörde will*
Umweltmedium/Bereich	Grundwasserressourcen – Nachhaltige Nutzung –
Schutzgüter	▪ Ressourcenschonung ▪ Naturhaushalt ▪ Menschliche Gesundheit
Qualitätsziel ▪ Welcher Zustand wird in der Zukunft angestrebt?	Die Wasserressourcen werden nachhaltig genutzt, um die Trinkwasserversorgung sicherzustellen.
▪ Operationalisiert: Was bedeutet das konkret?	Die Grundwasserentnahme ist geringer oder zumindest gleich groß wie die Grundwasserneubildung. Die Grundwasserentnahmen werden im Sinne einer nachhaltigen Nutzung gesteuert. Dies gilt insbesondere für Entnahmen aus den tiefen Grundwasserleitern.
Handlungsziel langfristig ▪ Wie soll das Qualitätsziel langfristig erreicht werden?	▪ Die für die Trinkwasserversorgung genutzten Grundwasserleiter werden geschont. ▪ Das Wasser soll rationell verwendet werden, um die Grundwasservorkommen zu schonen und die Eingriffe in den Naturhaushalt zu minimieren.
▪ Operationalisiert: Was bedeutet das konkret?	▪ Die Grundwasserentnahmen werden insbesondere dort reduziert und umgestellt, wo eine Versalzung der tiefen Wasserleiter droht. ▪ Der Wasserverbrauch wird verringert. ▪ Die Regenwasserbewirtschaftung und Brauchwassernutzung werden gefördert.

Worum es geht	*Was die Umweltbehörde will*
Handlungsziel mittelfristig - Was soll konkret bis 2010 erreicht werden?	- Die Entnahmen in kritischen Bereichen werden reduziert und verlagert, zum Beispiel in Billbrook/Billstedt von derzeit 15,5 Mio. m^3 /a auf weniger als 9 Mio. m^3 /a. - Die Handlungsanweisung des Senats (von 1996) zur rationellen Verwendung von Trinkwasser in öffentlichen Einrichtungen wird umgesetzt. - Der Trinkwasserverbrauch in Hamburg wird um rund 10 % gesenkt durch: - Umrüstung von WC-Anlagen in öffentlichen Einrichtungen - Installation von Wohnungswasserzählern - Ersatz alter Haushaltsgeräte durch wassersparende Geräte - Förderung wassersparender Produktionsverfahren/Techniken in Gewerbebetrieben und bei Großabnehmern - Die Regenwasserbewirtschaftung wird durch neue stadtökologische Modellprojekte gefördert. - Die Brauchwassernutzung aus Grundwassersanierungs- und -sicherungsanlagen soll gefördert werden.
Indikatoren zur Erfolgskontrolle	- Ist-Soll-Vergleich des Trinkwasser-Pro-Kopf-Verbrauchs pro Tag in den Haushalten und bei Kleingewerbe - Fördermengen Grundwasser - Anzahl der Brunnen imVergleich zum Umfang der Grundwasserversalzung - Anteil der mit Wohnungswasserzählern ausgestatteten Wohnungen - Monatliche Trinkwasserabgabe der Hamburger Wasserwerke - Verwertungsquote der jährlichen Wassermenge, die aus Sanierungsanlagen als Brauchwasser verwendet wird

2.5.2 Trinkwasserversorgung und -qualität in Hamburg

Die Verbraucher sollen naturbelassenes Trinkwasser erhalten. Diesen Grundsatz verfolgt die Stadt Hamburg gemeinsam mit den Hamburger Wasserwerken. Deshalb wird das Grundwasser, abgesehen davon, dass geogenes Eisen und Mangan entfernt wird, nicht aufbereitet. Die Vorteile dieser Vorgehensweise liegen auf der Hand: Trinkwasser aus naturbelassenem Grundwasser ist für den Verbraucher gesund und gleichzeitig kostengünstig.

Trinkwasser auf der Basis naturbelassenen Grundwassers ist bakteriologisch rein und geschmacklich einwandfrei. Es hat deshalb ein gutes Produktimage.

Dies beweist auch die zunehmende Verwendung von Sodawasserbereitern in den Haushalten. Naturbelassenes Trinkwasser ist kostengünstig, umweltschonend und schmeckt den Verbrauchern.

Hamburg wird auch zukünftig nach dem Grundsatz verfahren, das Grundwasser für Trinkwasserzwecke weitgehend natürlich zu belassen. Die Basis dazu bildet der hier seit langem praktizierte Ansatz des flächendeckenden Grundwasserschutzes. Für eine chemisch-technische Aufbereitung von Grundwasser zu Trinkwasserzwecken könnten die Maßnahmen des vorbeugenden, flächendeckenden Grundwasserschutzes reduziert werden. Diesen Ansatz wird Hamburg jedoch nicht verfolgen, sondern am Prinzip der Nachhaltigkeit und einer gesamtökologischen Betrachtung festhalten.

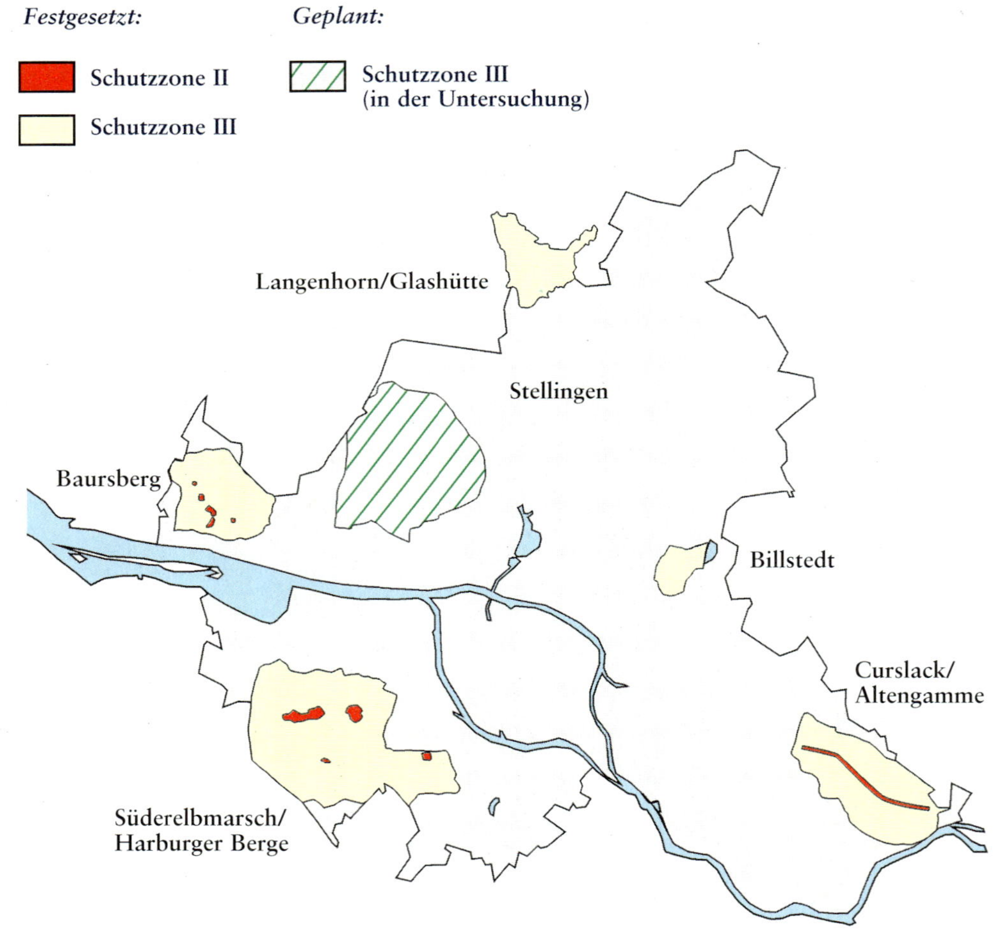

Festgesetzte und geplante Wasserschutzgebiete in Hamburg

Die kommunale und dezentrale Struktur der Wasserversorgung hat sich in der Metropolregion Hamburg bewährt. Die Nähe von Gewinnung, Aufbereitung und Gebrauch des Trinkwassers führt insgesamt zu einem großen Qualitätsvorteil für Umwelt und Nutzer. Bei einer künftigen Privatisierung und Liberalisierung der Wasserversorgung sollte sichergestellt werden, dass keine qualitative Verschlechterung eintritt, weiterhin das Prinzip der Nachhaltigkeit gilt, die Versorgungssicherheit gegeben ist und keine negativen Auswirkungen auf die Wasserpreise folgen.

Wasserschutzgebiete sichern gutes Trinkwasser

Nicht alle Grundwasserleiter, die für die öffentliche Trinkwasserversorgung genutzt werden, sind ausreichend durch natürliche, gering durchlässige Bodenschichten abgedeckt. Diese Wassergewinnungsgebiete müssen daher über die Anforderungen des flächendeckenden Grundwasserschutzes hinaus besonders geschützt werden. Für diese Bereiche werden deshalb Schutzgebiete nach Paragraph 19 Wasserhaushaltsgesetz und Paragraph 27 Hamburgisches Wassergesetz festgeschrieben und überwacht. Der Anteil der Grundwasserförderung aus diesen besonders schutzbedürftigen, oberflächennahen Grundwasservorkommen beträgt etwa 40 Prozent der Gesamtentnahmemenge der Hamburger Wasserwerke in Hamburg.

Zum gegenwärtigen Zeitpunkt sind in Hamburg fünf Wasserschutzgebiete (WSG) ausgewiesen. Darüber hinaus werden für ein weiteres Einzugsgebiet die Notwendigkeit und die Möglichkeiten der Ausweisung überprüft. Für die übrigen Förderbrunnen der öffentlichen Trinkwasserversorgung, die sich außerhalb der ausgewiesenen beziehungsweise geplanten Wasserschutzgebiete befinden, ist die Ausweisung großflächiger Schutzgebiete aufgrund der günstigen geologischen Verhältnisse nicht notwendig.

Die Umweltbehörde wird über die Ausweisung von Wasserschutzgebieten hinaus den Vollzug der Verordnungen für Wasserschutzgebiete, die Überwachung und Sanierung kontaminierter Flächen und die verstärkte Gewässerüberwachung konsequent umsetzen. Als wichtiges Teilziel wurde die Gefährdungsabschätzung für sämtliche Altlastverdachtsflächen innerhalb von Wasserschutzgebieten bis Ende 2000 abgeschlossen.

Industrie und Gewerbe in Wasserschutzgebieten

In den Wassergewinnungsgebieten gelten für den Betrieb von Anlagen besondere Nutzungsbeschränkungen und Verbote, von denen unter bestimmten Voraussetzungen Ausnahmen zugelassen werden können. Insbesondere beim Umgang mit wassergefährdenden Stoffen können Interessenkonflikte mit den Belangen des Gewässerschutzes bestehen. Hier ist es erforderlich, den vorbeugenden Gewässerschutz beim Betrieb von Anlagen und beim Umgang mit wassergefährdenden Stoffen noch stärker zu verankern, um langfristig die Trinkwassergewinnung in diesen Gebieten sicherzustellen. Daher müssen in derartigen Betrieben und Anlagen erhöhte Sicherheitsvorkehrungen für den Umgang mit wassergefährdenden Stoffen getroffen und regelmäßig überprüft werden.

Gewässerschutz in der Landwirtschaft

In den Wassergewinnungsgebieten gibt es zwischen Gewässerschutz auf der einen Seite und Landwirtschaft und Gartenbau auf der anderen Seite Interessenkonflikte. Dies gilt insbesondere für den flächendeckenden Einsatz von Dünge- und Pflanzenschutzmitteln. Der vorbeugende Gewässerschutz muss hier stärker beachtet werden, um langfristig die Trinkwassergewinnung in diesen Gebieten sicherzustellen. Gleichzeitig muss gewährleistet sein, dass auch weiterhin eine rentable landwirtschaftliche, garten- und obstbauliche Nutzung der Flächen möglich ist.

Für vergleichbare Interessenkonflikte zwischen Trinkwassergewinnung und landwirtschaftlicher Nutzung werden bundesweit kooperative Lösungen erprobt, die das Ordnungsrecht ergänzen sollen. Unter dem Stichwort „Kooperation statt Konfrontation“ arbeiten seit mehreren Jahren Wasserversorgungsunternehmen und landwirtschaftliche Betriebe zusammen. Schwerpunkte sind dabei die Entwicklung und Einführung von Bewirtschaftungsformen, die optimal auf die Standortverhältnisse abgestimmt sind, sowie Vereinbarungen, die den Ausgleich gegebenenfalls auftretender wirtschaftlicher Nachteile regeln.

Vorteile einer solchen Vorgehensweise liegen unter anderem in einem besseren gegenseitigen Verständnis für die jeweiligen Belange von Wasserversorgung und Landwirtschaft und Gartenbau. Ein solches Vorgehen erhöht auch die Akzeptanz für die erforderlichen Änderungen bei der Flächenbewirtschaftung, die im Gewässerschutz begründet sind. Durch die enge Zusammenarbeit im Rahmen einer Kooperation soll zudem eine stärkere Eigenverantwortung der Landwirte erreicht werden, die auch zu einer Entlastung der Überwachungsbehörden führen kann.

Ein solcher Kooperationsvertrag wurde am 22. März 1999 zwischen den Hamburger Wasserwerken und dem Gartenbauverband Nord e. V. sowie dem Bauernverband Hamburg e. V. abgeschlossen. Ziel des Vertrages ist es, das Nebeneinander von Wassergewinnung und ordnungsgemäßem Land- und Gartenbau im Kooperationsgebiet zu fördern.

Hamburger Wassergewinnungsgebiete

Wasserschutzgebiet	*Wasserschutzgebiet Fläche (km²)*	*Entnahmemenge (Genehmigt Mio. m³/a)*
Baursberg	16	3,8
Süderelbmarsch/Harburger Berge	47	8,5
Curslack/Altengamme	24*	15,5
Langenhorn/Glashüte	3**	2,2
Billstedt		4
Stellingen [1)]	40	5,5
Summe	**134**	**37,1**

* ***Ohne schleswig-holsteinischen Flächenanteil:***
Ausweisung des WSG „Curslack – Fassung Knollgraben“ geplant

** ***Ohne den schleswig-holsteinischen Flächenanteil von rund 8 Quadratkilometern***

1) ***Die Notwendigkeit der Ausweisung als WSG wird geprüft.***

Ziele für Hamburg

Worum es geht	*Was die Umweltbehörde will*
Umweltmedium/Bereich	Grundwasser/Trinkwasserversorgung – Grundwasserqualität –
Schutzgüter	▪ Ressourcenschonung ▪ Menschliche Gesundheit
Qualitätsziel ▪ Welcher Zustand wird in der Zukunft angestrebt?	Der Bedarf der Bevölkerung an Trinkwasser wird mit einwandfreier Qualität gedeckt.
▪ Operationalisiert: Was bedeutet das konkret?	▪ Die Bevölkerung wird mit weitgehend naturbelassenem Trinkwasser und in ausreichender Menge versorgt. ▪ Das Grundwasser wird vor anthropogenen Einträgen geschützt.
Handlungsziel langfristig ▪ Wie soll das Qualitätsziel langfristig erreicht werden?	Es wird ein flächendeckender Grundwasserschutz gefördert und ausgebaut, insbesondere im Bereich von Grundwasserleitern, die durch geologische Gegebenheiten nicht ausreichend geschützt sind.
▪ Operationalisiert: Was bedeutet das konkret?	▪ Die Wasserversorgungsplanung wird aktualisiert.
Handlungsziel mittelfristig ▪ Was soll konkret bis 2010 erreicht werden?	▪ Die Ausweisung von Wasserschutzgebieten wird abgeschlossen. ▪ Die vorsorgeorientierte Flächenbewirtschaftung im Bereich der Landwirtschaft wird gefördert. ▪ Die besonderen Anforderungen an Betriebe und Anlagen in Wasserschutzgebieten für den Umgang mit wassergefährdenden Stoffen werden umgesetzt. ▪ Die Grenzwerte der Trinkwasserverordnung werden sowohl im Reinwasser als auch im geförderten Rohwasser eingehalten. Ausgenommen sind Eisen und Mangan.
Indikatoren zur Erfolgskontrolle	▪ Anteil der anthropogen belasteten Trinkwasserbrunnen ▪ Anteil des Trinkwassers, das mittels besonderer Anlagen (z. B. Aktivkohleadsorption) aufbereitet werden muss

3 Klima-SCHUTZ

„Im Jahr 2010 bietet sich das Bild einer dezentralisierten Stromversorgungswirtschaft ohne Erdöl und Uran; sie greift nicht nur in hohem Maß auf erneuerbare Energiequellen zurück, sondern nutzt auch die vorhandenen Wärmeverbrauchstrukturen aus, um möglichst viel Strom nach der Methode der Kraft-Wärme-Kopplung zu erzeugen."

Szenario des Öko-Instituts, Freiburg (1988)

Ob wir die Wohnung heizen, duschen oder Radio hören, ob wir eine Autofahrt oder eine Fernreise machen – wir verbrauchen Energie. Zu keiner Zeit haben Menschen einen so hohen Energiebedarf gehabt wie in unserem Jahrhundert.

Unser hoher Lebensstandard hat allerdings einen hohen Preis. Denn die Verbrennung fossiler Energieträger – Erdöl und Erdgas, Benzin und Kerosin – erzeugt zahlreiche Stoffe, die unserem Klima schaden.

Seit wir Menschen es in großer Menge freisetzen, ist Kohlendioxid die Nummer eins unter den klimaschädigenden Treibhausgasen. Führen wir unsere Lebensweise wie bisher fort, dann riskieren wir eine gefährliche Störung des Klimasystems. Bei unserem fossilen Umgang mit Energie darf es deshalb nicht bleiben.

Die Energie und das Klima

Der Klimawandel ist die derzeit größte umweltpolitische Herausforderung. Die Veränderung des Weltklimas hat bereits begonnen, die Zeichen sind nicht zu übersehen. So hat die Zahl der schweren Stürme weltweit deutlich zugenommen. Und von den zehn heißesten Jahren seit Beginn der Temperaturaufzeichnungen in der Mitte des 19. Jahrhunderts fielen sieben auf das jüngste Jahrzehnt.

Grund für die menschengemachte zusätzliche Erwärmung der Erdatmosphäre ist ihr zunehmender Gehalt an so genannten Treibhausgasen, vor allem an Kohlendioxid (CO_2). Dieses Gas ist ein natürlicher Bestandteil der Atmosphäre und sorgt gemeinsam mit anderen Stoffen für lebensfreundlich warme Temperaturen auf der Erde. Dabei wirkt der gleiche Mechanismus wie bei einem Treibhaus. Die Sonnenstrahlen können ungehindert eindringen, die abstrahlende Wärme wird jedoch teilweise zurückgehalten. Beim Treibhaus Erde geschieht dies jedoch nicht mit Hilfe von Glas, sondern aufgrund der Eigenschaften der Treibhausgase in der Atmosphäre. Ohne diesen Effekt wäre es auf der Erde sehr kalt und lebensfeindlich.

Der Mensch ist jedoch dabei, diesen Effekt künstlich zu verstärken. Denn Kohlendioxid entsteht unter anderem bei der Verbrennung von Kohle, Öl und Erdgas und daraus hergestellten Kraftstoffen und Kunststoffen auf Ölbasis. Seit Beginn der Industrialisierung ist die Konzentration des Kohlendioxids in der Atmosphäre deshalb von 280 ppm (parts per Million) auf heute 360 ppm angestiegen, um ein gutes Viertel also. Weitere Treibhausgase sind Methan (CH_4), Distickstoffoxid (bekannt als Lachgas, N_2O), PFC (Perfluorcarbon) und SF_6 (Schwefelhexafluorid) sowie FCKW (Fluor-Chlor-Kohlenwasserstoffe), die zugleich die stratosphärische Ozonschicht gefährden. Ohne Gegenmaßnahmen ist im Vergleich zu 1990 mit einem globalen Temperaturanstieg von 1 bis 3,5 Grad Celsius sowie mit einem durchschnittlichen Anstieg des Meeresspiegels um 15 bis 95 Zentimeter bis zum Jahr 2100 zu rechnen.

Das sieht auf den ersten Blick nicht bedrohlich aus, würde aber gefährliche Konsequenzen haben. Im erdgeschichtlichen Wechsel von Eiszeiten und Zwischeneiszeiten haben die Temperaturmittelwerte um nicht mehr als 7 Grad geschwankt. Die wärmste Temperatur lag dabei nur um ein Grad über dem jetzigen Mittelwert von 15 Grad. Ein Unterschied von einem Grad verschiebt das Klima um etwa 200 Kilometer nach Norden oder Süden. Man muss befürchten, dass weite Landstriche, auch dicht besiedelte Regionen, durch Dürre oder Überflutung unbewohnbar werden.

Klimaschutz ist Voraussetzung für die kommenden Generationen

Foto: Bavaria

Die Staatengemeinschaft hat daher auf der UN-Konferenz über Umwelt und Entwicklung 1992 in Rio de Janeiro als Umweltqualitätsziel die „Stabilisierung der Treibhausgaskonzentration auf einem Niveau" beschlossen, „auf dem eine gefährliche anthropogene Störung des Klimasystems verhindert wird". International ist man sich auf wissenschaftlicher Ebene weitgehend einig, dass die Erwärmungsrate dazu auf etwa 0,1 Grad pro Jahrzehnt beschränkt werden muss. Dies erfordert die Verminderung der gesamten Emissionen um 50 Prozent.

Das internationale Umwelthandlungsziel der dritten Vertragsstaatenkonferenz zur Klimarahmenkonvention 1997 in Kyoto ist dementsprechend eine schrittweise Verminderung der Treibhausgasemissionen um 50 Prozent bis zur Mitte des Jahrhunderts. Mittelfristig, das heißt bis zur Zielperiode 2008 – 2012, sollen die Emissionen um 5 Prozent verringert werden.

Die Umwelthandlungsziele für unterschiedliche Ländergruppen sind im Klimaprotokoll von Kyoto geregelt. Langfristig sieht dieses eine Verminderung der CO_2-Emissionen der Industrieländer um 80 Prozent bis zur Mitte des Jahrhunderts und eine Begrenzung des Anstiegs der Emissionen der Länder des Südens vor. Mittelfristig sollen die Emissionen bis zur Zielperiode 2008–2012 in den Ländern der Europäischen Union um 8 Prozent vermindert werden, ebenso in der Schweiz und einigen mittel- und osteuropäischen Staaten (gegenüber 1990 beziehungsweise 1995).

Die USA sollen im selben Zeitraum um 7 Prozent, Japan, Kanada, Polen und Ungarn um 6 Prozent mindern, während Russland, der Ukraine und Neuseeland keine Erhöhung zugebilligt wurde, Australien darf 8 Prozent zulegen.

Die Bundesregierung hat bereits 1990 ein deutlich über diese Ziele hinausgehendes nationales Umwelthandlungsziel beschlossen, nämlich die Verminderung der CO_2-Emissionen um ein Viertel bis 2005 (auf der Basis von 1990) sowie die Begrenzung und Minderung der übrigen Treibhausgase.

Von 1990 bis 1997 sind die CO_2-Emissionen in der Europäischen Union in Deutschland, Großbritannien und Luxemburg gesunken. In den übrigen Ländern waren sie 1997 teilweise um mehr als 20 Prozent höher als 1990, so in Dänemark, Irland und Portugal.

Für Deutschland stellt die Bundesregierung im nationalen Klimaschutzprogramm vom Oktober 2000 dar, dass die CO_2-Emissionen bis Ende 1999 im Vergleich zu 1990 um 15 Prozent gesunken sind. Drei Viertel dieser Minderung lag vor dem Jahr 1993 und ist Ergebnis der grundlegenden strukturellen Änderungen in den neuen Bundesländern. Mit den bisher verabschiedeten Maßnahmen würde der Rückgang bis 2005 rund 18 bis 20 Prozent betragen, die 25 Prozent würden nicht erreicht werden. Deshalb hat die Bundesregierung weitere Maßnahmen und sektorale Ziele im Rahmen eines Klimaschutzprogramms festgelegt.

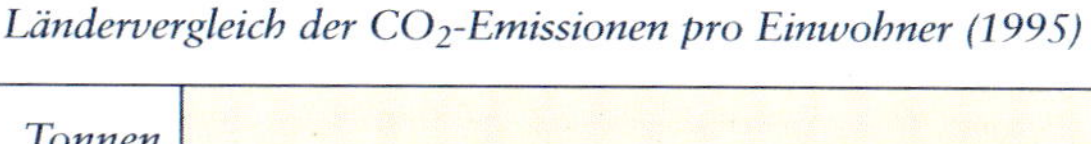
Ländervergleich der CO_2-Emissionen pro Einwohner (1995)

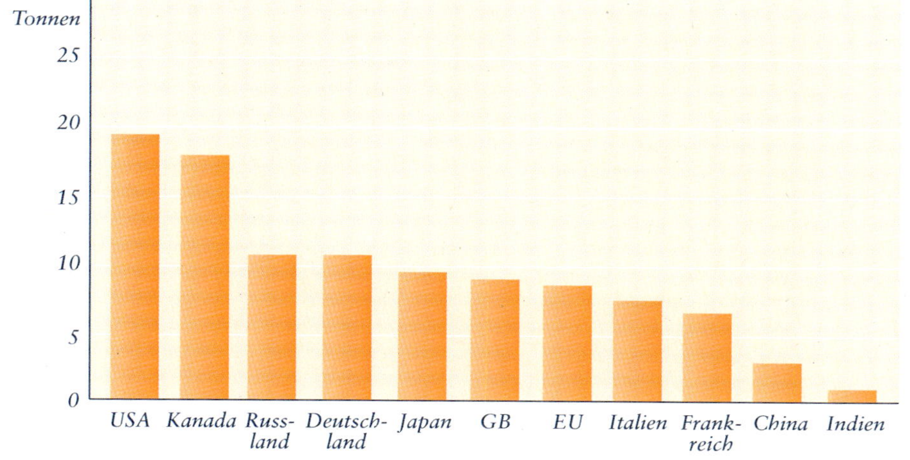

3.1 KLIMASCHUTZ UND ENERGIE: ÜBERGREIFENDE ZIELE FÜR HAMBURG

Um den menschengemachten CO_2-Ausstoß zu verringern, muss weniger an fossilen Energieträgern verbrannt werden. Der Schlüssel liegt damit in der Einsparung von Energie und in der Nutzung erneuerbarer Energien. Wir brauchen:

- höhere Effizienz bei der Erzeugung, Verteilung und Nutzung von Energie
- Einsparungen durch technische Lösungen und durch bewusstes Verbraucherverhalten
- den Ersatz nicht erneuerbarer Energieträger (fossile Brennstoffe und Uran) durch solche aus regenerativen (erneuerbaren) Quellen

Im nationalen Klimaschutzprogramm der Bundesregierung vom Oktober 2000 ist festgeschrieben, dass bis 2005 in den privaten Haushalten und im Gebäudebereich 18 bis 25 Millionen Tonnen, in der Energiewirtschaft und der Industrie 20 bis 25 Millionen Tonnen sowie im Verkehr 15 bis 20 Millionen Tonnen Kohlendioxid (CO_2) eingespart werden müssen.

Um diese Ziele zu erreichen, sind in Deutschland folgende Klimaschutzmaßnahmen konkret geplant:

- Ausbau der Kraft-Wärme-Kopplung (CO_2-Minderung: 10 Millionen Tonnen bis 2005 beziehungsweise 23 Millionen Tonnen bis 2010)
- Verabschiedung einer Energieeinsparverordnung
- Maßnahmen zur energetischen Sanierung im vorhandenen Gebäudebestand, vorwiegend durch wirtschaftliche Anreize. Die Bundesregierung stellt dazu in den nächsten drei Jahren zusätzliche Haushaltsmittel in Höhe von 1,2 Milliarden Mark für ein „Klimaschutzprogramm im Gebäudebestand" bereit. Das Programm soll über das Jahr 2003 hinaus fortgeführt werden
- In ihrer Erklärung strebt die deutsche Wirtschaft an, bis 2005 die spezifischen CO_2-Emissionen um 28 Prozent zu mindern
- Konkretisierung und Ergänzung der Maßnahmen zum Verkehr, beispielsweise zusätzliche Haushaltsmittel für Investitionen in die Schieneninfrastruktur, Einführung einer streckenabhängigen Autobahnbenutzungsgebühr für Lastkraftwagen sowie einer emissionsabhängigen Landegebühr für Flughäfen

Entwicklung der CO_2-Emissionen in Deutschland

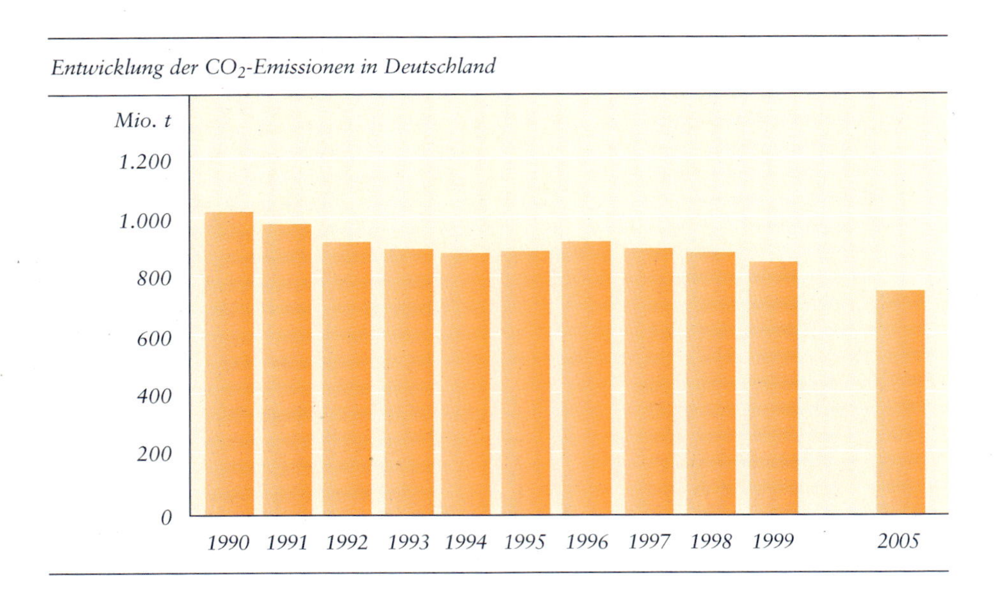

Minderungsziele für Hamburg

Was aber kann und soll Hamburg tun?

Die Stadt hat zwar bereits frühzeitig auf die Klimadiskussion reagiert und im Jahr 1990 ein 24-Punkte-Programm als „Hamburgs Beitrag zur Verminderung der Klimagefahren" beschlossen. Dieses Programm ist auch inzwischen zu einem erheblichen Teil umgesetzt worden. Außerdem ist Hamburg 1992 dem „Klimabündnis zum Erhalt der Erdatmosphäre/Alianza del Clima" beigetreten, das sich das sehr hoch gesteckte Ziel gesetzt hat, die CO_2-Emissionen bis 2010 um 50 Prozent zu vermindern.

In Hamburg sind aber die CO_2-Emissionen gegen den Bundestrend von 1990 bis 1997 um circa 12 Prozent gestiegen. Hauptverursacher sind die Haushalte und Kleinverbraucher, mit an der Spitze steht der Verkehr.

Überträgt man den nationalen Zielwert der Minderung von 25 Prozent bis 2005 auf Hamburg, folgt die Notwendigkeit einer Absenkung der Emissionen um 4,8 Millionen Tonnen Kohlendioxid, das ist ein Drittel der Emissionen des Jahres 1997

Die einzelnen Sektoren müssten folgende Beiträge zur CO_2-Absenkung erbringen

Verkehr	*0,98 Mio. t CO_2*
Kraft- und Fernheizwerke	*0,89 Mio. t CO_2*
Raffinerien	*0,63 Mio. t CO_2*
Industrie/Gewerbe	*0,70 Mio. t CO_2*
Haushalte/Kleinverbraucher	*1,57 Mio. t CO_2*

Die Gegenüberstellung von „Primärenergieverbrauch" und „CO_2-Emissionen" zeigt, dass im Vergleich zum Bundesdurchschnitt die Emissionen aus Industrie und Gewerbe eine etwas geringere und die aus Kraftwerken sogar eine deutlich geringere Rolle spielen. Das steht in Zusammenhang mit der hohen Stromintensität der Hamburger Industrie und damit, dass außerhalb Hamburgs erzeugter Strom nicht in die Bilanz eingeht.

Vergleich des Primärenergieverbrauchs (in %)

Primärenergieverbrauch	*Deutschland*	*Hamburg*
Mineralöl	*39*	*51*
Erdgas	*22*	*25*
Kohle	*25*	*6*
Kernenergie	*12*	*16*
Regenerative Energie/Sonstige	*2*	*1*

Der Anteil des Sektors „Industrie" ist in Hamburg zu fast zwei Dritteln durch die Raffinerien geprägt. Eine wesentlich größere Rolle spielt gegenüber dem Bundesdurchschnitt der Verkehrssektor. Hier weist die Hamburger Energiebilanz 4,6 Millionen Tonnen pro Jahr aus; wobei die Emissionen über den Kraftstoffverkauf in Hamburg ermittelt werden. Darin sind also auch Emissionen enthalten, die außerhalb der Stadt entstehen. Legt man dagegen die tatsächlichen Kraftfahrzeugverkehrsleistungen in Hamburg zugrunde, betrugen die CO_2-Emissionen für diesen Bereich 1,9 Millionen Tonnen pro Jahr (Luftbericht Hamburg 1997).

CO_2-Emissionen, aufgeschlüsselt nach Sektoren (in %)

CO_2-Emissionen	*Deutschland*	*Hamburg*
Kraft- und Fernheizwerke	*37*	*22*
Industrie inkl. Raffinerien	*19*	*16*
Haushalte/Kleinverbraucher	*24*	*30*
Verkehr	*20*	*32*

Es besteht kein Zweifel, dass außerordentliche Anstrengungen erforderlich sind, um den Trend umzukehren. Hamburgs eigene Mittel reichen dazu nicht aus, entscheidend werden die vom Bund veranlassten Maßnahmen sein. Das gilt besonders für den Verkehr sowie für den Wärmeschutz im Gebäudebestand und bei Neubauten.

Wohl aber kann Hamburg mit eigenen Mitteln die Ziele des Bundes unterstützen. Hamburg will eine Vorreiterrolle im Klimaschutz einnehmen, nicht zuletzt um eine Veränderung der bundespolitischen Rahmenbedingungen zu fördern.

Ein wesentlicher Teil des Minderungsziels lässt sich nur durch Änderung der bundesgesetzlichen und europäischen Rahmenbedingungen erreichen, zum Beispiel indem:

- die Ökosteuern weiterhin planvoll angehoben und damit die zu niedrigen Energiepreise nach und nach erhöht werden
- das Energiewirtschaftsrecht fortentwickelt wird, damit Dumpingpreise und Verdrängungswettbewerb einer sparsamen und effizienten Nutzung des Faktors Energie nicht entgegenwirken
- die Anpassung der Wärmeschutzverordnung/ Energieeinsparverordnung stattfindet
- bessere Rahmenbedingungen für den Ausbau der Kraft-Wärme-Kopplung (KWK) entstehen
- wirtschaftliche Anreize geschaffen werden, um Maßnahmen zur energetischen Sanierung des Gebäudebestandes zu fördern
- ein Maßnahmenpaket zur Begrenzung der Emissionen im Verkehrsbereich geschnürt wird

Ausstieg aus der Atomenergienutzung

Die Stromerzeugung mittels Atomenergie ist mit langfristig bedeutsamen Risiken verbunden. Auch wenn die Wahrscheinlichkeit einer Katastrophe gering ist, wäre das Ausmaß eines Schadens unermesslich groß. Nirgendwo auf der Welt ist die sichere und dauerhafte Entsorgung von Abfällen aus atomtechnischen Anlagen bislang wirklich gelöst. Die Last wird den folgenden Generationen aufgebürdet werden. Darüber hinaus ist die Trennung zwischen ziviler und militärischer Nutzung nicht möglich.

Im Sinne einer nachhaltigen, zukunftsfähigen Energiepolitik müssen daher Energieeinsparung, rationelle Energieerzeugung und der verstärkte Einsatz erneuerbarer Energien mit dem Ausstieg aus der Atomenergie verknüpft werden. Das Ausmustern der nuklearen Großkraftwerkssysteme wird auch ein Hemmnis für innovative Klimaschutzmaßnahmen beseitigen. Die intelligente Nutzung von Energie und die Entwicklung neuer Energietechniken bekommen bessere Chancen.

Entwicklung der CO_2-Emissionen in Hamburg

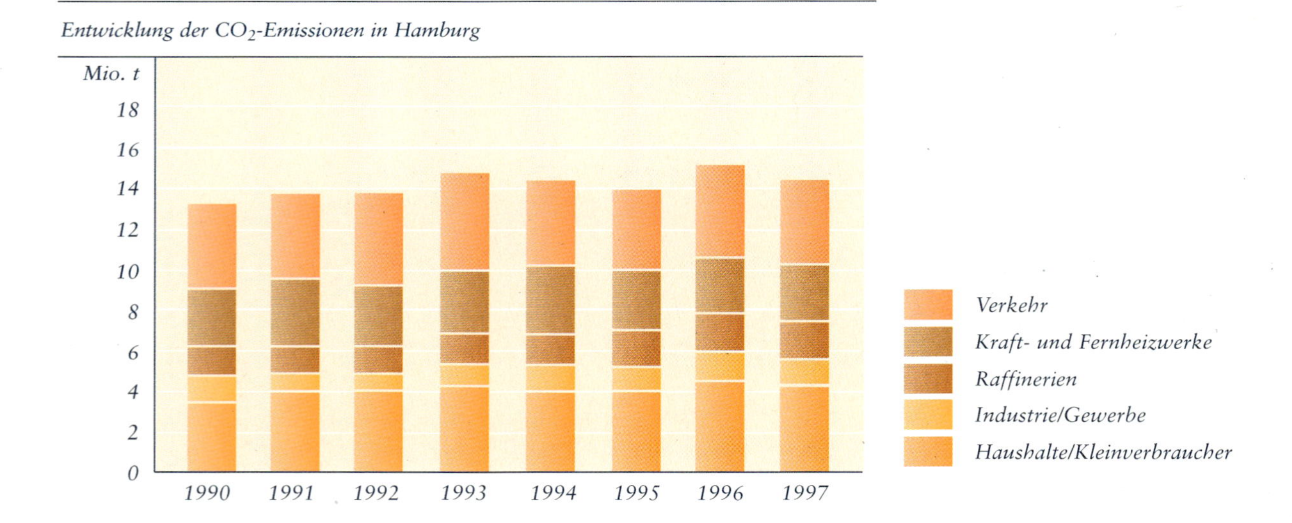

Die Grundvoraussetzungen für einen Ausstieg sind jetzt durch entsprechende Rahmenbedingungen auf Bundesebene geschaffen worden. Die Bundesregierung und die führenden Energieversorgungsunternehmen haben sich am 14. Juni 2000 auf eine Vereinbarung verständigt, auf deren Grundlage die Nutzung der Kernkraft in Deutschland geordnet beendet werden soll. Nach Produktion einer definierten jeweiligen Reststrommenge erlischt die Betriebsgenehmigung.

Der Ausstieg ist als schrittweiser Prozess angelegt. Mit der Stilllegung des Atomkraftwerks Stade ist im Jahre 2003 zu rechnen.

Der Beitrag des Verkehrs

Im Verkehrsbereich konnten die angestrebten Ziele mit den bisherigen Bemühungen und Maßnahmen noch nicht erreicht werden. Sie wurden vom Trend überrollt. Allerdings muss auch in diesem Bereich auf die weit gehende Bundeskompetenz (Mineralölsteuer, Tempolimit, Schwerlastabgabe ...) verwiesen werden. Im nationalen Klimaschutzprogramm vom Oktober 2000 hat die Bundesregierung Maßnahmen vorgesehen. Sie plant unter anderem eine streckenabhängige Autobahnbenutzungsgebühr für schwere Lastkraftwagen sowie die breite Förderung von verbrauchsarmen Fahrzeugen.

Foto: Bavaria

Ein weiter Weg bis zur Gleichberechtigung der Verkehrsmittel

Eigene hamburgische Zielwerte hält die Umweltbehörde dennoch für notwendig, da auch der Verkehr in Hamburg wie die übrigen Sektoren einen Beitrag zur Realisierung des CO_2-Minderungsziels leisten muss. Die CO_2-Emissionen des Kraftfahrzeugverkehrs sollen bis 2005 um 10 Prozent (so die 35. Umweltministerkonferenz) beziehungsweise bis 25 Prozent (so das Gesamt-CO_2-Minderungsziel der Bundesregierung) gegenüber 1990 abgesenkt werden. Der gegenwärtige Trend geht jedoch in die andere Richtung. Der Personen- und Güterverkehr wächst und die Fahrzeuge werden größer und schwerer, haben größere Motoren und verbrauchen deshalb trotz technischer Verbesserungen mehr Treibstoff. Daran wird deutlich, dass Umweltbelange in der Verkehrspolitik in Zukunft eine wesentlich größere Rolle spielen müssen.

Energie effizient erzeugen und sparsam nutzen

Die Politik der Umweltbehörde ist im Energie- und Klimaschutzbereich in erster Linie eine Politik der „positiven Verstärkung", sprich der finanziellen Förderung, der Anschubsubventionierung umweltverträglichen Verhaltens und Wirtschaftens und der dafür nötigen Investitionen.

Die von Hamburg gesetzten Schwerpunkte dienen der Klimaschutzvorsorge. Das bundesweite Ziel wird unterstützt, ebenso wie die daraus folgenden Maßnahmen zur Verringerung des Verbrauchs fossiler und nuklearer Energien.

Die Maßnahmen sind im Einzelnen darauf gerichtet:

- möglichst wenig Energie zu verbrauchen (siehe Kapitel 3.2 Energieeinsparung)
- den noch verbleibenden Energiebedarf möglichst effizient zu decken (siehe Kapitel 3.3 Rationelle Energiebereitstellung)
- dies möglichst ressourcenschonend und mit geringen CO_2-Emissionen zu tun (siehe Kapitel 3.4 Regenerative Energien)

Überregionale Ziele

Zielebene	*Das Umweltqualitätsziel*	*Das Umwelthandlungsziel*
International	Die Treibhausgaskonzentrationen in der Atmosphäre sollen auf einem Niveau stabilisiert werden, auf dem eine gefährliche anthropogene Störung des Klimasystems verhindert wird. Ein solches Niveau sollte innerhalb eines Zeitraums erreicht werden, der ausreicht, damit sich die Ökosysteme auf natürliche Weise den Klimaänderungen anpassen können, die Nahrungsmittelerzeugung nicht bedroht wird und die wirtschaftliche Entwicklung auf nachhaltige Weise fortgeführt werden kann. (Artikel 2 der Klimarahmenkonvention der Vereinten Nationen, 1992) Die globale mittlere Temperaturzunahme ist auf +0,1 °C pro Dekade zu begrenzen.	Langfristig müssen die Treibhausgasemissionen um 50 % bis zur Mitte des Jahrhunderts vermindert werden. Mittelfristig sind die Emissionen der Treibhausgase CO_2, CH_4, N_2O, PFC und SF_6 um mindestens 5 % bis zur Zielperiode 2008 bis 2012 gegenüber 1990 bzw. 1995 zu mindern. (Protokoll der 3. Vertragsstaatenkonferenz zur Klimarahmenkonvention in Kyoto, 1997)
National		▪ Verminderung der CO_2-Emissionen um 25 % bis 2005 auf der Basis von 1990 sowie Begrenzung und Minderung der übrigen Treibhausgase (Erklärung der Bundesregierung 1990) ▪ Schrittweise Beendigung der Atomenergienutzung (Vereinbarung zwischen der Bundesregierung und den Energieversorgungsunternehmen vom 14.06.2000)

Ziele für Hamburg

Worum es geht	*Was die Umweltbehörde will*
Umweltmedium/Bereich	Klima – Energie –
Schutzgüter	▪ Klima ▪ Ressourcenschonung ▪ Menschliche Gesundheit
Qualitätsziel ▪ Welcher Zustand wird in der Zukunft angestrebt?	Die Treibhausgaskonzentrationen sind auf einem Niveau stabilisiert, auf dem eine gefährliche anthropogene Störung des Klimasystems verhindert wird. Die Energieversorgung basiert nicht mehr auf Kernenergie.
▪ Operationalisiert: Was bedeutet das konkret?	▪ Die CO_2-Treibhausgaskonzentration hat sich stabilisiert.
Handlungsziel langfristig ▪ Operationalisiert: Was bedeutet das konkret?	▪ Die CO_2-Emissionen der Industrieländer werden um 80 % vermindert. ▪ Der Anteil erneuerbarer (regenerativer) Energien an der Energieerzeugung soll 50 % betragen. ▪ Alle Kernkraftwerke in der Umgebung von Hamburg werden abgeschaltet.
Handlungsziel mittelfristig ▪ Was soll konkret bis 2010 erreicht werden?	▪ Ziele und Maßnahmen des Bundes werden im eigenen Bereich unterstützt. ▪ Die CO_2-Emissionen werden bis 2005 durch Energieeinsparung und rationelle Energieerzeugung um 25 % vermindert (das entspricht dem nationalen Zielwert, Bezugsjahr 1990). ▪ Der Anteil regenerativer Energien wird mindestens verdoppelt (Bezugsjahr 1998). ▪ Die vom Verkehr verursachten CO_2-Emissionen werden bis 2005 um 10–25 % reduziert (Bezugsjahr 1990). ▪ Kernkraftwerke in der Umgebung Hamburgs werden abgeschaltet.
Indikatoren zur Erfolgskontrolle	▪ Entwicklung der CO_2-Emissionen (gesamt und aufgeschlüsselt nach Sektoren wie Industrie, Verkehr, Haushalte)

3.2 ENERGIEEINSPARUNG

Drei Viertel des Energieverbrauchs in privaten Haushalten gehen in die Beheizung von Räumen. Hier besteht damit auch das größte Einsparpotenzial an Endenergie. Moderne Wärmeschutztechnik bei Bau und Sanierung von Gebäuden ist deshalb zentral für erfolgreichen Klimaschutz.

Auf Initiative der Umweltbehörde haben sich 1998 die am Bau beteiligten Akteure – Planer, Architekten, Baugewerbe, Handwerk, Wohnungswirtschaft, Vermieter- und Mieterverbände, Ingenieure, Energieversorgungsunternehmen und Hochschulen – in der Initiative „Arbeit und Klimaschutz“ zusammengeschlossen, um die Weichen für eine langfristig angelegte Sanierung und Modernisierung des Gebäudebestandes zu stellen.

Im Bereich der öffentlichen Gebäude setzt Hamburg auf Energiemanagement. Es hilft, die bundesgesetzlichen, haushaltsrechtlichen und sonstigen Rahmenbedingungen intelligent zu nutzen, so dass die Dienststellen bei niedrigen Gesamtkosten und minimierter Umweltbelastung sicher mit Energie und Wasser versorgt werden. Nicht zuletzt können auf diese Weise die öffentlichen Gebäude eine Vorbildfunktion wahrnehmen.

Im Gebäudebestand: 11 statt 22 Liter

Das durchschnittliche Hamburger Wohngebäude ist heute ein 22-Liter-Haus. Das heißt, es verbraucht 220 Kilowattstunden Heizwärme (Gas, Fernwärme oder Öl) pro Quadratmeter und Jahr. Das entspricht einem Verbrauch von 22 Liter Heizöl.

Die Initiative „Arbeit und Klimaschutz“ verfolgt das Ziel, mit dem nächsten Modernisierungszyklus den Energieverbrauch und die damit verbundenen CO_2-Emissionen zu halbieren. Die dadurch eingesparten Heizkosten tragen zur Finanzierung der notwendigen Investitionen bei.

Foto: Isover

Wärmedämmung am Dach

Da die Neubautätigkeit zurückgeht, ist die Erschließung des Marktes „Sanierung des Gebäudebestandes" auch aus beschäftigungspolitischen Gründen dringend erforderlich. Das Deutsche Institut für Wirtschaftsforschung (DIW) beziffert den Beschäftigungseffekt einer breiten Initiative zur Sanierung des Gebäudebestandes bundesweit auf 75.000 zusätzliche Arbeitsplätze. Die Initiative „Arbeit und Klimaschutz" bemüht sich um eine Verbesserung der Rahmenbedingungen, um Information und Motivation. Ihre Arbeit wird flankiert von entsprechenden Förderprogrammen der Umweltbehörde. Diese hat als Planungs- und Beratungsinstrument den „Hamburger Wärmepass" eingeführt, der eine energetische Bestandsaufnahme des Gebäudes sowie konkrete Sanierungsvorschläge zum Inhalt hat.

Niedrigenergiehaus

Foto: M. Dedekind

Auf dem Weg zu dem Ziel, den Durchschnittsverbrauch des Hamburger Gebäudebestandes an Heizwärme langfristig auf 11 Liter pro Quadratmeter und Jahr zu halbieren, will die Umweltbehörde:

- den Heizwärmebedarf im Gebäudebestand mittelfristig auf 18 Liter absenken
- im Neubaubereich die Niedrigenergiehaus-Bauweise (3 bis 7 Liter) zum Standard machen

Zu den Maßnahmen gehören:

- der verstärkte Einsatz der Brennwerttechnik
- eine Modifizierung des Heizungsmodernisierungsprogramms. Dabei werden Heizung und Sonnenenergie so kombiniert, dass eine Heizung nach modernstem Stand nur bei gleichzeitigem Einbau eines Solarkollektors gefördert wird
- der „Wärme-Check". Über die ohnehin bestehenden Kontakte zwischen Schornsteinfegern und Eigentümern von kleinen Gebäuden soll die Investitionsneigung für Energiesparmaßnahmen erhöht werden
- der schon eingeführte „Hamburger Wärmepass". Er ist das wesentliche Hilfsmittel, um den Energieverbrauch eines Gebäudes zu erfassen und die Eigentümer zur Verbesserung des Wärmeschutzes zu veranlassen. Der Wärmepass soll zu einem universellen Instrument entwickelt werden, das mittelfristig – in 5 bis 10 Jahren – zu einer Selbstverständlichkeit wird. Er soll in allen Energiesparförderprogrammen verankert werden. Es gilt, ihn entsprechend bekannt zu machen
- das Impulsprogramm zur Qualifizierung von Planern, Handwerk und Investoren

In öffentlichen Gebäuden: Sparen bei Heizenergie und Strom

Im Laufe der kommenden Jahre soll das Energiemanagement für öffentliche Gebäude auf eine neue Grundlage gestellt werden – mit dem oben erwähnten Ziel einer Vorbildfunktion.

Die Instrumente des Energiemanagements sind:

- Beratung und Schulung
- modellhafte, energiesparende Projekte wie beispielsweise die flächendeckende Einführung der Brennwerttechnik
- Vorgaben zur Einführung energiesparender Techniken und zu dem sparsamen Umgang mit Energie wie zum Beispiel technische Anweisungen
- Erfassung, Auswertung und systematische Überwachung von Energieverbrauchsdaten
- Abschluss von Verträgen (beispielsweise mit Energieversorgungsunternehmen)

Im Bereich Raumwärme haben die Erfahrungen gezeigt, dass sich allein mit intensiverer Erfassung, Auswertung und Überwachung der Heizenergieverbrauch um mindestens 5 Prozent vermindern lässt. Das Handlungsziel im Bereich der öffentlichen Gebäude ist, den Verbrauch bis 2010 um 15 bis 20 Prozent gegenüber 1998 zu senken.

Kollektoranlage der Gesamtschule Blankenese

Foto: Gesamtschule Blankenese

Foto: Gesamtschule Blankenese

Die Maßnahmen und Mittel zur Reduzierung des Heizenergieverbrauchs sind:

- flächendeckend die Brennwerttechnik anzuwenden (Einsparung von circa 8 Prozent)
- bessere Steuerungs- und Regeltechnik einzuführen (so dass die Wärmebereitstellung zeitnah an den Bedarf angepasst werden kann)
- die Nachtabsenkung bei fernwärmeversorgten Anlagen (Einsparung von circa 5 Prozent Gebrauchswärme)
- bessere Wärmedämmung der Gebäudehülle im Rahmen der Gebäudeinstandsetzung (Einsparung von circa 30 Prozent Gebrauchswärme)
- das Energiesparprojekt „fifty/fifty" fortzuführen. Dieses erfolgreiche Projekt, das weit über Hamburg hinaus Schule gemacht hat, arbeitet daran, den Heizenergie-, Elektroenergie- und Wasserverbrauch in den Schulen der Freien und Hansestadt zu senken. Dies geschieht über Verhaltensänderungen der Schüler und Lehrer unter fachkundiger Mitwirkung der Hausmeister. Auch für die Zukunft wird erwartet, dass Einsparungen bis zu 10 Prozent des Verbrauchs von Strom, Heizenergie und Wasser erzielt werden. Es wird angestrebt, dieses Modell auch auf andere Behörden und Dienststellen zu übertragen

Gesamtschule Blankenese

Foto: Gesamtschule Blankenese

Der Energieverschwendung auf der Spur: Energiesparprojekt „fifty/fifty"

Langfristig ein Drittel weniger Strom

Schon erzielte Erfolge beim Senken des Stromverbrauchs sind durch den Einzug des Computers in zahlreiche Lebens- und Verwaltungsbereiche wieder ausgeglichen worden. Da großen Teilen der hamburgischen Verwaltung die Ausstattung mit Computer-Arbeitsplätzen noch bevorsteht, ist der konzertierte Einsatz aller zur Verfügung stehenden Maßnahmen erforderlich, um dennoch den Stromverbrauch zu senken.

Das Handlungsziel besteht darin, den Stromverbrauch in den öffentlichen Gebäuden in den Bereichen Licht, Klima/Lüftung und Antriebe durch den Einsatz effizienter Techniken bezogen auf 1998 langfristig um ein Drittel zu senken. Bis 2010 sollen der bisherige Trend des wachsenden Gesamt-Stromverbrauchs umgekehrt und im Neubau Stromspartechniken zum Standard werden.

Die Maßnahmen und Mittel zur Reduzierung des Elektroenergieverbrauchs sind:

- effiziente Büro- und Kommunikationstechniken
- systematischer Einsatz stromsparender Beleuchtungstechnik (Einsparung etwa 25 Prozent)
- flächendeckende Stromsparprogramme (etwa bei Lichtsteuerungen und Kühlschränken)
- Mitarbeiter und Entscheider in der öffentlichen Verwaltung zu beraten, zu schulen und fortzubilden
- die Nutzung und Betriebsführung elektrischer Anlagen zu optimieren
- das Energiesparprojekt „fifty/fifty" fortzusetzen

Es bleibt viel zu tun

Einen nennenswerten Beitrag zur CO_2-Minderung kann Hamburg aus eigener Kraft im Bereich der Haushalte leisten. In diesem Sektor haben die bisherigen Maßnahmen zur Heizenergieeinsparung, die in der Hamburger Initiative „Arbeit und Klimaschutz" zusammengefasst sind, den Anstieg der CO_2-Emissionen abgebremst. Damit konnte den Auswirkungen der zunehmenden Zahl an Wohnungen (plus 8 Prozent seit 1990) und dem Trend zu größeren Wohnflächen (plus 1 Prozent seit 1990) entgegengewirkt werden.

Die Einsparrate, die entsprechend dem Bundesziel in Hamburg in diesem Bereich bis 2005 erbracht werden muss, beträgt, wie eingangs ausgeführt, 1,57 Millionen Tonnen Kohlendioxid gegenüber dem Stand von 1997.

Von den Maßnahmen, die in diesem Kapitel erläutert sind, lässt sich mittelfristig (bis 2010) eine Minderung von bis zu 0,6 Millionen Tonnen Kohlendioxid, langfristig (bis 2050) von bis zu 1,7 Millionen Tonnen Kohlendioxid erwarten. Damit wäre das Bundesziel erst zu knapp 40 Prozent erreicht. Andererseits würde damit im Sektor Haushalte und Kleinverbraucher das größte Einsparpotenzial für Hamburg realisiert.

Wenn jedoch die gegenwärtig vom Bund geplanten Maßnahmen zur CO_2-Minderung im Gebäudebestand realisiert werden, dann werden diese auch in Hamburg Wirkung zeigen. Der Bund stellt in den nächsten drei Jahren zusätzliche Haushaltsmittel in Höhe von 1,2 Milliarden Mark für ein „Klimaschutzprogramm im Gebäudebestand" bereit. Das Programm soll über das Jahr 2003 hinaus fortgeführt werden.

Dies ist zwar ein ansehnliches Programm, aber doch nicht ausreichend. Addiert man die vorausschätzbare Wirkung auf Hamburg zu dem Beitrag, der durch die eigenen Hamburger Anstrengungen erbracht wird, so kann das Einsparziel im Sektor Haushalte/Kleinverbraucher bis 2010 selbst dann erst zur Hälfte erfüllt werden.

Um die oben genannte Zielgröße auf diesem Sektor zu erreichen, wäre es erforderlich, die Mittel für die Programme im Rahmen der Hamburger Initiative „Arbeit und Klimaschutz" erheblich aufzustocken und weitere Schritte auf Bundes- und EU-Ebene zur Energieeinsparung zu tun. Für die Wirtschaftlichkeit dieser Maßnahmen spielt im Übrigen die Energiepreisentwicklung eine zentrale Rolle.

Hightech auf der Alster – das Solarschiff

Foto: Alster-Touristik-GmbH

Kollektoren an Bord

Foto: Alster-Touristik-GmbH

Ziele für Hamburg

Worum es geht	*Was die Umweltbehörde will*
Umweltmedium/Bereich	Energie – Energieeinsparung –
Schutzgüter	▪ Klima ▪ Ressourcenschonung
Qualitätsziel ▪ Welcher Zustand wird in der Zukunft angestrebt?	Die Treibhausgaskonzentrationen sind auf einem Niveau stabilisiert, auf dem eine gefährliche anthropogene Störung des Klimasystems verhindert wird.
▪ Operationalisiert: Was bedeutet das konkret?	▪ Durch Einsparung und effizienten Einsatz von Energie soll die energiebedingte Freisetzung von CO_2 stabilisiert werden.
Handlungsziel langfristig ▪ Wie soll das Qualitätsziel langfristig erreicht werden?	▪ Der Heizwärmeverbrauch in Wohngebäuden wie auch der Heizwärme- und Stromverbrauch in öffentlichen Gebäuden wird abgesenkt. ▪ Mit dem nächsten Gebäude-Modernisierungszyklus wird der Durchschnitts-Raumwärmeverbrauch des Gebäudebestandes verringert. ▪ Verminderung des Stromverbrauchs
▪ Operationalisiert: Was bedeutet das konkret?	▪ Der durchschnittliche Raumwärmeverbrauch pro m^2 im Gebäudebestand wird auf 11 Liter Heizöl halbiert. ▪ In öffentlichen Gebäuden wird in den Bereichen Licht, Klima/Lüftung und Antriebe gegenüber 1998 nur ein Drittel des Stroms verbraucht.
Handlungsziel mittelfristig ▪ Was soll konkret bis 2010 erreicht werden?	▪ Der Heizwärmebedarf im Gebäudebestand ist auf 18 l/m^2 abgesenkt. ▪ Im Neubaubereich ist die Niedrigenergiehaus-Bauweise (3 bis 7 l/m^2) zum Standard geworden. ▪ Öffentliche Gebäude: - verbrauchen 15 bis 20 % weniger Heizenergie (im Vergleich zu 1998) und weisen eine Trendumkehr zu weniger Stromverbrauch auf - Beim Neubau sind Stromspartechniken Standard
Indikatoren zur Erfolgskontrolle	▪ Ist-Soll-Vergleich der Heizwärmeverbräuche und -standards ▪ Entwicklung der Elektroenergie-Verbrauchszahlen

3.3 RATIONELLE BEREITSTELLUNG VON ENERGIE

Die Kraft-Wärme-Kopplung (KWK) ist eine bedeutende Technologie, die kurz- und mittelfristig einen wesentlichen Beitrag zur Energieeffizienz und damit zur rationellen Energienutzung leisten kann.

Bei der reinen Stromerzeugung in Kondensationskraftwerken gehen heute noch rund 60 Prozent der eingesetzten Energie als Abwärme verloren. Durch den Prozess der Kraft-Wärme-Kopplung und der gleichzeitigen Produktion von Strom und Heizwärme lassen sich die Verluste auf rund 20 Prozent verringern.

Die zentrale Versorgung mit Heizwärme („Fernwärme") erfolgt mit Heizkraftwerken. Die Bedeutung der Fernwärme hat deutlich zugenommen, wie man an der Zahl der bereits angeschlossenen Wohneinheiten ablesen kann. In Hamburg werden derzeit etwa 30 Prozent der fertig gestellten Wohnungen an das Fernwärmenetz angeschlossen.

Die dezentrale Wärmeversorgung erfolgt durch Blockheizkraftwerke (BHKW). Der erzeugte Strom wird selbst verbraucht oder in das Netz eingespeist und die Abwärme zu Heizzwecken genutzt.

Blockheizkraftwerke werden dann eingesetzt, wenn ein hoher und kontinuierlicher Wärmebedarf besteht. Dies ist insbesondere in Industrie und Gewerbe sowie in Krankenhäusern der Fall. Auf Grund technischer Fortschritte erweisen sich heute auch kleine Blockheizkraftwerke insbesondere in der Wohnungswirtschaft als sinnvoll. Bei diesen kleinen dezentralen Anlagen zur Kraft-Wärme-Kopplung werden besonders hohe Wirkungsgrade von bis zu 90 Prozent erreicht.

Die Energieversorgung durch Blockheizkraftwerke (BHKW) wurde in einer Reihe von Neubaugebieten vorgeschrieben, wo sie inzwischen auch ihren Dienst tun.

Foto: Stadtwerke Hannover AG/ WärmeService GmbH

Klein und effektiv: Blockheizkraftwerke erzeugen Strom und Wärme

Langfristig sollen zur Stromerzeugung effiziente Kraftwerke mit hohen Wirkungsgraden eingesetzt werden, also zentrale Heizkraftwerke und dezentrale Blockheizkraftwerke in Kraft-Wärme-Kopplung. Detaillierte Handlungsziele lassen sich aus der Matrix (Ziele für Hamburg) ersehen.

Die Steigerung der Zahl der Anschlüsse an die Wärmeversorgung aus Kraft-Wärme-Kopplung geschieht durch folgende Maßnahmen:

- Verdichtung und Ausbau des Stadtheiznetzes
- vorrangiger Anschluss von Neubaugebieten an bestehende oder zu errichtende BHKW
- Nutzung von Abwärme, insbesondere aus der Müllverbrennung
- festsetzen von Heizungsklauseln in Bebauungsplänen
- Bestehende Netze werden auf Kraft-Wärme-Kopplung (KWK) umgestellt

Foto: H. Kräme IG

Moderne Energieversorgung: Niedrigenergiehaus mit Solarzellen und BHKW

Die Bundesregierung plant Eckpunkte einer Quotenregelung zum Ausbau der Kraft-Wärme-Kopplung vorzulegen. Von dieser Regelung sind die entscheidenden Impulse zu erwarten, um im liberalisierten Strommarkt bei sinkenden Strompreisen auf Bundesebene den Vorrang für die ökologisch vorteilhafte Kraft-Wärme-Kopplung herzustellen. Dabei wird auch die Frage eine Rolle spielen, ob ein System des Handels mit Emissionsrechten eingeführt wird.

Hamburg hat konkrete, auf Kraft-Wärme-Kopplung, Blockheizkraftwerke und Fernwärme bezogene Handlungsziele für seinen Bereich festgelegt. Mit diesen Maßnahmen ist das Potenzial in den vergangenen Jahren bereits zu einem erheblichen Teil ausgeschöpft worden, insbesondere durch das Stadtheiznetz.

Man darf jedoch nicht übersehen, dass eine Erhöhung des KWK-Anteils am Strom in Hamburg im Sektor Kraftwerke zu einer Erhöhung der CO_2-Emissionen führt, wenn damit der hohe bisherige Anteil von CO_2-freiem Atomstrom durch KWK-Energiebereitstellung auf der Basis fossiler Energien ersetzt würde. Wegen des aus Sicherheitsgründen übergeordneten Ziels des Atomausstiegs muss dies jedoch so hingenommen werden.

Demgegenüber kann von einer Erhöhung des KWK-Anteils an der Wärme eine Verminderung der CO_2-Emissionen dann erwartet werden, wenn es für die Wärme eine ganzjährige und zeitgleiche Verwendung gibt. Im Sektor Haushalte ist dies dann möglich, wenn KWK-Fernwärme Heizungen auf Kohle-, Gas- oder Ölbasis ersetzt.

Insgesamt lassen die vorgesehenen Maßnahmen in Hamburg nur eine geringe Emissionsminderung erwarten. Dennoch kommt dem Maßnahmenbündel aus Gründen der Energieeinsparung, des Ressourcenschutzes und des notwendigen Strukturwandels erhebliche Bedeutung zu.

Ziele für Hamburg

Worum es geht	*Was die Umweltbehörde will*
Umweltmedium/Bereich	Energie – Rationelle Energiebereitstellung (Kraft-Wärme-Kopplung) –
Schutzgüter	- Klima - Ressourcenschonung
Qualitätsziel - Welcher Zustand wird in der Zukunft angestrebt?	Die Treibhausgaskonzentrationen sind auf einem Niveau stabilisiert, auf dem eine gefährliche anthropogene Störung des Klimasystems verhindert wird.
- Operationalisiert: Was bedeutet das konkret?	- Weniger CO_2-Emissionen als Folge rationeller Energiebereitstellung
Handlungsziel langfristig - Wie soll das Qualitätsziel langfristig erreicht werden?	- Der Anteil der Strom- und Wärmeerzeugung aus effizienten Kraftwerken – Blockheiz- und Heizkraftwerken, Kraft-Wärme-Kopplung (KWK) – wird zu Lasten von Strom aus Kondensationskraftwerken erhöht.
- Operationalisiert: Was bedeutet das konkret?	- Es sollen mehr Wohneinheiten an die Fernwärme angeschlossen und der in KWK erzeugte Anteil des Stroms erhöht werden. - Neubau von Blockheizkraftwerken (BHKW)
Handlungsziel mittelfristig - Was soll konkret bis 2010 erreicht werden?	- Das Ziel der Bundesregierung (Verdoppelung des Beitrags der Kraft-Wärme-Kopplung gegenüber 1999) wird unterstützt. - Die Anzahl der Wohneinheiten, die an die Fernwärmeversorgung angeschlossenen sind, hat 450.000 erreicht. - Jährlich sind rund 30 BHKW-Anlagen im gewerblichen und industriellen Bereich sowie in der Wohnungswirtschaft neu errichtet worden (dies entspricht ca. 0,7 MWel jährlich).
Indikatoren zur Erfolgskontrolle	- Anzahl der an das Fernwärmenetz angeschlossenen Wohneinheiten - Anzahl der neu installierten BHKW oder auf BHKW umgerüsteten Heizzentralen - Anzahl der Heizanlagen, die auf Brennwerttechnik umgestellt worden sind

3.4 REGENERATIVE ENERGIEN

Regenerative (erneuerbare) Energieträger müssen im Verbund mit den beiden zuvor genannten Bereichen – Energiesparen und rationelle Energiebereitstellung – tragende Säulen sein, wenn es um die Statik eines zukunftsfähigen Systems der Energieversorgung und -nutzung geht.

Derzeitige Weltenergievorräte (sicher gewinnbar)

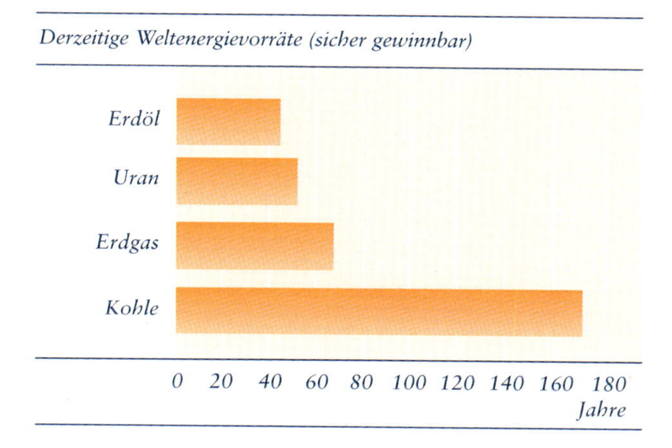

Regenerative Energien vermindern den Verbrauch an konventionellen Primärenergieträgern (Kohle, Gas, Öl, Uran) und tragen so dazu bei, diese nicht regenerierbaren Energieressourcen zu schonen und Klima und Umwelt zu schützen. Durch die verstärkte Nutzung regenerierbarer Energien sinkt auch die Abhängigkeit von Energieimporten; es entstehen neue Arbeitsplätze sowie Exportmöglichkeiten für neue Energietechniken.

Die Metropole Hamburg wird auch in Zukunft auf den Bezug von Energie von außerhalb angewiesen sein; dennoch besteht der Anspruch, die in Hamburg vorhandenen Potenziale auszuschöpfen.

Zuerst Solarthermie und Wind

Der derzeitige Anteil der regenerativen Energien liegt unter 1 Promille des Primärenergieverbrauchs beziehungsweise unter 1 Prozent des Endenergieverbrauchs. Das technische Potenzial ist jedoch erst zu einem sehr geringen Teil erschlossen.

Langfristig müssen erneuerbare Energien aus Sonne, Wind, Wasser und Biomasse die wesentliche Basis unserer Energieversorgung werden; entsprechend hoch wäre ihr Beitrag zur CO_2-Minderung. Erneuerbare Energien könnten etwa die Hälfte des Endenergieverbrauchs abdecken.

Kurz- und mittelfristig sind vor allem bei der Solarthermie und beim Wind zusätzliche Potenziale erschließbar, da diese Energieformen bereits in der Nähe der Wirtschaftlichkeit liegen. Auch Fotovoltaik kann bereits jetzt einen wichtigen Beitrag zur Energieversorgung leisten.

Im Bereich der solaren Warmwasserbereitung erscheint eine auf 5 bis 10 Jahre angelegte Durchbruchsstrategie realistisch. Solarthermische Anlagen sollen zum Neubaustandard gehören und Solaranlagen beim Austausch alter Heizkessel in der Regel mit installiert werden. Der Marktanteil der Kombianlagen „Heizung + Solar“ soll auf 15 Prozent aller erneuerten und 20 Prozent aller erstinstallierten Heizungsanlagen gesteigert werden. Dies entspricht der Installation von jährlich rund 15.000 Quadratkilometer Kollektorfläche und erscheint mittelfristig erreichbar. Dies setzt zunächst einen weiteren Ausbau der Förderung in den nächsten Jahren voraus, wobei auch mehr Mittel in den Bereich Marketing gelenkt werden müssen. Nach einer entsprechenden Reaktion des Marktes kann die Förderung dann schrittweise wieder abgebaut werden.

Der Stadtstaat Hamburg hat nur wenige geeignete Standortflächen für Windenergie. Er kann damit also keinen wesentlichen Anteil seines Energiebedarfs decken.

Dennoch ist Hamburg bestrebt, einen solidarischen Beitrag zur Entwicklung der Windenergie zu leisten, die hauptsächlich in den Küsten- und anderen Flächenländern stattfindet. Nach dem Grundsatz, die Windenergie dort zu unterstützen, wo ihre Nutzung möglich ist, stellt die Stadt geeignete hamburgische Gebiete und Standorte zur Verfügung. Zukünftig wird es verstärkt darum gehen, den Rahmen der Genehmigungsverfahren für den Ausbau der Windenergie auszuschöpfen und die Möglichkeiten der Bauleitplanung auszunutzen.

Unverzichtbar ist im Rahmen einer Strategie für regenerative Energien die Förderung der Fotovoltaik. Da sie an Bedeutung gewinnen wird, geht es schon heute darum, ein Technologiefeld für die Zukunft zu besetzen. Dazu muss die Technik entwickelt und verbreitet, muss das Know-how erhalten und ausgebaut werden.

solar na klar!

Die Fotovoltaik hat einen hohen Sympathie- und Symbolwert und steht in der breiten Öffentlichkeit für die Energiewende und die solare Basis einer zukunftsfähigen Energieversorgung. Die Fotovoltaik ist damit Türöffner auch für andere erneuerbare Energien und für Energieeinsparung.

Bis 2010 können die erneuerbaren Energien mit den genannten Maßnahmen zwar nur einen geringen Anteil am gesamten Energiebedarf decken. Die Unterstützung der regenerativen Energien gehört dennoch zu den vorrangigen energiepolitischen Zielen. Es geht darum, die Entwicklung der Techniken und deren Verbesserung anzustoßen, ihre Einsatzfähigkeit zu demonstrieren, die Markteinführung zu unterstützen, das Know-how zu erhalten und zu entwickeln und das Ganze auch demonstrativ politisch zu unterstützen. Es müssen bereits heute die Weichen für den Einstieg in eine weitgehend regenerative Energiewirtschaft gestellt werden.

Hamburg setzt auf die Sonne: Kollektoren im Freibad Neugraben

Badespaß mit Sonnenwärme

Foto: Umweltbehörde Hamburg

Wie rasch und wie weit die vorhandenen Potenziale erschlossen werden können, hängt insbesondere von der Preisentwicklung bei erneuerbaren wie auch bei den anderen Energieträgern ab – und damit erheblich von den technischen Fortschritten bei der Nutzung erneuerbarer Energien. Die staatlich gesetzten Rahmenbedingungen – zum Beispiel das Gesetz für den Vorrang Erneuerbarer Energien (EEG), das Stromeinspeise-Gesetz, die Energiebesteuerung, Forschungs- und Entwicklungsmaßnahmen sowie Förder- und Anreizprogramme – sind hier von entscheidender Bedeutung.

Ohne Zweifel ist die Markteinführung der regenerativen Energien mit hohen Kosten verbunden. Entscheidend für die Beurteilung einer Klimaschutzstrategie sind jedoch die volkswirtschaftlichen Kosten über einen längeren Zeitraum. Unter diesem Gesichtspunkt ist es vorteilhaft, gerade in der Phase der kostengünstigen Energieeinsparung und rationellen Energienutzung auch die zunächst teuren erneuerbaren Energien von der Startrampe zu lassen, sie zu erproben und ihre Markteinführung zu stützen.

Windenergie in Ochsenwerder

Foto: J. Oelker

Foto: Bavaria

Wenn dann später das Einsparen von Energie und die rationelle Energienutzung, betriebswirtschaftlich gesehen, immer teurer werden, weil ihre Potenziale immer weiter erschlossen sind, dann haben die erneuerbaren Energieträger einen Entwicklungsstand erreicht, der sie zu Schrittmachern des weiteren Klimaschutzprozesses werden lässt. Sie werden dann als entwickelte und kostengünstige Option zur Verfügung stehen, wenn mit ihrer Entwicklung und Anwendung rechtzeitig begonnen wird.

Aus diesen Überlegungen ergeben sich die Handlungsziele. Langfristig – das heißt bis zur Mitte des Jahrhunderts – müssen Sonne, Wind, Wasser und Biomasse die wesentliche Basis der Energieversorgung werden. Bis 2010 gilt es in Übereinstimmung mit dem nationalen Ziel den Anteil erneuerbarer Energien am Primärenergieverbrauch und bei der Stromerzeugung gegenüber 1998 mindestens zu verdoppeln.

Im Einzelnen sind die durchaus anspruchsvollen Handlungsziele für Solarthermie, Wind und Fotovoltaik in der Matrix (Ziele für Hamburg) genannt. Mit ihnen kann das übergeordnete Ziel, deren Anteil analog zum nationalen Ziel mindestens zu verdoppeln, sogar übertroffen werden: Am Primärenergieverbrauch und an der Stromerzeugung wäre ihr Anteil gegenüber 1998 um den Faktor 2,5 bis 3 höher.

Wegen des derzeit noch geringen relativen Anteils der regenerativen Energien am Primärenergieverbrauch wird sich allerdings die CO_2-Reduzierung, die sich aus diesen Maßnahmen und Vorhaben ergibt, selbst bei einem verdreifachten Anteil der Regenerativen bis 2010 erst im Promillebereich bewegen können.

Entwicklung der Windkraftanlagen in Hamburg

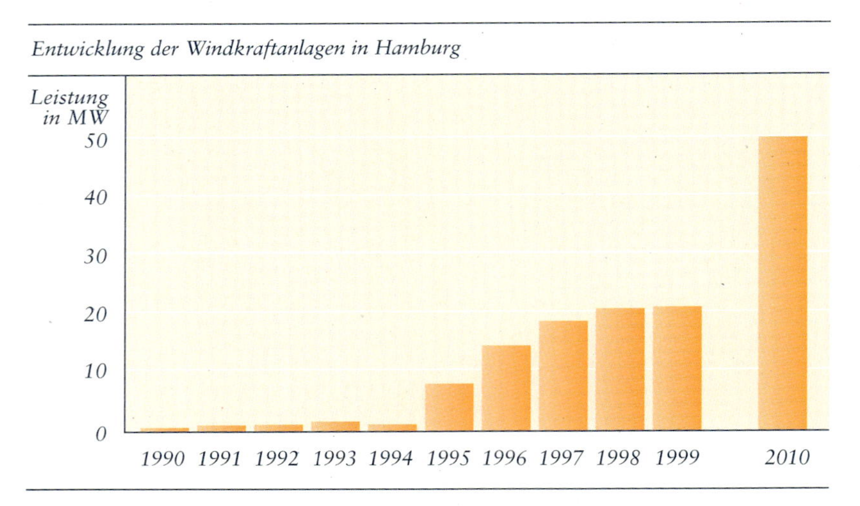

Entwicklung der Fotovoltaikanlagen in Hamburg

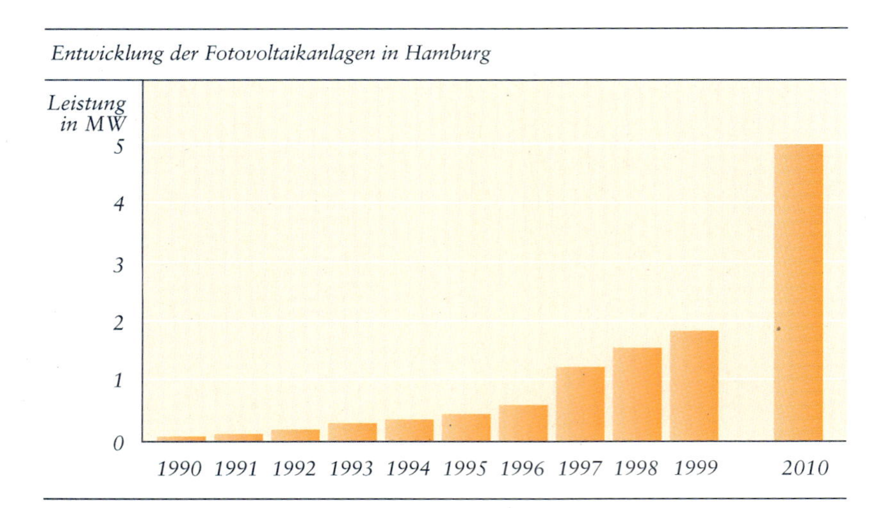

Ziele für Hamburg

Worum es geht	*Was die Umweltbehörde will*
Umweltmedium/Bereich	Energie – Einsatz erneuerbare Energien –
Schutzgüter	▪ Klima ▪ Ressourcenschonung
Qualitätsziel ▪ Welcher Zustand wird in der Zukunft angestrebt?	Die Treibhausgaskonzentrationen sind auf einem Niveau stabilisiert, auf dem eine gefährliche anthropogene Störung des Klimasystems verhindert wird.
▪ Operationalisiert: Was bedeutet das konkret?	▪ Die energiebedingte Freisetzung von CO_2 wird stabilisiert und die Ressourcen nicht erneuerbarer Energien werden durch den Einsatz erneuerbarer (regenerativer) Energien geschützt.
Handlungsziel langfristig ▪ Wie soll das Qualitätsziel langfristig erreicht werden?	▪ Bis 2050 soll die Hälfte der Energieversorgung von den regenerativen Energien, namentlich Sonne, Wind, Wasser und Biomasse, getragen und sichergestellt werden.
▪ Operationalisiert: Was bedeutet das konkret?	Regenerative Energien sollen gefördert werden, z. B. durch: ▪ Fortbildungs- und Beratungsangebote für Bauherren, Architekten, Handwerker und andere ▪ Initiativen zur Markteinführung erneuerbarer Techniken ▪ öffentlichkeitswirksame Aktivitäten und Initiativen zur Einführung und Etablierung der erneuerbaren Energien
Handlungsziel mittelfristig ▪ Was soll konkret bis 2010 erreicht werden?	Der Anteil erneuerbarer Energien an der Primärenergie sowie an der Stromerzeugung soll mindestens verdoppelt werden (Bezugsjahr 1998), insbesondere durch Förderung ▪ der Solarthermie: Solarthermische Anlagen zur Warmwasserbereitung und Heizungsunterstützung sollen zum Standard bei Neubau und Modernisierung gehören. Der Marktanteil von Kombianlagen „Heizung + Solar“ soll bei erneuerten Anlagen 15 % und im Neubaubereich 20 % betragen ▪ der Windnutzung: Die installierte Leistung wird auf das 2,5-fache, nämlich 50 MW, gesteigert ▪ der Fotovoltaik, deren Leistung auf ca. 5 MW verdreifacht werden soll
Indikatoren zur Erfolgskontrolle	▪ Anteil der regenerativen Energieerzeugung ▪ Ausnutzungsgrad der Förderprogramme

4
Schutz der me
GESUN

chlichen HEIT

„Wenn man also eine Krankheit erst entstehen lässt und dann mit der arzneilichen Behandlung beginnt, dann ist das so, als grabe man erst dann einen Brunnen, wenn man bereits unter Durst leidet."

Wang Ping (8. Jahrhundert)

Ozon in der Luft, DDT in der Nahrung oder Dioxin im Boden: Immer wenn Umweltprobleme auch die menschliche Gesundheit direkt betreffen, finden sie die größte Aufmerksamkeit.

Die begründete Sorge, dass eine verschmutzte Umwelt die Menschen krank machen könnte, war eine wichtige Triebfeder für die Entwicklung des Umweltschutzes. Inzwischen hat der Schutz der Bevölkerung vor gesundheitlicher Beeinträchtigung in Deutschland ein hohes Niveau erreicht. Trotzdem sind längst nicht alle durch Schadstoffe verursachten Gesundheitsprobleme gelöst, und neue Probleme werden verursacht oder erkannt.

Von einigen klassischen Schadstoffen oder schädlichen Einwirkungen gehen heute noch bedeutende Risiken für die menschliche Gesundheit aus. Das gilt für Lärm, Luftschadstoffe und Radioaktivität. Umweltchemikalien mit hormoneller Wirksamkeit und Arzneistoffe in Umwelt und Trinkwasser müssen ebenfalls mit Blick auf die menschliche Gesundheit reduziert werden, auch wenn ihre Bedeutung bisher nur unvollständig beurteilt werden kann.

Saubere Luft, reines Wasser, gesundes Trinkwasser und eine mit Umwelt und Gesundheit verträgliche Abwasser- und Abfallentsorgung, das waren und sind wesentliche Ziele umweltpolitischen Handelns.

4.1 Luft

Die Zeit der dunklen, übel riechenden Abgasfahnen ist vorbei, die umweltpolitischen Maßnahmen der letzten Jahrzehnte haben die Luftqualität deutlich verbessert. Massenemissionen wie Staub, Ruß und Schwefeldioxid (SO_2) sind deutlich reduziert worden. In Hamburg konnte durch Sanierung industrieller Anlagen und Kraftwerke die Luftqualität wesentlich verbessert werden, so dass die Wintersmogverordnung inzwischen mangels Notwendigkeit aufgehoben werden konnte. Andererseits belegen die aktuellen Probleme mit bodennahem Ozon oder Sommersmog, Treibhausgasen und Ozonloch, dass es keinen Grund gibt, sich zurückzulehnen.

Gesundheitlich problematische Spurenschadstoffe und klimarelevante Stoffe müssen in Zukunft vorrangig vermindert werden. Die Schwerpunkte der Luftreinhaltung müssen dabei in den Sektoren Verkehr und Energieerzeugung liegen sowie bei den Stoffen, die in der Produktion verwendet werden, und bei den Produkten selbst. Denn in diesen Bereichen entsteht ein wachsender Anteil der Emissionen. Das vorliegende Kapitel konzentriert sich auf die Themen Ozon/Sommersmog, Krebs erzeugende Stoffe und Feinstaub; die klimarelevanten Stoffe werden gesondert im Kapitel Klimaschutz behandelt.

4.1.1 Ozon und Sommersmog

Ozon ist ein Gas, das auch in kleinen Konzentrationen sehr aggressiv ist. Es reizt die Atemwege und Augen. Auch Pflanzen wie Getreide, Kartoffeln und Tomaten oder Materialien wie Fasern und Farbstoffe werden durch Ozon geschädigt.

Ozon entsteht aus Sauerstoff bei Bestrahlung mit kurzwelligem ultraviolettem Licht. Vor allem im oberen Teil der Atmosphäre, der Stratosphäre, in Höhen zwischen 10 und 50 Kilometern bildet sich dieser Stoff durch die Strahlung der Sonne. 90 Prozent des in der Atmosphäre vorkommenden Ozons befindet sich in der Stratosphäre und bildet dort die schützende Ozonschicht. Sie wirkt als Filter gegen die schädliche UV-Strahlung der Sonne.

Foto: H. Baumgarten

Gute Luft in Norddeutschland

Ozon entsteht aber auch in der unteren Atmosphäre, in den bodennahen Schichten, durch menschliche Aktivitäten. Dort bildet sich Ozon bei starker UV-Strahlung durch komplizierte chemische Reaktionen von Stickoxiden (NO_x) und Kohlenwasserstoffen. Trifft eine hochsommerliche Sonne auf typische Stadtluft mit ihren Belastungen, vor allem durch Autoabgase, aber auch aus der Industrie, so entsteht Ozon.

Die Ozonbildung ist ein großräumiges und überregionales Problem. Daher wurde auf EU-Ebene mit der Richtlinie 92/72/EWG ein einheitlicher Handlungsrahmen für die Länder der EU geschaffen. In Deutschland wurde die Richtlinie in Form der 22. Bundes-Immissionsschutzverordnung (BImSchV) in nationales Recht umgesetzt. In ihr ist neben den Schwellenwerten zum Schutz der menschlichen Gesundheit (als 8-Stunden-Mittelwert) sowie für die Vegetation (als 24-Stunden-Mittelwert) auch ein Schwellenwert zur Warnung der Bevölkerung (als 1-Stunden-Mittelwert/Informationswert) festgelegt worden. Bei einer Überschreitung des Informationswertes von 180 Mikrogramm pro Kubikmeter (µg/m³) wird die Bevölkerung auf die Gefahren für besonders empfindliche Personengruppen, beispielsweise bei körperlich anstrengenden Tätigkeiten im Freien, hingewiesen. Die oben genannte EU-Richtlinie wird zurzeit überarbeitet, um die Schwellenwerte an die Werte der Weltgesundheitsorgansation (WHO) anzupassen.

Die Ozonbelastung in Hamburg

In Ballungsgebieten, in denen Verkehr und Industrie zu erhöhter Belastung der Luft mit Stickoxiden und flüchtigen organischen Kohlenwasserstoffen (VOC) führen, entsteht auch mehr Ozon. Die Ozonbelastung hängt zusätzlich stark von der Qualität des Sommers ab. So wurde der Informationswert im relativ sonnenscheinnarmen Sommer des Jahres 2000 nur an einem Tag überschritten. Auch die Zahl der Tage, an denen der Schwellenwert für die menschliche Gesundheit (8-Stunden-Mittelwert) von 110 µg/m³ überschritten wurde, war niedriger als in den Vorjahren. Ein klarer Trend ist bei den Ozonkonzentrationen in Hamburg nicht auszumachen. Hinzu kommt, dass die Zahl der Ozonmessstationen in Hamburg von 3 im Jahr 1990 auf 6 Stationen im Jahr 2000 erhöht wurde und sich damit die Datenbasis verändert hat.

Überschreitung des Ozon-Schwellenwertes (Tagesmittelwert) im Verhältnis zur Anzahl der Sommertage (HH)

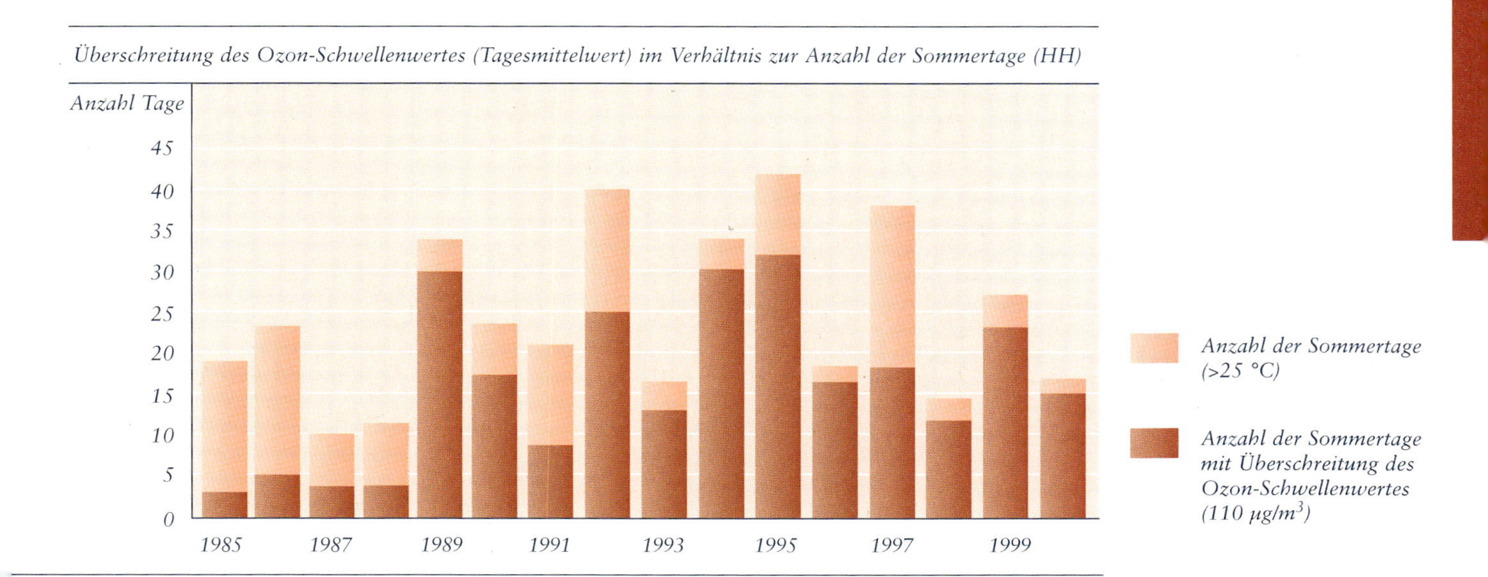

Die Ergebnisse lassen sich folgendermaßen zusammenfassen:

- Die höchsten Mittelwerte wurden in den Jahren 1994 und 1995 registriert, aber auch in den Jahren 1989 und 1990 ergaben sich überdurchschnittliche Werte. In den genannten Jahren waren die Sommer besonders warm und sonnig
- Die höchsten Einzelkonzentrationen wurden 1990 mit 247 µg/m^3 und 1989 mit 222 µg/m^3 gemessen. Auch 1987 lag mit einem Höchstwert von 221 µg/m^3 noch vor 1995 mit 213 µg/m^3
- Der Informationswert für die Bevölkerung wurde am häufigsten 1994 überschritten (an sieben Tagen), 1989 an sechs und 1995 an fünf Tagen. Andererseits wurde er in den Jahren 1985, 1988, 1991, 1992, 1993 und 1999 gar nicht erreicht
- Der Schwellenwert für die menschliche Gesundheit (zurzeit: 110 µg/m^3, nach der anstehenden Anpassung der EU-Richtlinie an die WHO-Werte zukünftig 120 µg/m^3) wurde 1995 an 32 Tagen überschritten; auf den Plätzen folgen 1994 und 1989 mit je 30 Tagen
- Das seit Jahresende 1999 außer Kraft gesetzte „Ozongesetz" (Paragraph 40a Bundes-Immissionsschutzgesetz) sah ein Kraftfahrzeugfahrverbot ab einem Wert von 240 µg/m^3 vor; dieser wurde in Hamburg bisher erst an einem einzigen Tag und an einer Messstelle im Jahr 1990 überschritten

Die Vorläufer mindern

Um die Ozonkonzentrationen in den Griff zu bekommen, müssen die Emissionen von Stickoxiden (NO_x) und flüchtigen organischen Kohlenwasserstoffen (VOC) erheblich reduziert werden. Diese Vorläuferstoffe stammen überwiegend aus dem Verkehr, aus Feuerungsanlagen und der Lösemittelverwendung. Die aktuellen Ozonbelastungen zeigen, dass die Emissionsminderungen, die seit Anfang der achtziger Jahre erzielt werden konnten, bei weitem nicht ausreichen. Langfristiges Qualitätsziel ist es, den zukünftigen Grenzwert der EU-Tochterrichtlinie von 120 µg/m^3 (als Mittelwert über acht Stunden) flächendeckend einzuhalten.

Als mittelfristiges Handlungsziel (bis 2010) sollen die Emissionen der Stickoxide und VOC um 70 bis 80 Prozent vermindert werden (Bezugsjahr 1990). Die Umweltbehörde will die Möglichkeiten Hamburgs zur Emissionsminderung bei allen Quellgruppen (Industrie, Gewerbe, Haushalte/ Produkte und Verkehr) ausschöpfen. Dies wird jedoch nicht ausreichen, denn mit kurzfristigen oder regionalen Maßnahmen allein ist es nicht getan. Nötig ist ein langfristiges und großräumiges, möglichst europaweites Vorgehen. Ein wichtiger Schritt hierzu ist neben dem UN/ECE (Economic Committee for Europe)-Protokoll von Göteborg das Sofortprogramm zur Verminderung der Ozonbelastung, das die Bundesregierung am 17. Mai 2000 beschlossen hat. Diese Maßnahmen werden bundesweit und damit auch in Hamburg ihren Zweck erfüllen.

Überregionale Ziele

Zielebene	*Das Umweltqualitätsziel*	*Das Umwelthandlungsziel*
International	Zum Schutz der menschlichen Gesundheit sowie der Vegetation sind die von der EU festgelegten Ozonschwellenwerte einzuhalten: ▪ für die menschliche Gesundheit 110 µg/m³ (8-Stunden-Mittelwert)* ▪ für die Vegetation 200 µg/m³ (1-Stunden-Mittelwert) und 65 µg/m³ (24-Stunden-Mittelwert) * Der Richtwert der WHO beträgt dagegen 120 µg/m³ (8-Stunden-Mittelwert). (EU-Richtlinie 92/72/EWG) **Ausblick:** Zurzeit wird ein EU-Tochterrichtlinien-Entwurf (zur Anpassung an die WHO-Werte) abgestimmt. Es sind folgende Grenzwertfestsetzungen beabsichtigt: ▪ für die menschliche Gesundheit 120 µg/m³ (8-Stunden-Mittelwert) ▪ für die Vegetation (Mai bis September) 80 µg/m³ AOT40-Wert (kumulative Dosis)	▪ In Europa werden die Emissionen der Ozonvorläuferstoffe NO_x und VOC bis 2010 im Verkehrsbereich um 70 bis 80 % gesenkt (bezogen auf 1990). ▪ Die VOC-Emissionen aus der Verwendung organischer Lösemittel im industriellen, gewerblichen und häuslichen Bereich werden bis 2010 um 60 bis 70 % vermindert (bezogen auf 1988). ▪ Zur Rahmenrichtlinie „Luftqualität“ wird eine Tochterrichtlinie über Ozon verabschiedet. ▪ Die VOC-Richtlinie wird umgesetzt (der Entwurf einer entsprechenden Verordnung liegt vor; Stand: September 2000). ▪ Für bestimmte Luftschadstoffe werden für 2010 nationale Emissionshöchstgrenzen festgelegt. (ECE-Protokoll von Göteborg/1999)
National	Die EU-Richtlinie, die im Rahmen der 22. BImSchV in nationales Recht umgesetzt wurde, soll eingehalten werden: ▪ für die menschliche Gesundheit 110 µg/m³ (8-Stunden-Mittelwert) ▪ für die Vegetation 200 µg/m³ (1-Stunden-Mittelwert) und 65 µg/m³ (24-Stunden-Mittelwert)	

Ziele für Hamburg

Worum es geht	*Was die Umweltbehörde will*
Umweltmedium/Bereich	Luft – Luftreinhaltung –
Schutzgüter	▪ Menschliche Gesundheit ▪ Naturhaushalt
Qualitätsziel ▪ Welcher Zustand wird in der Zukunft angestrebt? ▪ Operationalisiert: Was bedeutet das konkret?	Es finden keine Umweltbeeinträchtigungen durch Ozonimmissionen statt. ▪ Menschliche Gesundheit und Vegetation werden geschützt, indem die in der 22. BImSchV für Ozon festgelegten Schwellenwerte eingehalten werden. Menschliche Gesundheit:* 110 µg/m³ (8-Stunden-Mittelwert) Vegetation: 200 µg/m³ (1-Stunden-Mittelwert) 65 µg/m³ (24-Stunden-Mittelwert) * Schwellenwert des VDI: 120 µg/m³ (Halbstunden-Mittelwert) 100 µg/m³ (8-Stunden-Mittelwert) * WHO-Richtwert: 120 µg/m³ (8-Stunden-Mittelwert) (VDI-Richtlinie 2310, Entwurf 2/2000; Air Quality Guidelines for Europe, WHO 1997)
Handlungsziel langfristig ▪ Wie soll das Qualitätsziel langfristig erreicht werden?	▪ Die Möglichkeiten zur Emissionsminderung werden bei allen Quellgruppen (Industrie, Gewerbe, Haushalte/Produkte und Verkehr) ausgeschöpft.
Handlungsziel mittelfristig ▪ Was soll konkret bis 2010 erreicht werden?	Die Vorläuferstoffe NO_x sowie VOC sollen bis 2010 um ca. 70 bis 80 % vermindert werden (Bezugsjahr 1990); dies erfordert in Hamburg bei allen Quellgruppen Emissionsminderungen bis 2010 um insgesamt: ▪ NO_x 22.000 t auf 10.000 t/a ▪ VOC 21.000 t auf 9.000 t/a
Indikatoren zur Erfolgskontrolle	▪ Ist-Soll-Vergleich der Ozonkonzentration (mittels Hamburger Luftmessnetz) ▪ Vergleich der Emissionen der Stickoxide (NO_x) und ihres Minderungsgrades ▪ Vergleich der Emissionen flüchtiger organischer Kohlenwasserstoffe (VOC) und ihrer Minderungsgrade

4.1.2 Partikel und kanzerogene Luftschadstoffe

Keine harmlose Dosis

Krebs erzeugende (kanzerogene) Luftschadstoffe entstehen überwiegend bei Verbrennungsvorgängen in der Industrie, im Verkehr, in Heizungsanlagen und in der chemischen Industrie. Auch Stäube und feine Partikel, um die es in diesem Kapitel geht, entstehen häufig bei Verbrennungsprozessen.

Bei Krebs erzeugenden Stoffen gibt es keine harmlose Dosis oder Konzentration. Schon geringste Mengen können eine Erkrankung auslösen. Dieses gilt auch für feine Partikel in der Luft. Für diese Stoffe besteht deshalb das grundsätzliche Ziel, ihre Konzentrationen in der Umwelt so gering wie möglich zu halten. Die schädliche Wirkung von Partikeln hängt davon ab, in welchem Maße die Staubteilchen in die Lungen gelangen können und dort abgelagert werden. Das gilt unabhängig davon, aus welchen Stoffen sie zusammengesetzt sind.

Etwa 80 Prozent des Luftstaubes machen Partikel mit einem Durchmesser von weniger als 10 Mikrometer (µm oder millionstel Meter) aus, kurz „PM 10“ genannt. Diese feinen Partikel können das Reinigungssystem der Lunge schädigen und Entzündungen hervorrufen.

Für Partikel der Klasse PM 10 hat die EU abgestufte Grenzwerte als Luftqualitätsziele formuliert, die bis 2005 beziehungsweise 2010 erreicht werden sollen. Darüber hinaus hat die EU verbindlich vorgegeben, dass die Belastung durch noch feinere Partikel – mit einem Durchmesser von weniger als 2,5 µm („PM 2,5“) – untersucht werden muss. Auf Basis dieser Untersuchungen sollen dann auch für diese Partikelklasse Luftqualitätsstandards festgelegt werden.

PM 10-Trend der Tagesmittelwerte in Hamburg

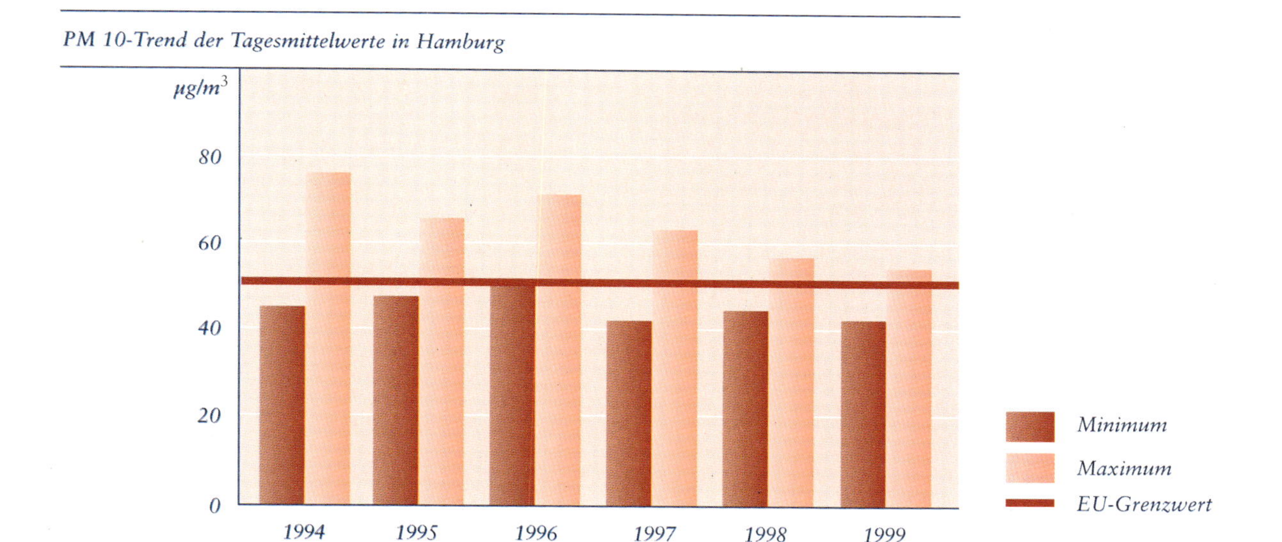

Grenzwerte und Zielwerte

Derzeit gibt es noch keine Grenzwerte für Krebs erregende Luftschadstoffe. In der EU wurde allerdings ein Grenzwert für Benzol vorgeschlagen (5 µg/m³ ab 2010); weitere Grenzwerte, unter anderem für Arsen, Cadmium, Nickel, polyzyklische aromatische Kohlenwasserstoffe, sind in Vorbereitung. Der Länderausschuss für Immissionsschutz (LAI) hatte Anfang der neunziger Jahre für sieben Krebs erregende Stoffe Beurteilungswerte für die Außenluft formuliert. Bei den sieben Stoffen handelt es sich um Arsen, Asbest, Benzol, Cadmium, Dieselruß, polyzyklische aromatische Kohlenwasserstoffe (mit Benzo(a)Pyren als Leitkomponente) und dem „Seveso-Dioxin" 2,3,7,8-TCDD.

Die Zielwerte des LAI für Krebs erregende (kanzerogene) Stoffe orientierten sich an dem Belastungsunterschied zwischen Ballungsgebieten einerseits und dem ländlichen Bereich andererseits. Die Werte sollen als Zwischenziel verstanden werden, um mit geeigneten Luftreinhaltemaßnahmen die zu hohe Belastung in Ballungsgebieten zu verringern und sie mittelfristig an die geringe Belastung in ländlichen Gebieten anzugleichen. Das Zwischenziel für Ballungsgebiete basiert auf einem Gesamtrisiko für Krebs erregende Luftschadstoffe von 1 zu 2.500. Für den ländlichen Bereich wird ein Gesamtrisiko von 1 zu 5.000 zu Grunde gelegt. Diese Schwelle soll mittelfristig auch in Ballungsgebieten erreicht werden.

Benzolkonzentration in Hamburg 1999

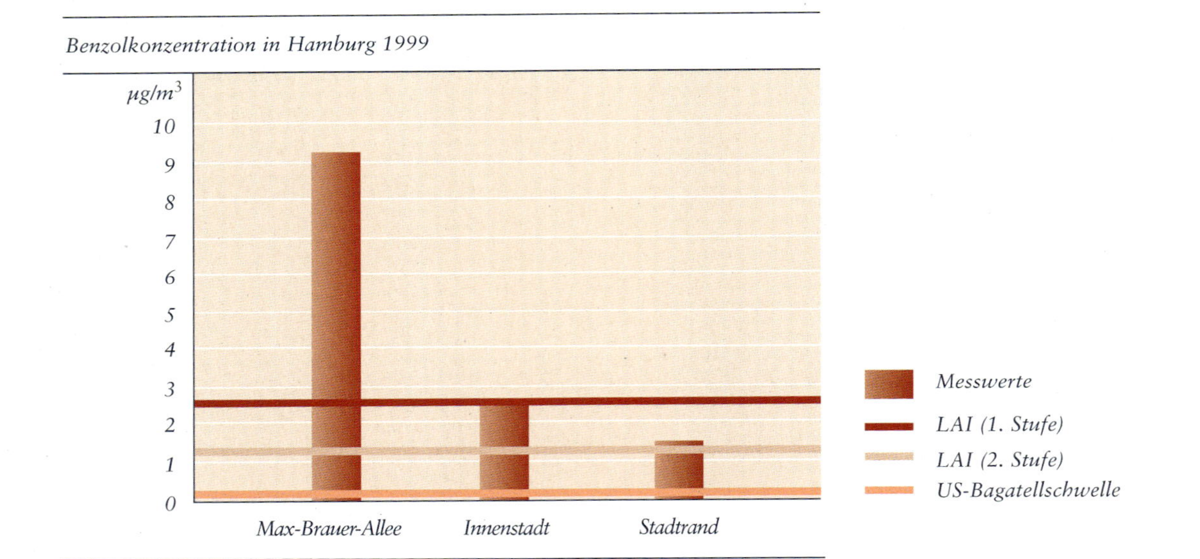

In den USA werden strengere Maßstäbe angelegt. Hier wird für eine vernachlässigbare Belastung der Luft durch einen einzelnen Krebs erzeugenden Stoff ein zusätzliches Lebenszeitrisiko von eins zu einer Million zugrunde gelegt. Es sind also keine Minderungsmaßnahmen erforderlich, wenn durch diesen Stoff maximal eine zusätzliche Krebserkrankung bei einer Million lebenslang exponierter Menschen verursacht wird (Risiko = $1 \cdot 10^{-6}$). Ein so definiertes Bagatellrisiko führt zu deutlich strengeren Zielwerten als beim LAI.

Das Hauptproblem in Hamburg: der Verkehr

Der größte Teil der Krebs erzeugenden Stoffe Benzol und Dieselruß stammt aus den Abgasen des Kraftfahrzeugverkehrs. Beim Benzol beträgt der Anteil des Kraftfahrzeugverkehrs sogar 95 Prozent. Generell werden bei beiden Stoffen die LAI-Zielwerte deutlich überschritten, besonders an stark befahrenen Straßen zwischen dichter Bebauung. Das gilt immer noch, obwohl benzolarmer Ottokraftstoff inzwischen verbindlich eingeführt und die Benzolbelastung seit Jahresbeginn 2000 auch spürbar zurückgegangen ist.

Foto: K. Hamann

Der Autoverkehr boomt

Deutlich überschritten werden die Zielwerte in Hamburg auch bei den Staubinhaltsstoffen Arsen und Cadmium. Dieses Problem wird von der Kupferproduktion erzeugt und ist auf die nähere Umgebung des Betriebes beschränkt.

Dort, wo ausreichend Messdaten für Trendaussagen vorliegen, kann man feststellen, dass die Belastungen für fast alle Krebs erzeugenden Stoffe zurückgegangen sind. Einzige Ausnahme: Im Stadtteil Veddel sind im Jahr 1998 die Cadmiumkonzentrationen angestiegen. Generell liegen die Werte noch deutlich über den LAI-Zielwerten. Will man diese erreichen, müssen die Emissionen, insbesondere aus dem Verkehrsbereich, gesenkt werden. Will man darüber hinaus zur Minimierung des Risikos die US-Werte für das Bagatellrisiko erreichen, so sind weitreichende Minderungsmaßnahmen im nationalen und internationalen Maßstab notwendig.

Ergebnisse über die Konzentration an feinen Partikeln (PM 10) in der Luft liegen erst für wenige Messstellen in Hamburg vor. Hier zeichnet sich ein leichter Rückgang bei der Belastung ab. Trotzdem wird der Grenzwert der EU (50 µg/m³ für den Tagesmittelwert bei 35 erlaubten Überschreitungen pro Jahr) in Hamburg noch an mehreren Messstellen überschritten. Solche Überschreitungen treten nach den vorhandenen Daten in Deutschland weiträumig auf. Es ist daher ein ehrgeiziges Ziel, die Standards für die Kurzzeitbelastung (Tagesmittelwert) bis zum von der EU festgelegten Zeitpunkt 2005 beziehungsweise 2010 erreichen zu wollen. Noch sehr lückenhaft ist das Wissen über die Beiträge der einzelnen Verursachergruppen (Industrie, Verkehr, Hausbrand und Gewerbe, atmosphärische Partikelbildung) zur Partikelbelastung. Deshalb können derzeit konkrete Maßnahmen nicht benannt werden, die Bestandsaufnahme steht noch im Vordergrund.

Überregionale Ziele

Zielebene	*Das Umweltqualitätsziel*	*Das Umwelthandlungsziel*
International	**Bei kanzerogenen Luftschadstoffen** ▪ ist das maximale Risiko pro kanzerogenen Stoff einzuhalten. In den NL: $75 \cdot 10^{-6}$ USA: $200 \cdot 10^{-6}$ ▪ ist das Bagatellrisiko einzuhalten. In den NL: $0{,}75 \cdot 10^{-6}$ USA: $1 \cdot 10^{-6}$ ▪ sind die Unit-Risk-Werte der WHO einzuhalten. Sie lauten: Benzol $6 \cdot 10^{-6}$ [1/(µg/m³)] B(a)P $8{,}7 \cdot 10^{-5}$ [1/(ng/m³)] Arsen $1{,}5 \cdot 10^{-3}$ [1/(µg/m³)] (LAI-Studie „Krebsrisiko durch Luftverunreinigungen“, 1992 – WHO Air Quality Guidelines for Europe, Update 1997) **Bei Partikeln** ▪ sollen die National Ambient Air Quality Standards (USA) eingehalten werden. Sie lauten: PM 10 Jahresmittel 50 µg/m³ PM 2,5 Jahresmittel 15 µg/m³ PM 10 24-Std.-Mittel 150 µg/m³ PM 2,5 24-Std.-Mittel 65 µg/m³ („National Ambient Air Quality Standards/NAAQS“, United States Environmental Protection Agency)	

Zielebene	*Das Umweltqualitätsziel*	*Das Umwelthandlungsziel*
National	**Bei kanzerogenen Luftschadstoffen** ▪ sollen die nachfolgenden Konzentrationswerte eingehalten werden; die Werte basieren – für die Summe aller kanzerogenen Luftschadstoffe – auf einem Gesamtrisiko von 1 zu 2.500 ($400 \cdot 10^{-6}$): Arsen 5 ng/m³ Asbest 88 F/m³ Benzol 2,5 µg/m³ Benzo(a)Pyren 1,3 ng/m³ Cadmium 1,7 ng/m³ Dieselruß 1,5 µg/m³ 2,3,7,8-TCDD 16 fg/m³ (LAI-Studie „Krebsrisiko durch Luftverunreinigungen“, 1992) **Bei Partikeln** ▪ sind die EU-Grenzwerte zu erreichen, die für Partikel mit einem Durchmesser kleiner 10 µm (PM 10) festgelegt sind: Jahresmittel 40 µg/m³ (ab 2005) 20 µg/m³ (ab 2010) Tagesmittel 50 µg/m³ (ab 2005) [1] 50 µg/m³ (ab 2010) [2] [1] bei jährlich 35 erlaubten Überschreitungen [2] bei jährlich 7 erlaubten Überschreitungen (Richtlinie 1999/30/EG des Rates, 1999)	▪ Die Emissionen von Partikeln und Krebs erzeugenden Luftschadstoffen sollen nach dem Grundsatz des Minimierungsgebotes vermieden bzw. verringert werden.

Ziele für Hamburg

Worum es geht	*Was die Umweltbehörde will*
Umweltmedium/Bereich	Luft – Luftreinhaltung –
Schutzgüter	▪ Menschliche Gesundheit
Qualitätsziel ▪ Welcher Zustand wird in der Zukunft angestrebt? ▪ Operationalisiert: Was bedeutet das konkret?	Die Luft ist nur minimal mit Partikeln sowie Krebs erregenden Luftschadstoffen belastet. ▪ Langfristig ist die Belastung in Richtung Risikominimierung abgesenkt (Bagatellrisiko $1 \cdot 10^{-6}$ pro Einzelstoff). ▪ Die Partikelgrenzwerte der EU für PM 10 werden überall eingehalten.
Handlungsziel langfristig ▪ Wie soll das Qualitätsziel langfristig erreicht werden?	Es sollen alle Möglichkeiten ausgeschöpft werden, die Emissionen in allen Quellgruppen weiter zu vermindern, besonders beim Kfz-Verkehr, den Hüttenbetrieben und Feuerungsanlagen.
Handlungsziel mittelfristig ▪ Was soll konkret bis 2010 erreicht werden?	▪ Die Konzentration an feinen Partikeln (PM 10) soll den EU-Grenzwert von 50 µg/m³ für die Kurzzeitbelastung (Tagesmittelwert) bis zum von der EU festgelegten Zeitpunkt 2005 erreichen. Im nächsten Schritt soll dann bis 2010 die zulässige Überschreitungshäufigkeit für die Kurzzeitbelastung von 35 (bis 2005) auf 7 pro Jahr erreicht werden. ▪ Für Krebs erzeugende Stoffe sollen als erste Stufe die LAI-Zielwerte für ein Summenrisiko von 1 zu 2.500 überall eingehalten werden; in der zweiten Stufe soll dann das Summenrisiko von 1 zu 5.000 erreicht werden. Dies bedeutet eine Halbierung der aufgeführten Einzelwerte (siehe überregionale, nationale Ziele/LAI), eine gleichbleibende Verteilung der Risiken für die einzelnen Stoffe vorausgesetzt.
Indikatoren zur Erfolgskontrolle	▪ Ist-Soll-Vergleich der Immissionskonzentration von Partikeln und Krebs erregenden Luftschadstoffen ▪ Minderungsgrad der Emissionen von Partikeln sowie von Krebs erregenden Luftschadstoffen

4.2 Umweltchemikalien

Von Klassikern und Neulingen

Umweltchemikalien sind Stoffe, die durch menschliches Zutun in die Umwelt gebracht werden und dort ein Risiko für Lebewesen und Ökosysteme darstellen können. Eine Reihe von Umweltschadstoffen und ihre Folgen für den Naturhaushalt und die menschliche Gesundheit haben in den vergangenen Jahren eine besondere Rolle in der öffentlichen Diskussion gespielt. Erinnert sei an das Insektizid DDT, die Stoffgruppe PCB als flammfeste Isolationsflüssigkeit und Weichmacher sowie Dioxine. Zwar sind diese klassischen Schadstoffe durch eine Vielzahl von Regelungen in den Industrieländern mittlerweile verboten oder so weit eingeschränkt, dass von ihnen nur noch in Einzelfällen Gefahren für den Menschen und die Ökologie ausgehen. Die Gefahren durch chemische Stoffe sind jedoch keineswegs generell gebannt, da derartige Regelungen nur in den hoch entwickelten Industrieländern gelten, nicht aber in Entwicklungs- und Schwellenländern. Es wird jedoch an einem weltweiten Schutz vor diesen Stoffen gearbeitet. Zurzeit werden internationale Vereinbarungen für persistente (beständige, nicht abbaubare) organische Schadstoffe (POP-Konvention) sowie eine Konvention über den internationalen Chemiehandel (PIC-Konvention) vorbereitet.

Erst seit 1981 werden Stoffe, die in der EU neu auf den Markt kommen sollen, zuvor eingehend untersucht, aber keinesfalls auf alle wichtigen Schadwirkungen. Geprüft worden sind in diesem Rahmen europaweit bisher rund 2.600 Chemikalien. Die etwa 100.000 Stoffe, die schon vorher auf dem Markt waren, gelten als „Altstoffe“ und werden in einem Altstoffprogramm geprüft.

Doch damit geht es nur sehr langsam voran. Für nur 22 Altstoffe wurde bisher eine Risikobewertung durchgeführt und gerade vier Risikobewertungen wurden bisher angenommen. Der Rat der EU musste im September 1999 feststellen, dass „... eine Bewältigung der Altstoffproblematik im Sinne einer angemessenen Begrenzung aller wesentlichen von Altstoffen ausgehenden Risiken für Mensch und Umwelt bei Beibehaltung des gegenwärtigen Verfahrens nicht zu erwarten“ ist.

Das Produkt als Umweltverschmutzer

Seit die Schadstoffe in Abluft, Abwasser und Abfall weitgehend vermindert worden sind, sind nun die Produkte die Hauptemission der Industrie geworden. Sie enthalten eine Vielzahl chemischer Stoffe, die Haltbarkeit, Brennbarkeit, Geruch, Farbe und andere Eigenschaften beeinflussen sollen. All diese Stoffe wie zum Beispiel Weichmacher oder Flammschutzmittel gelangen mit dem Produkt direkt zum Menschen oder über das Abwasser, Ausdunstung und nach dem Wegwerfen der Produkte in die Umwelt. Auf dem Umweltministertreffen der EU im Mai 1999 sind daher Grundzüge einer „Integrierten Produktpolitik“ (IPP) skizziert worden. Sie verfolgt das Ziel, den Ressourcenverbrauch der Produkte zu verringern und gleichzeitig die Verwendung gefährlicher und umweltschädlicher Stoffe schrittweise zu reduzieren.

Es stehen bisher nur wenige Informationen über den Einsatz von Chemikalien in Produkten und deren Auswirkungen auf Mensch und Umwelt zur Verfügung. Zurzeit besteht für Industrie und Handel keine Verpflichtung, die erforderlichen Daten zu Einsatz und Verbleib von Chemikalien zur Verfügung zu stellen, mit denen sich Risikobewertungen vornehmen ließen. Daher sind die mehr oder weniger zufälligen Messungen von Stoffen in der Umwelt, im Menschen oder im Trinkwasser die einzige Informationsquelle, um Missstände feststellen und regulierend eingreifen zu können.

Die Umweltbehörde hat in der Vergangenheit eine Vielzahl von Initiativen im Bundesrat und in der Umweltministerkonferenz ergriffen, um die Rechtslage in Deutschland und der EU zu verbessern oder außergesetzliche Regelungen anzuschieben. Das gilt zum Beispiel für Chlorkohlenwasserstoffe, PVC, den Weichmacher DEHP und Arzneimittel. Parallel dazu hat sie eine leistungsfähige Umweltanalytik aufgebaut und vielfältige Untersuchungen durchgeführt, um die Schadstoffbelastung in den Umweltmedien zu ermitteln. Der hamburgische Schwerpunkt sowohl der Umwelt-Untersuchungsprojekte als auch der überregionalen Initiativen liegt zurzeit auf den Gebieten Innenraumbelastung, Arzneimittel und hormonell wirksame Stoffe.

Chlorkohlenwasserstoffe, Weichmacher und Arzneimittel sind in vielen Gewässern zu finden.

Foto: Hamburger Wasserwerke GmbH

4.2.1 Innenraumluftbelastung

Dicke Luft in Innenräumen

Ob Wohnung oder Arbeitsplatz, den größten Teil des Tages verbringen wir in Innenräumen. Durch energiesparende Maßnahmen werden diese immer mehr gegenüber der Außenluft isoliert. Da Menschen sich lange in geschlossenen Räumen aufhalten, hat die Bedeutung von Emissionen aus Baustoffen, Farben, Bodenbelägen und Einrichtungsgegenständen deutlich zugenommen. Bekannt ist über deren Emissionen allerdings bisher nur wenig. Die meisten Untersuchungen hatten das Ziel, einzelne Stoffe gezielt zu bestimmen. Bekannt wurden etwa Formaldehyd aus Spanplatten, der Einsatz von Lindan und Pentachlorphenol (PCP) als Holzschutzmittel, polychlorierte Biphenyle (PCB) aus Fugenmaterial in Fertigbetonbauten, PAK (polyzyklische aromatische Kohlenwasserstoffe) aus Parkettklebern oder Asbestfasern aus Dichtungs- und Isolationsmaterialien. Man kann aber zwischen den Schadstoffquellen und den gemessenen Stoffen und Konzentrationen in der Luft noch keinen quantitativen Zusammenhang herstellen.

Foto: Hamburger Wasserwerke GmbH

Spurensuche im Wasserlabor

Das Umweltbundesamt (UBA) hat deshalb entsprechende Bestandsaufnahmen für einzelne Stoffgruppen vorgenommen; untersucht wurden unter anderem flüchtige organische Verbindungen (VOC) in der Raumluft, Pentachlorphenol, Lindan und Metalle im Hausstaub, Metalle auch in Blut, Urin und Haar. Hingegen gibt es nur wenige Kenntnisse darüber, welche Stoffe in der Raumluft anzutreffen sind und in welchen Mengen. Daher wurden bisher auch erst für wenige Stoffe, für die Innenraumbelastungen bekannt sind, Richtwerte festgelegt.

Für die Innenraumluft gibt es daher bisher lediglich für einen einzigen Stoff, nämlich für Tetrachlorethen (auch bekannt als „Per“), einen rechtsverbindlichen Grenzwert. Dieser regelt speziell die Belastung für Aufenthaltsräume, die zu chemischen Reinigungsanlagen benachbart sind. Vom Bundesgesundheitsamt (BGA), dem heutigen Bundesamt für gesundheitlichen Verbraucherschutz und Veterinärmedizin (BgVV), gibt es zudem einen Richtwert für Formaldehyd und einen so genannten Eingreifwert für PCB.

Zurzeit befasst sich die Innenraumluft-Kommission der Arbeitsgemeinschaft der Obersten Landesgesundheitsbehörden (AOLG) mit der gesundheitlichen Bewertung für weitere chemische Stoffe in Innenräumen. In einer Arbeitsgruppe hat sie für einige Stoffe nach toxikologischen Kriterien jeweils zwei Werte abgeleitet; einen Richtwert I (RW I) als anzustrebenden Zielwert und einen Eingreifwert. Der Richtwert ist die Schwelle, unterhalb der nach gegenwärtigem Kenntnisstand auch bei lebenslanger Exposition keine gesundheitliche Beeinträchtigung zu erwarten ist. Der Eingreifwert ist die Schwellenkonzentration, ab der eingegriffen werden muss. Das bedeutet, wenn dieser Wert überschritten wird, müssen zur Verringerung der Exposition Maßnahmen ergriffen werden, da dann insbesondere empfindliche Personen gesundheitlich gefährdet sind.

Was kann Hamburg tun?

Ständig kommen neue Produkte für die Ausstattung von Wohn- und Arbeitsräumen auf den Markt. Deshalb ist eine kontinuierliche Weiterentwicklung der Kenntnisse über die Stoffpalette notwendig, um Bewertungsmaßstäbe festlegen zu können. Die Umweltbehörde hat dazu den Hausstaub auf schwerflüchtige organische Inhaltsstoffe untersucht; erste Ergebnisse zeigten beispielsweise Weichmacher und Flammschutzmittel in erheblichen Konzentrationen.

Als mittelfristiges Ziel (bis 2010) wird angestrebt, die hauptsächlich für die Gesundheit relevanten Stoffe in der Innenraumluft, im Hausstaub und in Produkten zu ermitteln. Eine verbesserte Kenntnis der Belastungssituation ist Voraussetzung dafür, dass sich Maßnahmen für eine gute Luftqualität in Innenräumen konkret benennen und zeitlich staffeln lassen. Nur so lässt sich klären, ob es nötig ist, bereits vorbeugend die Verwendung bestimmter Einsatzstoffe in Bauprodukten, Einrichtungsgegenständen und Produkten des täglichen Gebrauchs zu regulieren. Qualitätsziel müssen Produkte sein, durch deren Emissionen die Innenraumluft und der Hausstaub nicht stärker belastet werden als hintergrundbelastete Außenluft.

Mit kurzfristigen oder regionalen Maßnahmen allein ist es deshalb nicht getan. Nötig ist ein langfristiges und großräumiges, möglichst europaweit einheitliches Vorgehen. Die Umweltbehörde wird sich daher im Bundesrat und in der Umweltministerkonferenz engagieren, um die Rechtslage in Deutschland und der EU zu verbessern oder außergesetzliche Regelungen anzuschieben.

Foto: Umweltbehörde Hamburg

Möbel, Bodenbeläge und Baustoffe können Schadstoffe ausdünsten

Überregionale Ziele

Zielebene	*Das Umweltqualitätsziel*	*Das Umwelthandlungsziel*
International	Zum Schutz vor gesundheitlichen Beeinträchtigungen durch bekannte Schadstoffe in der Innenraumluft sollen die WHO-Richtwerte für Innenraumluft eingehalten werden: Formaldehyd 0,1 mg/m^3 Unit-Risk-Angaben für Glas-/Keramikfasern 10^{-6}/Fasern/l Radon $3\text{-}6 \cdot 10^{-5}/Bq/m^3$ (Revised Air Quality Guidelines for Europe, 1997, Indoor Air)	
National	■ Zur Vorsorge gegen schädliche Umwelteinwirkungen in Innenräumen, die benachbart zu Anlagen liegen, die leichtflüchtige chlorierte Lösemittel verwenden, ist der Grenzwert der 2. BImSchV einzuhalten: Tetrachlorethen 0,1 mg/m^3 ■ Zum Schutz vor gesundheitlichen Beeinträchtigungen durch einzelne Stoffe in der Innenraumluft gilt die Empfehlung des Bundesgesundheitsamtes: Formaldehyd 0,1 ppm (Zielwert) PCB 3.000 ng/m^3 (Eingreifwert) (Formaldehyd, Bericht des Bundesministeriums für Jugend, Familie und Gesundheit, 1984; PCB-Richtlinie der ARGEBAU, 1995) ■ Die Richtwerte (RW I) der Innenraumluft-Kommission sind einzuhalten. Richtwert = 0,1 · Eingreifwert Folgende Konzentrationen wurden als Eingreifwerte festgelegt: Summe flüchtiger Kohlenwasserstoffe (TVOC) 1-3 mg/m^3 Toluol 3 mg/m^3 Styrol 0,3 mg/m^3 Dichlormethan 2 mg/m^3 PCP 1 mg/m^3 Quecksilber 0,35 $\mu g/m^3$ NO_2 350 $\mu g/m^3$ (30 Min.) 60 $\mu g/m^3$ (1 Woche) CO 15 mg/m^3 (8 Std.) 60 mg/m^3 (30 Min.) (Diverse Veröffentlichungen im Bundesgesundheitsblatt, (1996–1999))	Die Bundesregierung hat zur langfristigen Verbesserung der Innenraumluft ein ganzes Bündel von Handlungszielen vorgeschlagen, darunter beispielsweise: ■ Ein geeignetes Gremium soll Beurteilungsmaßstäbe für bestimmte Luftverunreinigungen aufstellen ■ Umwelt- und Gesundheitsbelange sollen bei öffentlichen Ausschreibungen im Bereich des Bauwesens stärker berücksichtigt werden ■ Es sollen Anforderungsprofile für die Vergabe des Umweltzeichens in den Bereichen Möbel und Ausrüstungsgegenstände entwickelt werden (Konzeption der Bundesregierung zur Verbesserung der Luftqualität in Innenräumen, 1992)

Ziele für Hamburg

Worum es geht	*Was die Umweltbehörde will*
Umweltmedium/Bereich	Luft – Luftreinhaltung in Innenräumen –
Schutzgüter	▪ Menschliche Gesundheit
Qualitätsziel ▪ Welcher Zustand wird in der Zukunft angestrebt?	Die Konzentrationen von chemischen Stoffen in der Innenraumluft sind für die Gesundheit unbedenklich. Die Gehalte chemischer Stoffe im Hausstaub sind minimiert.
▪ Operationalisiert: Was bedeutet das konkret?	▪ Die Richtwerte für die Innenraumluft werden eingehalten. ▪ In Hausstaubproben befinden sich nur noch minimale Gehalte gesundheitsrelevanter chemischer Stoffe: in der Regel weniger als 1 mg/kg Hausstaub; bei weit verbreiteten Stoffen weniger als 10 mg/kg Hausstaub.
Handlungsziel langfristig ▪ Wie soll das Qualitätsziel langfristig erreicht werden?	Es werden die Möglichkeiten ausgeschöpft, bedenkliche Emissionen aus Bauprodukten, Einrichtungsgegenständen und Ausstattungsmaterialien zu vermindern.
Handlungsziel mittelfristig ▪ Was soll konkret bis 2010 erreicht werden?	Es sollen zunächst die in der Innenraumluft, im Hausstaub und in den Produkten enthaltenen gesundheitsrelevanten Stoffe ermittelt werden, um im nächsten Schritt Minderungsstrategien entwickeln zu können. Geplant ist: ▪ 1. Schritt - Die Stoffbewertung wird kontinuierlich weiterentwickelt. Dazu werden die zu untersuchende Stoffpalette ausgeweitet, weitere Richtwerte abgeleitet und eine Relevanzreihe erstellt. - Minderungsmöglichkeiten werden geprüft. ▪ 2. Schritt Es werden Minderungsstrategien für die in Innenräumen relevanten Stoffe erarbeitet. Von der - Information (Entwicklung besonderer Gütesiegel oder Umweltzeichen für Produkte, Deklarationspflicht für alle Inhalts- und Zusatzstoffe) über den - Ersatz durch andere, weniger schädliche Stoffe durch ökonomische Anreize bis hin zum - Einsatzverbot von Stoffen.
Indikatoren zur Erfolgskontrolle	▪ Ist-Soll-Vergleich eines chemischen Stoffes zum Richtwert (Zielwert) der Raumluftkonzentration ▪ Ist-Soll-Vergleich des Gehalts eines chemischen Stoffes im Hausstaub zum angestrebten Zielwert

4.2.2 Arzneimittel

Arzneimittel sind aufgrund ihrer Zweckbestimmung biologisch hochaktiv. Es ist daher anzunehmen, dass Arzneistoffe, wenn sie in die Umwelt gelangen, auch auf andere Lebewesen – „Nicht-Zielorganismen" – wirken können. Arzneistoffe gelangen überwiegend durch ihre bestimmungsgemäße Anwendung bei Mensch und Tier in die Umwelt. Sie werden nach dem Gebrauch unverändert oder in Form von Umwandlungs-, Abbau- oder Reaktionsprodukten (Metaboliten) ausgeschieden und über das Abwasser in Oberflächengewässer und angrenzende Grundwasserleiter (Uferfiltrat) eingetragen. Hier sind dann zunächst die natürlichen Lebensgemeinschaften in Gewässern betroffen; bei Verwendung des Wassers als Trinkwasser auch der Mensch.

Auch die in der landwirtschaftlichen Massentierhaltung eingesetzten Arzneimittel und pharmakologisch wirksamen Futtermittelzusatzstoffe können über tierische Ausscheidungen direkt oder über Gülledüngung in Boden, Oberflächengewässer und Grundwasser gelangen. Über diese Pfade kehren diese Stoffe in Nahrungsmitteln und im Trinkwasser wieder zum Menschen zurück. Im Zusammenhang mit dem Auftreten von Antibiotikaresistenzen muss dem Eintrag von Arzneistoffen in die Umwelt besondere Aufmerksamkeit gewidmet werden.

Erste Bestandsaufnahme

Das Auftreten eines Arzneistoffes, der Clofibrinsäure, im Grund- und Oberflächenwasser Berlins wurde erstmals 1992 publiziert. Clofibrinsäure ist ein Metabolit des Blutfettspiegelsenkers Clofibrat. In anschließenden Untersuchungen wurde Clofibrinsäure auch verbreitet im Berliner Trinkwasser gefunden.

Die bis heute durchgeführten Stichprobenuntersuchungen zeigen, dass in Deutschland Arzneistoffe in Kläranlagen verbreitet mit Konzentrationen im Bereich von 0,01 Mikrogramm pro Liter (µg/l) bis mehr als 1 µg/l auftreten. Bei Einleitungen in kleine Gewässer sind diese Konzentrationen sogar im gesamten Gewässer anzutreffen. In uferfiltratbeeinflussten Grundwässern lassen sich eine Anzahl von Arzneistoffen in Konzentrationen nachweisen, die etwa eine Größenordnung niedriger als in den korrespondierenden Oberflächenwässern liegen. Zumindest einige Arzneistoffe sind in Trinkwässern nachweisbar (bisher insbesondere Clofibrinsäure).

Von den hormonell wirksamen Arzneimitteln wurde insbesondere der maßgebliche Wirkstoff der Antibabypille in Kläranlagenabläufen und Fließgewässern, aber auch im Klärschlamm und in Fischen gefunden. Das Problemfeld der hormonell wirksamen Umweltchemikalien wird gesondert im nachfolgenden Kapitel (4.2.3) behandelt.

In verschiedenen Fließgewässern Deutschlands wurden in Stichprobenuntersuchungsprogrammen Arzneistoffe festgestellt. Die gemessenen Konzentrationen an Arzneistoffen legen den Schluss nahe, dass deren Summe selbst in großen Fließgewässern regelmäßig 1 µg/l überschreiten dürfte. Sie liegt damit in ähnlicher Größenordnung wie in der Literatur häufig zitierte Werte für Pflanzenschutzmittel. Da Letztere anwendungsbedingt starken jahreszeitlichen Schwankungen unterliegen, sind die Frachten für Arzneistoffe möglicherweise sogar größer als für Pflanzenschutzmittel.

Ob die gemessenen Gehalte ökotoxische Wirkungen haben, ist nicht bekannt. Die bisher in Trinkwässern gemessenen Konzentrationen gelten als gesundheitlich unbedenklich; das Auftreten messbarer Konzentrationen in Trinkwässern muss in Anbetracht des für dieses Lebensmittel zu fordernden besonderen Schutzes jedoch Anlass zu einer eingehenden Auseinandersetzung mit der Thematik geben.

Hamburgs Trinkwasserreservoirs sind geologisch gut geschützt

Die Umweltbehörde Hamburg führt Stichprobenuntersuchungen auf Arzneimittel in der Umwelt und im Trinkwasser seit Bekanntwerden der Befunde im Berliner Trinkwasser durch. Im Ablauf des Hamburger Klärwerkverbunds liegen die Konzentrationen an Clofibrinsäure regelmäßig über 0,5 µg/l. Die Gehalte an Arzneistoffen in den Oberflächengewässern Hamburgs liegen in den gleichen Größenordnungen wie an anderen vergleichbaren Orten in Deutschland.

Im Ballungsraum Hamburg stützt sich die öffentliche Wasserversorgung überwiegend auf Grundwasserentnahmen aus tiefen Wasserleitern. Diese Vorkommen sind geologisch – durch gering durchlässige Bodenschichten – weitgehend vor Einträgen von Fremdstoffen geschützt. Hier finden sich lediglich vereinzelt Spuren einzelner Arzneistoffe. Es gilt, die Ursachen hierfür aufzuklären, um selbst derart geringe Befunde künftig ausschließen zu können.

Der Hamburger Hafen ist einer der wichtigsten Umschlagplätze für Arzneirohstoffe. Deshalb ist es wichtig, einen geordneten und umweltgerechten Warenverkehr beim Lagern und Umschlagen sicherzustellen.

Ein neu erkanntes Problem: Arzneimittel in der Umwelt

Foto: Bavaria

Das Ziel: einheitliche Regelungen auf EU-Ebene

Auf Initiative Hamburgs hat die Umweltministerkonferenz (UMK) 1996 den Bund-Länder-Ausschuss für Chemikaliensicherheit (BLAC) beauftragt, Handlungsvorschläge im Hinblick auf die „Auswirkungen der Anwendung von Clofibrinsäure und anderer Arzneimittel auf die Umwelt und die Trinkwasserversorgung" zu erarbeiten.

Zwei Jahre darauf, im März 1998, hat eine Arbeitsgruppe des BLAC unter Federführung Hamburgs einen Bericht mit Vorschlägen vorgelegt. Das Ziel ist, Arzneimittel – wie andere chemische Stoffe auch – einer Prüfung auf Umweltrisiken zu unterziehen, bevor sie auf den Markt dürfen, und die schon auf dem Markt befindlichen Stoffe nachträglich zu bewerten.

Foto: Image Bank

Die Aufgabe: reines Trinkwasser für die Zukunft sichern

Auf Basis dieses Berichtes hat die UMK im November 1998 eine Reihe von vordringlichen Maßnahmen beschlossen. Unter anderem wurde der Bundesregierung vorgeschlagen:

- sich bei der EU für eindeutige Rechtsgrundlagen für Arzneimittel-Zulassung, Zulassungsverlängerung, Prüfungsvorschriften und gegebenenfalls Risikominderungsmaßnahmen einzusetzen
- auf die betroffene Industrie einzuwirken, damit diese im Rahmen ihrer Produktverantwortung eine Liste der 50 mengenmäßig wichtigsten Arzneistoffe vorlegt, mit Angaben zur Vermarktungsmenge in Deutschland und mit Daten zur Bewertung des Umweltverhaltens
- bei der EU auf eine europaweite Sammlung von Daten zum Auftreten von Arzneistoffen in der Umwelt hinzuwirken
- bei der EU auf ein abgestuftes Evaluierungsprogramm zu drängen, um mögliche Umweltrisiken für im Markt befindliche Human- und Tierarzneimittel zu bewerten

Der BLAC hat den Auftrag erhalten, die Untersuchungsprogramme der Länder zu koordinieren, einen konzeptionellen Rahmen zu setzen und ein bundesweit abgestimmtes Untersuchungsprogramm vorzulegen. Das Programm wurde unter Federführung der Umweltbehörde erarbeitet und von der Umweltministerkonferenz im Oktober 1999 beschlossen. Es sieht vor, dass Arzneistoffe in Wasser, Boden und maßgeblichen Eintragspfaden ab Sommer 2000 über einen Zeitraum von einem Jahr untersucht werden. Die Auswertung dieses Untersuchungsprogramms wird voraussichtlich 2002 fertig sein und eine fundierte Datenbasis liefern, auf der Risiken bewertet und soweit nötig Konzepte für Minderungsmaßnahmen erarbeitet werden können.

Überregionale Ziele

Zielebene	*Das Umweltqualitätsziel*	*Das Umwelthandlungsziel*
International	▪ In den Umweltmedien wie Boden, Wasser, Luft sind nur minimale Gehalte von Arzneistoffen zu finden. ▪ Auch Arzneimittel werden auf Umweltwirkungen geprüft, so wie es bei anderen Stoffgruppen geschieht. ▪ Es werden solche Arzneimittel bevorzugt, deren Eintrag in die Umweltmedien keine schädlichen Auswirkungen besitzt für die Gesundheit von Mensch und Tier oder auf das Grundwasser und keine unannehmbaren Auswirkungen auf die Umwelt hat.	▪ Human- und Tierarzneimittel sind wie sonstige Stoffe und Zubereitungen einer EU-weiten gleichwertigen Prüfung auf mögliche Umweltrisiken zu unterwerfen. ▪ Für Arzneimittel, die ein potenzielles Risiko für die Umwelt darstellen, werden im Zulassungsverfahren Risikominderungsmaßnahmen vorgeschrieben. (Ausbau der Berücksichtigung potenzieller Umweltwirkungen durch Anpassen der RL 65/65/EWG, 81/851/EWG)
National	▪ In den Umweltmedien sind nur minimale Gehalte von Arzneistoffen zu finden.	▪ Es wird ein bundesweit abgestimmtes Untersuchungsprogramm durchgeführt. Aufgenommen werden sollen insbesondere Untersuchungen auf Arzneistoffe in Wasser, Boden und maßgeblichen Eintragspfaden. ▪ Potenzielle Umweltwirkungen müssen im Arzneimittelgesetz stärker berücksichtigt werden. (Umweltministerkonferenzen im November 1998 sowie Oktober 1999; Berichte des BLAC zu „Auswirkungen der Anwendung von Clofibrinsäure und anderer Arzneimittel auf Umwelt und Trinkwasserversorgung“, Hamburg 1998, sowie „Arzneimittel(n) in der Umwelt – Konzept für ein Untersuchungsprogramm“, Hamburg 1999)

Ziele für Hamburg

Worum es geht	*Was die Umweltbehörde will*
Umweltmedium/Bereich	Boden, Oberflächengewässer, Grundwasser, Trinkwasser – Vorsorgender Umweltschutz –
Schutzgüter	▪ Naturhaushalt ▪ Menschliche Gesundheit
Qualitätsziel ▪ Welcher Zustand wird in der Zukunft angestrebt?	▪ Es gehen keine Umweltwirkungen von Arzneistoffen aus und auch nicht von deren Abbau- und Reaktionsprodukten. ▪ Das Hamburger Trinkwasser ist frei von Arzneistoffen.
Handlungsziel langfristig ▪ Wie soll das Qualitätsziel langfristig erreicht werden? ▪ Operationalisiert: Was bedeutet das konkret?	▪ Im Hamburger Raum sollen die Umweltwirkungen durch Arzneistoffe minimiert werden. ▪ Es sollen alle Möglichkeiten ausgeschöpft werden, den Hamburger Beitrag zu den Einträgen von Arzneistoffen in die Umwelt zu minimieren.
Handlungsziel mittelfristig ▪ Was soll konkret bis 2010 erreicht werden?	▪ Über den Bundesrat und die Bund-Länder-AG sollen Umweltprüfungen in Zulassungsverfahren für Arzneimittel und pharmakologisch wirksame Futtermittelzusatzstoffe vorangebracht werden. ▪ Es sollen bundeseinheitliche Qualitätskriterien erarbeitet und festgelegt werden; Hamburg will hierzu auf Bundesebene seine Initiative fortsetzen. ▪ Unter maßgeblicher Beteiligung der Umweltbehörde wird ein bundesweit koordiniertes Untersuchungsprogramm durchgeführt. ▪ Es müssen Wirkungstests für Umweltwirkungen erprobt und eingeführt werden, damit entsprechende Leitparameter in Routineuntersuchungsprogramme aufgenommen werden können. ▪ Es muss geprüft werden, ob durch Maßnahmen im Klärwerk der Abbau von relevanten Arzneistoffen und Metaboliten optimiert werden kann. ▪ Bevölkerung und Ärzte sollen umfassend aufgeklärt werden. ▪ Es soll eine bürgerfreundliche Entsorgungsstruktur für Altarzneimittel bestehen.
Indikatoren zur Erfolgskontrolle	▪ Arzneistoffgehalte in Klärwerksabläufen, Umweltmedien und im Trinkwasser

4.2.3 Hormonell wirksame Umweltchemikalien

Hormonell (endokrin) wirksame Umweltchemikalien sind Stoffe, die das Hormonsystem von Mensch und Tier nachhaltig beeinträchtigen können. Zu dieser Stoffgruppe gehören unter anderem einige gut untersuchte chlorierte Kohlenwasserstoffe, aber auch andere in großen Mengen produzierte Industriechemikalien ebenso wie synthetische Hormone. Ein bedeutender Eintragspfad für hormonell wirksame Stoffe in die Oberflächengewässer sind die Abwässer kommunaler und industrieller Kläranlagen.

Wissenschaftliche Studien weisen darauf hin, dass die Zeugungsfähigkeit von Männern in den jüngsten Jahrzehnten zurückgegangen ist. Als eine mögliche Ursache wird eine erhöhte vorgeburtliche Einwirkung von östrogen wirksamen Stoffen angesehen. In der Tierwelt sind bereits zahlreiche Beispiele für Schäden durch hormonell wirksame Umweltchemikalien gefunden worden. Ein bekanntes Beispiel ist das Insektizid DDT. Es führt zu einer Verminderung der Eierschalendicke bei Greifvögeln. Deshalb sind mehrere Greifvogelarten vom Aussterben bedroht. Der Siegeszug des noch 1948 mit dem Nobelpreis ausgezeichneen DDT wurde kaum 20 Jahre später mit dem Verbot in den westlichen Industrieländern (1972 in der BRD) beendet.

Tributylzinn (TBT) und andere zinnorganische Verbindungen sind in ihrer toxischen Wirkung auf die Fortpflanzung von Schnecken und Muscheln gut dokumentiert und allgemein als bedeutend akzeptiert. Diese Giftstoffe werden als „Antifoulings“ zur Bewuchsverhinderung in Schiffsanstrichen eingesetzt und gezielt in die Umwelt ausgewaschen. Entlang der großen Schifffahrtswege sind die Populationen bestimmter Meeresschnecken infolge organozinnhaltiger Schiffsanstriche stark zurückgegangen, in manchen Bereichen sogar verschwunden. Der französischen Austernzucht wurde schwerer wirtschaftlicher Schaden zugefügt. Ein vollständiges internationales Verbot dieser Stoffe ist bisher noch nicht durchgesetzt.

Die „International Maritime Organization“ (IMO) hat beschlossen, einen international bindenden Vertrag zu erarbeiten, der ab 2003 das Auftragen von TBT- und anderen organozinnhaltigen Antifouling-Anstrichen verbieten soll. Außerdem sollen ab 2008 Schiffe mit solchen Anstrichen nicht mehr verkehren dürfen.

Über die negativen Umweltwirkungen durch endokrine Stoffe liegen eindeutige Belege vor. Sie betreffen aber zumeist Einzelfälle, in denen eine Einwirkung relativ großer Mengen des Stoffes sich mit hoher Bioakkumulation verbindet. So konnten in Laborexperimenten unter anderem für polychlorierte Biphenyle, Alkylphenole (in Reinigungsmitteln, Prozessadditive in Kunststoffdispersionen), Phthalate (Weichmacher in Kunststoffen) und verschiedene Pestizide endokrine Wirkungen auf Organismen nachgewiesen werden. Allgemeine Aussagen über die Relevanz können jedoch zurzeit nicht getroffen werden. Derzeit sind die Kenntnisse über die Palette endokrin wirksamer Umweltchemikalien noch sehr lückenhaft. Gleiches gilt für Art und Größe der Einwirkungen, für die Kausalitätsketten, die Wirkschwellen und die Empfindlichkeit einzelner Arten.

Über die Gefährdung des Menschen durch endokrin wirksame Umweltchemikalien können heute noch keine abschließenden Aussagen gemacht werden, sie wird gegenwärtig als eher gering angesehen. Weitere Forschung ist jedoch in jedem Fall erforderlich.

Der Beitrag der Hafenstadt Hamburg

Hamburg ist der größte Hafenstandort Deutschlands. Durch Werftbetrieb und Schifffahrt ist die Stadt deshalb vom Problem der organozinnhaltigen Antifoulings besonders stark betroffen. Hamburg nutzt seinen Einfluss, um auf entsprechende nationale und internationale Richtlinien zu drängen. Darüber hinaus müssen die Einträge aus Hamburger Werften und aus Schiffen in Hamburger Gewässer minimiert und langfristig ganz verhindert werden. Die Umweltbehörde unterstützt daher entsprechende Verbesserungen in der Auftrags- und Reinigungstechnik, der Werftabwasserbehandlung und insbesondere in der Entwicklung und Erprobung biozidfreier Antifouling-Anstriche und fördert ihre Anwendung. Des Weiteren sollen die hoch belasteten Sedimente der Elbe entfernt und umweltgerecht entsorgt werden.

In Fragen der Chemikalienbewertung und -zulassung will Hamburg als Bundesland über den Bundesrat, Bund-Länder-Arbeitsgruppen und andere Gremien Einfluss nehmen. Das gilt auch für Regelungen zum Inverkehrbringen von Stoffen. Mit ihrem wissenschaftlichen Know-how kann die Umweltbehörde auch die Erprobung und Umsetzung von Testverfahren unterstützen, mit denen Stoffe auf ihre endokrine Wirksamkeit geprüft werden können. Des Weiteren müssen Konzepte für Risikobewertung und Risikominimierung entwickelt und die Umwelt auf endokrin wirksame Stoffe sowie davon ausgehende Wirkungen untersucht werden. Ferner kann die Umweltbehörde Verfahren für die Bewertung der Belastung von Mensch und Umwelt durch endokrin wirksame Stoffe mit entwickeln.

Langfristig sollen in der Umwelt, insbesondere in Gewässern, endokrin wirksame Umweltchemikalien nicht mehr in wirkungsrelevanten Konzentrationen vorkommen.

Hamburg hat als Hafenstadt besondere Probleme mit TBT

Foto: Port of Hamburg

Überregionale Ziele

Zielebene	*Das Umweltqualitätsziel*	*Das Umwelthandlungsziel*
International	▪ In den Umweltmedien sollen keine endokrin (hormonell) wirksamen Umweltchemikalien in wirkungsrelevanten Konzentrationen vorkommen. ▪ Es sollen Alternativen bevorzugt werden, die in der Umwelt keine endokrine Wirksamkeit besitzen. (Mitteilung der EU-Kommission an den Rat und das Europäische Parlament: „Gemeinschaftsstrategie für Umwelthormone – Stoffe, die im Verdacht stehen, sich störend auf das Hormonsystem des Menschen und der wildlebenden Tiere auszuwirken“ (KOM(99) endg., Rats-Dok. 5257/00))	▪ Es werden validierte und international anerkannte Testsysteme geschaffen, um Stoffe auf ihre endokrine Wirksamkeit zu prüfen, inklusive Konzepte für die Risikobewertung und -minimierung. ▪ Es sollen international anerkannte Verfahren geschaffen werden, mit denen die Belastung von Mensch und Umwelt durch endokrin wirksame Stoffe bewertet wird. ▪ Endokrin wirksame Umweltchemikalien sollen identifiziert und eingestuft werden. ▪ Die Ergebnisse aus der Identifizierung und Einstufung sollen im „Stoffrecht“ (Chemikalienrecht, Pflanzenschutzrecht, Arzneimittelrecht, Biozidrecht) auf EU- und Bundesebene berücksichtigt werden, z. B. durch Kennzeichnung, Anwendungsbeschränkungen. ▪ Für TBT-haltige Antifouling-Beschichtungen soll ein weltweites Herstellungs- und Anwendungsverbot erreicht werden.

Ziele für Hamburg

Worum es geht	*Was die Umweltbehörde will*
Umweltmedium/Bereich	Gewässer (Oberflächengewässer, Grundwasser), Trinkwasser – Vorsorgender Umweltschutz –
Schutzgüter	▪ Menschliche Gesundheit ▪ Naturhaushalt
Qualitätsziel ▪ Welcher Zustand wird in der Zukunft angestrebt?	▪ Auf Hamburger Gewässer haben hormonell (endokrin) wirksame Umweltchemikalien keine Umweltwirkungen. ▪ Hamburgs Trinkwasser ist auch künftig frei von endokrin wirksamen Stoffen.
▪ Operationalisiert: Was bedeutet das konkret?	Wirkungsrelevante Konzentrationen endokrin wirksamer Umweltchemikalien werden in Hamburger Gewässern sicher unterschritten (der aktuell wichtigste Parameter ist TBT). Zielwerte für TBT in Oberflächengewässern: Konzentration im Wasser 0,0001 µg/l (LAWA-AK „QZ“ Stoffdatenblatt TBT, 1999) im Sediment 0,5 µg/kg Trockensubstanz (BLANO BLABAK Konzeptentwurf 30.3.2000)
Handlungsziel langfristig ▪ Wie soll das Qualitätsziel langfristig erreicht werden?	▪ Umweltwirkungen durch endokrin wirksame Umweltchemikalien sollen verhindert werden. ▪ Die Möglichkeiten zur Minimierung des Hamburger Beitrags zu Einträgen endokrin wirksamer Umweltchemikalien in die Umwelt werden ausgeschöpft; aktuelle Schwerpunkte Antifouling-Anstriche und Alkylphenol(APEO)-Tenside.
▪ Operationalisiert: Was bedeutet das konkret?	▪ Das internationale Herstellungs- und Anwendungsverbot für TBT-haltige Antifouling-Beschichtungen wird verabschiedet und umgesetzt (unter Einfluss Hamburgs in den maßgeblichen Gremien). ▪ Die Anwendung biozidfreier Schiffsanstriche wird gefördert. ▪ Wirkungsrelevant belastete Gewässersedimente werden saniert.

Ziele für Hamburg

Worum es geht	*Was die Umweltbehörde will*
Handlungsziel mittelfristig ▪ Was soll konkret bis 2010 erreicht werden?	▪ Über den Bundesrat und Bund-Länder-Arbeitsgruppen soll Einfluss genommen werden im Hinblick auf - ein kurzfristiges vollständiges Herstellungs- und Anwendungsverbot von organozinnhaltigen Schiffsanstrichen sowie - Maßnahmen zur Verhinderung von Umwelteinträgen von identifizierten, umweltrelevanten endokrin wirksamen Chemikalien ▪ Die Quellen für Alkylphenole (APEO) werden identifiziert. ▪ Hamburg beteiligt sich an der Entwicklung und Erprobung biozidfreier – also nicht nur organozinnfreier – Schiffsanstriche (finanziell und in Form von Dienstleistungen wie Versuchsbetreuung, Beprobung und Analytik) und fördert diese. ▪ Wirkungstests für Umweltwirkungen werden erprobt und umgesetzt, entsprechende Leitparameter werden in Routineuntersuchungsprogramme aufgenommen. ▪ Es werden Untersuchungsprogramme (inklusive Methoden) für relevante Umweltchemikalien in den maßgeblichen Hamburger Umweltmedien entwickelt mit dem Ziel einer Situationsbestandsaufnahme für Hamburg. ▪ Bereiche mit hoch TBT-belasteten Gewässersedimenten werden beseitigt.
Indikatoren zur Erfolgskontrolle	▪ Gehalte endokrin wirksamer Umweltchemikalien in Umweltmedien (insbesondere Gewässern), Trinkwasser, Klärwerksabläufen ▪ Umfang der TBT-Anwendungen in Hamburger Werften ▪ Anzahl der Schiffe im Hamburger Hafen, die noch TBT-Antifouling-Beschichtungen haben ▪ Einleitungsmengen in speziellen Anwendungsfeldern (z. B. TBT aus Werften)

4.3 Lärmschutz

Lärm, so nennt man jedes hörbare Geräusch, das belästigt, stört und die Gesundheit gefährdet. Übermäßiger Lärm in den Städten beeinflusst nicht nur das Wohlbefinden der Menschen, er kann auch den Wert einzelner Gebäude, ganzer Straßenzüge und ausgedehnter Wohnquartiere beeinträchtigen.

Die Weltgesundheitsorganisation (WHO) hat festgestellt, dass Lärm oberhalb bestimmter Pegel zu unmittelbar negativen Auswirkungen auf den Menschen führen kann. Dazu gehören Schlafstörungen, Gehörschäden, physiologische Auswirkungen vor allem auf das Herz-Kreislauf-System, Kommunikationsstörungen und ein allgemeines Gefühl der Belästigung.

Die wichtigste Lärmursache ist der Straßenverkehr. Immerhin fühlen sich laut Umfragen rund 70 Prozent der Bevölkerung in Deutschland durch Straßenverkehrslärm und ungefähr 50 Prozent durch Fluglärm gestört.
Zu den besonders häufigen Folgen von Lärm gehören Schlafstörungen. Sie beginnen bei Innenpegeln von 35 bis 45 Dezibel (dB(A)), die Aufweckschwelle liegt bei einem Maximalpegel (innen) von circa 60 Dezibel. Rund ein Fünftel der Bevölkerung in der Bundesrepublik kann wegen des Lärms nicht bei geöffneten Fenstern schlafen. Jeder Zehnte wird auch bei geschlossenen Fenstern in seinem Schlaf gestört. All das ist ganz überwiegend eine Folge des Straßenverkehrs.

Knapp die Hälfte der Bevölkerung in Deutschland ist tagsüber einem Dauerschallpegel von über 55 Dezibel ausgesetzt. Dabei sind Beeinträchtigungen des körperlichen und sozialen Wohlbefindens zu erwarten. Nachts muss etwa die Hälfte der Bevölkerung Dauerschallpegel von mehr als 45 Dezibel ertragen.

Ab einem Dauerschallpegel von 65 Dezibel tagsüber (Außenpegel) sind gesundheitliche Risiken und Schäden nicht mehr auszuschließen und eine Zunahme des Herzinfarktrisikos ist zu befürchten. Etwa 16 Prozent der Bevölkerung in der Bundesrepublik sind durch Straßenverkehrslärm in dieser Größenordnung betroffen.

Die Auswirkungen von Lärm lassen sich nur schwer quantifizieren, da die Toleranz der Menschen gegenüber verschiedenen Stärken und Arten von Lärm ganz unterschiedlich ist. Doch auch unabhängig von der subjektiven Wahrnehmung ist Belästigung durch Lärm im Allgemeinen von körperlichen Reaktionen, insbesondere von Stressreaktionen, begleitet, die langfristig zu gesundheitlichen Schäden führen können.

Berechnete Geräuschbelastung der Bevölkerung in der BRD (UBA 1999)

	Geräuschbelastung durch			
Dauerschallpegel	Straßenverkehr		Schienenverkehr	
	Betroffener Bevölkerungsanteil (in %)		Betroffener Bevölkerungsanteil (in %)	
dB(A)	Am Tag	Nachts	Am Tag	Nachts
> 45 – 50	16,4	17,6	12,4	15,5
> 50 – 55	15,8	14,3	14,9	10,8
> 55 – 60	18,0	9,3	10,4	6,2
> 60 – 65	15,3	4,2	6,2	2,7
> 65 – 70	9,0	2,9	2,3	0,9
> 70 – 75	5,1	0,2	0,7	0,4
> 75	1,5	0,0	0,1	0,1

4.3.1 Lärmschutz in Wohngebieten

Laute City

Die Hamburgerinnen und Hamburger werden vor allem in den dicht besiedelten und traditionellen Wohngebieten von einem erheblichen Durchgangsverkehr belastet. Diese Wohnviertel liegen in der Nähe der City und des Hafens mit ihren zahlreichen Arbeitsplätzen. Neuere Untersuchungen in Hamburg haben ergeben, dass allein an den Hauptverkehrsstraßen mit einer Verkehrsbelastung von über 15.000 Kraftfahrzeugen pro Tag etwa 114.000 Hamburger gesundheitsgefährdendem Lärm ausgesetzt sind, das entspricht 7 Prozent der Wohnbevölkerung. In den Innenstadtbezirken liegen die Prozentzahlen noch höher, so bei 12 Prozent im Bezirk Hamburg-Mitte.

Etwas weniger als 12 Prozent der Hamburger Wohnbevölkerung sind nächtlichen Dauerschallpegeln von mehr als 45 Dezibel ausgesetzt und damit potenziell schlafgestört.

Potenziell gesundheitsgefährdete und schlafgestörte Anwohner an Hamburgs Hauptverkehrsstraßen

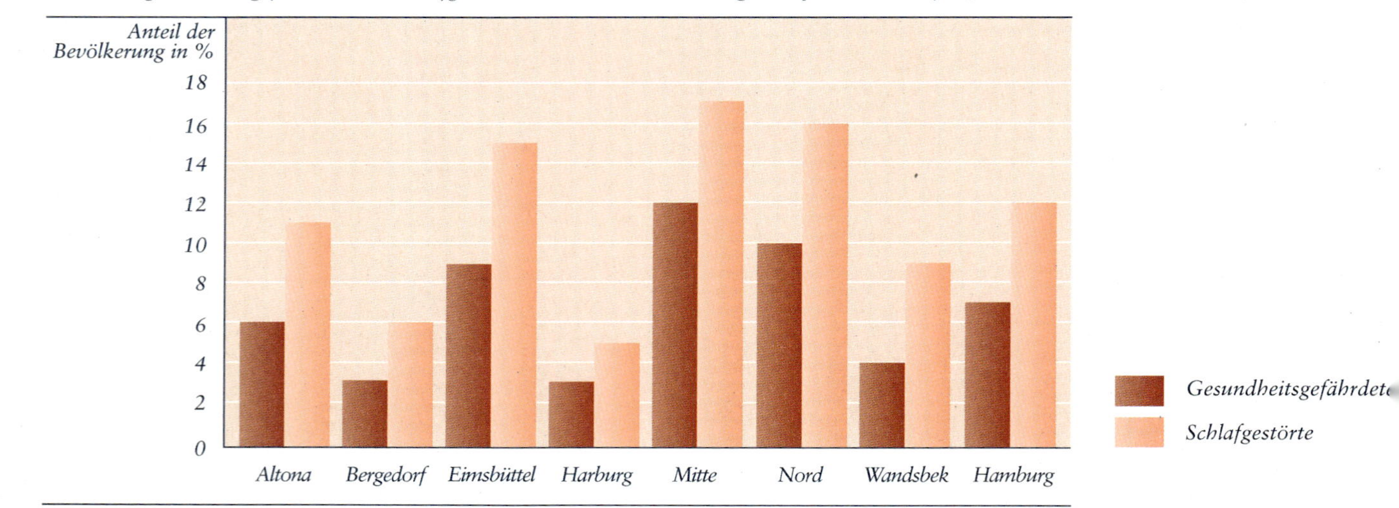

Das Ziel: leise und gesund

Bei Neubau oder wesentlicher Änderung von Verkehrswegen werden vorsorgende Lärmschutzmaßnahmen notwendig, wenn Überschreitungen der Grenzwerte der Verkehrslärmschutzverordnung (16. Bundes-Immissionsschutzverordnung (BImSchV)) zu erwarten sind. Für den Lärmschutz an bestehenden Verkehrswegen gibt es dagegen bisher keine Grenzwerte, deshalb besteht auch kein Rechtsanspruch auf Lärmsanierung. Für die Beurteilung dieser Belastung zieht man allerdings ebenfalls die Werte der Verkehrslärmschutzverordnung heran. An bestehenden Verkehrswegen des Bundes (Straße und Schiene) kann bei Überschreitung bestimmter Richtwerte (siehe Tabelle auf der nächsten Seite) eine Lärmsanierung durchgeführt werden, wenn ausreichend Haushaltsmittel zur Verfügung stehen.

Die zukünftige Lärmschutzpolitik muss das Ziel verfolgen, die Belastung aus allen relevanten Lärmquellen in Wohngebieten und der Umgebung von Krankenhäusern und Schulen zu verringern. Der Dauerschallpegel soll dauerhaft auf gesundheitlich unbedenkliche Werte sinken, die Zahl der Menschen, die durch Lärm erheblich belästigt werden, muss verringert werden. Als Qualitätsziel werden hierfür die Präventivwerte angestrebt, die der Rat der Sachverständigen für Umweltfragen vorgeschlagen hat, das sind weniger als 55 Dezibel tagsüber und weniger als 45 Dezibel nachts. Nach Auffassung des interdisziplinären Arbeitskreises für Lärmwirkungsfragen beim Umweltbundesamt sollte in Schlafräumen sogar ein Wert von 25 bis 30 Dezibel nicht überschritten werden.

Das Handlungsziel sollte darin bestehen, die geräuschartspezifischen Richtwerte zu unterschreiten, die für die einzelnen unterschiedlichen Lärmquellen festgelegt sind. Bei konsequenter Umsetzung kann damit die Gesamtbelastung auf ein Minimum reduziert werden.

Erholsamer Schlaf erfordert Ruhe

Foto: Tony Stone

Lärmminderungsplanung als Aufgabe

Die anspruchsvollen Qualitäts- und Handlungsziele können nur durch ein Bündel aus Vorkehrungen zur Verkehrsvermeidung, Maßnahmen an der Lärmquelle, planerischen und sanierenden Maßnahmen erreicht werden. Hierfür steht mit dem Paragraph 47a des Bundes-Immissionsschutzgesetzes das Instrumentarium für Lärmminderungsplanung zur Verfügung. Für diese Planung sind Abwägungskriterien von entscheidender Bedeutung, um innerhalb eines Maßnahmenprogramms Prioritäten setzen zu können. Um das Umweltqualitätsziel zu erreichen, ist ein stufenweises Vorgehen notwendig. Mit höchster Priorität müssen diejenigen Einwohner geschützt werden, die von Gesundheitsgefährdungen und Schlafstörungen betroffen sind. Mittelfristig sollen keine Belastungen auftreten, die höher als 65 Dezibel sind.

Dazu kann folgendermaßen vorgegangen werden:

- Zuerst werden Geräuschsituationen erfasst und Schallimmissionspläne aufgestellt. Dadurch wird eine großflächige Analyse und Ortung bedeutender Lärmemissionen und -immissionen möglich
- Dann wird die Anzahl der betroffenen Einwohner erfasst und ein Ranking in Abhängigkeit von der höchsten Dauerschallbelastung und der Anzahl der betroffenen Bevölkerung erstellt
- Danach muss gemeinsam mit den Behörden, die für die Bauleit-, Verkehrs- und Stadtentwicklungsplanung zuständig sind, festgelegt werden, in welchen Gebieten eine Sanierung erforderlich ist
- Im nächsten Schritt werden Lärmminderungspläne aufgestellt. Sie enthalten Vorschläge für Maßnahmen zur Lärmreduzierung beziehungsweise -sanierung für die jeweiligen Konfliktgebiete
- Am Ende stehen die Lärmsanierungen, das heißt, die Umsetzungen der in den Lärmminderungsplänen vorgeschlagenen Lärmminderungsmaßnahmen

Immissionsgrenz- und Richtwerte für Lärmschutz an Verkehrswegen

	*Vorsorgewerte**		*Sanierungswerte***	
	Am Tag dB(A)	*Nachts dB(A)*	*Am Tag dB(A)*	*Nachts dB(A)*
Krankenhaus-/ Klinikgebiete und Ähnliches	57	47	70	60
Wohngebiete	59	49	70	60
Mischgebiete	64	54	72	62
Gewerbegebiete	69	59	75	65

* *Für neue oder wesentlich geänderte Straßen- und Schienenwege*
** *Für bestehende Straßen und Schienen des Bundes*

Begonnen werden sollte mit einer Lärmsanierung in den Wohngebieten und anderen schutzwürdigen Gebieten, wo der höchste Anteil von Menschen unter Lärmbelastungen über 65 Dezibel leidet. Mittelfristig soll eine Belastung der Bevölkerung mit gesundheitsschädigendem Lärm vermieden werden. In Gegenden mit Belastungen von über 65 Dezibel soll die Schallimmission unter diesen Wert abgesenkt oder die Exposition der Bevölkerung durch andere geeignete Maßnahmen gesenkt werden. Gleichzeitig gilt es, eine zusätzliche Lärmbelastung der Wohnbevölkerung in ruhigen Gebieten zu verhindern, wie sie zum Beispiel durch Verkehrsverlagerung (Schleichwegnutzung) entstehen könnte.

In ausgewählten Konfliktgebieten sollen Möglichkeiten zur Lärmreduzierung durch Gutachter erarbeitet werden. Damit sind Wohngebiete und andere schutzwürdige besonders lärmbelastete Gebiete gemeint. Die Wahl des Konfliktgebietes, für das ein Lärmminderungsplan erarbeitet werden soll, hängt von der Schutzwürdigkeit und von der Anzahl der dort lebenden lärmbetroffenen Menschen ab.

Moderationsverfahren können die Lärmminderungsplanung wirkungsvoll unterstützen. Dadurch können die Belange der verschiedenen Interessengruppen in einem gemeinsamen, sachlich und ergebnisorientiert geführten Dialog gebührend berücksichtigt werden.

Ein weiteres Ziel der Lärmminderungsplanung, insbesondere unter Vorsorgeaspekten, ist es, die städtebauliche Planung wie zum Beispiel die Bauleit- und Entwicklungsplanung, die Sanierungs- und die Verkehrsentwicklungsplanung frühzeitig mit der Lärmminderungsplanung zu verzahnen.

Foto: A. Gaertner

Der erste Schritt der Lärmbekämpfung ist die Messung der Belastung

Überregionale Ziele

Zielebene	*Das Umweltqualitätsziel*	*Das Umwelthandlungsziel*
International	▪ Niemand wird Lärmpegeln ausgesetzt, die seine oder ihre Gesundheit oder Lebensqualität gefährden. ▪ Die Bevölkerung soll keinesfalls höheren nächtlichen äquivalenten Dauerschallpegeln als 65 Dezibel (dB(A)) ausgesetzt sein; ein Pegel von 85 dB(A) sollte niemals überschritten werden. ▪ Für diejenigen Menschen, die bereits nächtlichen äquivalenten Dauerschallpegeln zwischen 55 dB(A) und 65 dB(A) ausgesetzt sind, darf keine Verschlechterung erfolgen. ▪ Für die Menschen, die bereits nächtlichen äquivalenten Dauerschallpegeln unter 55 dB(A) ausgesetzt sind, darf keine Verstärkung der Belastung über diesen Wert hinaus auftreten. (5. Umweltaktionsprogramm der EU-Kommission: „Für eine dauerhafte und umweltgerechte Entwicklung“, ABl. Nr. C 138, 17.05.1993)	Die Verfahren sollen harmonisiert werden bzgl. Erfassen, Beurteilen und Bewerten der Geräuschbelastung, deren Überwachung sowie hinsichtlich der Prognose- und Messverfahren (Aufstellung von Lärmminderungsplänen). Im Straßenverkehr - Die Schallemission der Kraftfahrzeuge soll nach einem fortschrittlichen Stand der Technik begrenzt werden. - Es werden marktwirtschaftliche Anreize geschaffen, um den Einsatz solcher Technik zu fördern. - Es wird eine Schallemissionsbegrenzung für Reifenrollgeräusche eingeführt. - Es sollen geräuscharme Fahrbahnbeläge entwickelt werden. - Es müssen Verkehrskonzepte und -netze erstellt werden. Im Schienenverkehr - Die Schallemissionen von Schienenfahrzeugen müssen begrenzt werden. - Der Schienenverkehr soll gefördert werden, insbesondere der Güterverkehr ist auf die Schiene zu verlagern. - Es soll eine Lärmsanierung transeuropäischer Schienennetze durchgeführt werden. - Bei Verkehrskonzepten, Raumplanung und Verkehrsplanung soll das Thema Lärm stärker berücksichtigt werden.

Zielebene	*Das Umweltqualitätsziel*	*Das Umwelthandlungsziel*
International		Im Flugverkehr - Die Schallemissionsbegrenzung für Flugzeuge soll weiterentwickelt werden. - Für die Begrenzung des Nachtfluglärms müssen verbindliche Regelungen geschaffen werden. Im Freien betriebene Maschinen und Geräte - Emissionsgrenzwerte und eine Kennzeichnungspflicht werden eingeführt. (Grünbuch der EU-Kommission „Künftige Lärmschutzpolitik", KOM(96)540; Rats-Dok. 11419/96; BRat-Drs. 918/96)
National	Die Vorsorgezielwerte für den Dauerschallpegel sollen langfristig erreicht beziehungsweise unterschritten werden: am Tage 55 dB(A) in der Nacht 45 dB(A) (Der Rat von Sachverständigen für Umweltfragen: Sondergutachten Umwelt und Gesundheit 1999, BT-Drucksache 14/2300 vom 15.12.99)	Im Straßen- und Schienenverkehr - Als Auslösekriterium höchster Priorität wird generell für Straßen mit Wohnbebauung ein Wert von 70 dB(A) vorgeschlagen. Der Immissionsgrenzwert für eine Lärmsanierung sollte bei max. 65 dB(A) am Tage für alle Gebiete mit Wohnnutzung liegen, wobei die Werte der 16. BImSchV anzustreben sind. - Mit zweiter Priorität wären Belastungen, die im Bereich zwischen 65 und 70 dB(A) liegen, abzubauen und unter 65 dB(A) zu bringen, wobei die Werte der 16. BImSchV anzustreben sind. Keine Verschlechterung in bestehenden ruhigen Wohngebieten.

Ziele für Hamburg

Worum es geht	*Was die Umweltbehörde will*
Umweltmedium/Bereich	Lärm
Schutzgüter	- Menschliche Gesundheit - Kommunale Lebensqualität
Qualitätsziel - Welcher Zustand wird in der Zukunft angestrebt?	Es herrschen gesicherte ruhige Wohnverhältnisse und ruhige Verhältnisse in schutzwürdigen Gebieten (z. B. Gebiete mit Krankenhäusern und Schulen).
- Operationalisiert: Was bedeutet das konkret?	Die Dauerschallpegel werden unterschritten; dies sind am Tage weniger als 55 dB(A) in der Nacht weniger als 45 dB(A)
Handlungsziel langfristig - Wie soll das Qualitätsziel langfristig erreicht werden?	- Zum Schutz vor schädlichen Umwelteinwirkungen sollen die im BImSchG je nach Lärmverursacher festgelegten Schwellenwerte mittelfristig erreicht und langfristig unterschritten werden. - Die Belastung durch Verkehrslärm wird stufenweise auf die Werte der 16. BImSchV abgesenkt.
- Operationalisiert: Was bedeutet das konkret?	- Die dominierende Hauptgeräuschquelle Verkehr ist reduziert worden. (Beurteilungsgrundlage für den Schienen- und Straßenverkehr ist die Verkehrslärmschutzverordnung (16. BImSchV).) - Die Lärmminderungsplanung wird stärker in die verkehrliche und städtebauliche Planung eingebunden (also in die Bauleit-, Verkehrs- und Stadtteilentwicklungsplanung).
Handlungsziel mittelfristig - Was soll konkret bis 2010 erreicht werden?	Es soll mittelfristig saniert werden mit dem Ziel, die Bevölkerung keinen Dauerschallpegeln vom mehr als 65 dB(A) auszusetzen. Höchste Priorität haben Lärmminderungsmaßnahmen an Straßen mit Wohnungen beziehungsweise in Wohn- und anderen schutzwürdigen Gebieten mit einem Dauerschallpegel von über 65 dB(A).
Indikatoren zur Erfolgskontrolle	- Ist-Soll-Vergleich (nach der Konflikt- bzw. Pegeldifferenzenkarte) - Anzahl der Betroffenen in einem Untersuchungsgebiet - Häufigkeit von Beschwerden

4.3.2 Fluglärm

An zweiter Stelle in der Rangfolge der Lärmquellen steht der Flugverkehr, obwohl nur knapp 3 Prozent der zurückgelegten Kilometer in Deutschland per Flugzeug absolviert werden. Nach Untersuchungen des Umweltbundesamtes fühlt sich in den alten Bundesländern die Hälfte der Bevölkerung vom Fluglärm gestört, in den neuen Bundesländern ist es ein Viertel.

Zwei gegensätzliche Entwicklungen sind im Bereich Fluglärm festzustellen. Einerseits sind die einzelnen Starts und Landungen durch den Einsatz moderner Flugzeuge schon leiser geworden. Anderseits ist die Zahl der Flugbewegungen erheblich angestiegen, am Flughafen Hamburg seit 1980 um rund 50.000 auf 152.000. Ein weiterer Anstieg um noch einmal knapp 50.000 Flugbewegungen wird bis zum Jahre 2010 erwartet. Die Dauerschallpegel sind nach einem Höhepunkt Ende der achtziger Jahre wieder zurückgegangen und befinden sich überwiegend unter dem Niveau der achtziger Jahre.

Dies hat jedoch nicht zu einem Rückgang der Beschwerden geführt, da offensichtlich die Toleranz der Bevölkerung gegenüber Lärm gesunken ist. Die Flugzeuge, die früher das Gros der Flugzeugflotte bildeten, lösen heute regelmäßig Beschwerden aus und werden als unzumutbare Belästigung wahrgenommen.

Die Zahl der Menschen, die in Hamburg von Fluglärm betroffen sind, ist erheblich: Legt man den „Lärmteppich" eines startenden Airbus A310 in alle vier möglichen Bahnrichtungen, so wohnen im Bereich einer 75-Dezibel-Isophone (das ist die Linie, die das Gebiet eines Schallpegels begrenzt) rund 77.000 Menschen. Davon wohnen 30.000 in der Richtung Alsterdorf/Innenstadt, die nur in Ausnahmefällen benutzt wird. Bei der Landung eines A310 sind bei Berücksichtigung aller Bahnrichtungen rund 30.000 Menschen von einem Maximalpegel von 75 Dezibel (dB(A)) und mehr betroffen.

Foto: Lufthansa AG

Der innenstadtnahe Flughafen – ein Lärmproblem für Hamburg

Markt und Ordnungsrecht

Immissionsgrenz- oder -richtwerte sind im Bereich Luftverkehr noch immer nicht definiert. Das Regelwerk des Bundes-Immissionsschutzgesetzes (BImSchG) findet für Flughäfen keine Anwendung.

In Anbetracht der Dynamik, mit der sich der Luftverkehr entwickelt, ist es eher unrealistisch, eine Reduzierung der Dauerschallpegel zu erwarten. Es muss schon als Erfolg gewertet werden, wenn diese trotz der starken Zunahme der Flugbewegungen nicht ansteigen. Eben dieses Ziel verfolgt die 1998 in Hamburg eingeführte Fluglärmkontingentierung, die den Fluglärm des Jahres 1997 als Obergrenze festschreibt. Gemessen wird dies anhand der Fläche, die von einem Dauerschallpegel von 62 Dezibel und mehr belastet wird (1997 waren das 20,4 Quadratkilometer). Die Zahl der Flugbewegungen darf danach nur in dem Maße zunehmen, wie die einzelnen Flugbewegungen leiser werden. Beeinflusst werden soll dies durch eine geplante weitere Differenzierung der Flughafenentgelte nach den Lärm- (und Schadstoff-) Emissionen der Flugzeuge.

Ein weiteres Problem ist der zunehmende nächtliche Flugverkehr. Zwar sind von den 6.500 Flugbewegungen, die 1998 zwischen 22 und 6 Uhr stattgefunden haben, drei Viertel auf die letzte Stunde der regulären Betriebszeit entfallen, also auf die Zeit zwischen 22 und 23 Uhr.

Dennoch bleiben im Schnitt täglich fünf Flugbewegungen, die nachts außerhalb der Betriebszeit des Flughafens stattfinden. Es wird sich zeigen, ob das angestrebte Ziel einer Reduzierung des nächtlichen Fluglärms durch marktwirtschaftliche Maßnahmen erreicht werden kann – das heißt durch die stärkere Entgeltdifferenzierung nach Zeit und Lärm – oder ob administrative Maßnahmen notwendig sind.

Wo der unvermeidliche Lärm das zumutbare Maß überschreitet, bleibt nur die Möglichkeit des passiven Schallschutzes. Dem dient das vierte Schallschutzprogramm des Flughafens, das mit einem Volumen von rund 10 Millionen Mark bis zum Jahr 2002 läuft. Zusätzlich ist der Flughafen im Rahmen seiner Erweiterung verpflichtet, überall dort aktive Belüftung (auf Wunsch) in Schlaf- und Kinderzimmer einzubauen, wo nach 22 Uhr ein Maximalpegel von 75 Dezibel zweimal erreicht oder überschritten wird. Das ermöglicht eine ausreichende Belüftung auch bei geschlossenen Fenstern.

Zum aktiven Lärmschutz gehört auch, eine Verschärfung des Konflikts zwischen Flughafen und Wohnnutzung durch Siedlungsbeschränkungen im Flughafenumfeld zu verhindern.

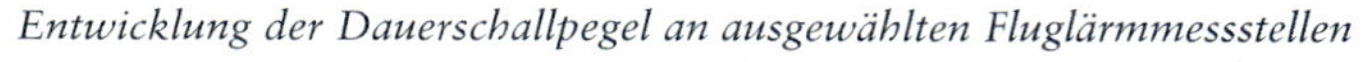

Entwicklung der Dauerschallpegel an ausgewählten Fluglärmmessstellen

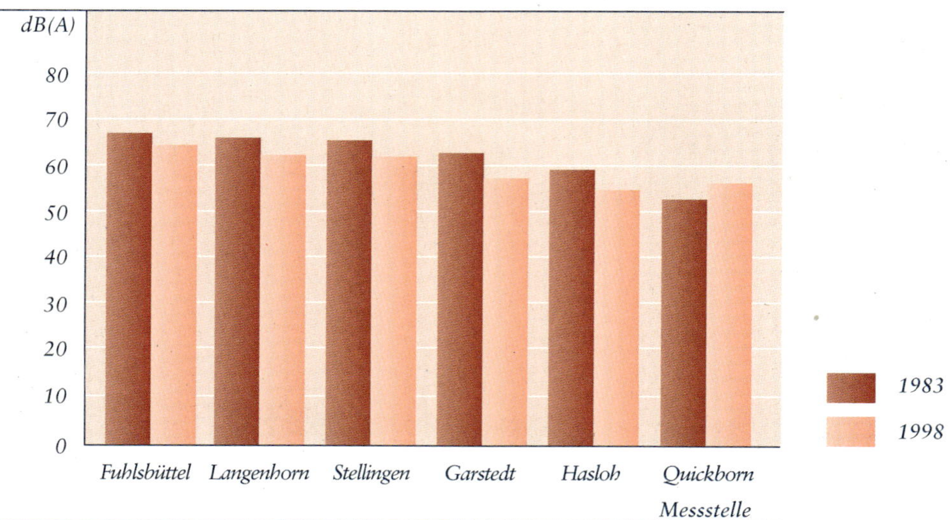

Ziele für Hamburg

Worum es geht	*Was die Umweltbehörde will*
Umweltmedium/Bereich	Lärmschutz – Fluglärm –
Schutzgüter	▪ Menschliche Gesundheit ▪ Kommunale Lebensqualität
Qualitätsziel ▪ Welcher Zustand wird in der Zukunft angestrebt?	Umweltqualitätsziele für die Wohnnutzung schließen die Nutzung des Außenbereichs ein. Qualitätsziele für die Wohnnutzung in der näheren Umgebung eines Verkehrsflughafens zu formulieren, ist deshalb nicht möglich.
Handlungsziel langfristig ▪ Wie soll das Qualitätsziel langfristig erreicht werden?	▪ Ein Anstieg der Lärmbelastungen soll trotz zunehmender Zahl an Flugbewegungen verhindert werden durch Festlegung eines Dauerschallpegels als Obergrenze der Lärmbelastung (Lärmkontingent). ▪ Stark belastete Flächen sollen von zusätzlicher Wohnbebauung freigehalten werden.
Handlungsziel mittelfristig ▪ Was soll konkret bis 2010 erreicht werden?	▪ Emissionsabhängige Landeentgelte werden eingeführt beziehungsweise stärker differenziert. ▪ Die Flugbewegungen werden in den Tagesrandzeiten und der Nacht eingeschränkt. ▪ Der am Boden emittierte Lärm wird reduziert (z. B. durch den Bau einer zweiten Lärmschutzhalle). ▪ Die Abflugrouten werden optimiert. ▪ Der passive Schallschutz wird gefördert. ▪ Es werden verschärfte Bau- und Nutzungsbeschränkungen festgelegt.
Indikatoren zur Erfolgskontrolle	▪ Ist-Soll-Vergleich des Lärmkontingents (jährliche Überprüfung) ▪ Ausstattung der Gebäude mit passivem Schallschutz ▪ Zahl nächtlicher Flugbewegungen ▪ Beschwerdehäufigkeit

4.4 Strahlenschutz

Die gesundheitsschädigende Wirkung ionisierender Strahlung ist schon lange bekannt. Bereits Mitte der zwanziger Jahre wurden auf internationaler Ebene Kommissionen zur Bewertung des Strahlenrisikos eingesetzt; sie haben mit ihren Verfahrens- und Grenzwertempfehlungen die Grundlage für den Strahlenschutz gelegt. Spätere Erfahrungen – wie etwa mit dem Bau der ersten Atombomben der USA, mit den Auswirkungen der Explosion dieser Bomben in Hiroshima und Nagasaki, dem Fallout der oberirdischen Atombombentests und schließlich den Auswirkungen des Reaktorunfalls von Tschernobyl – haben dazu beigetragen, dass ionisierende Strahlung und Radioaktivität in der Öffentlichkeit als sehr hohe Risiken wahrgenommen werden.

Deshalb gehört ionisierende Strahlung heute zu denjenigen Risikofaktoren in der Umwelt, die am besten untersucht sind. Es gibt ein international weithin anerkanntes Strahlenschutzkonzept mit den drei Prinzipien Rechtfertigung jeder Strahlenanwendung, Begrenzung der Strahlenexposition durch Grenzwerte und Optimierung auf einen Wert, der so niedrig ist wie vernünftigerweise erreichbar. Dieses Konzept ist die Grundlage der meisten nationalen Strahlenschutzregelwerke und wird kontinuierlich weiterentwickelt. Vorrangiges Ziel des Strahlenschutzes ist der Schutz der menschlichen Gesundheit.

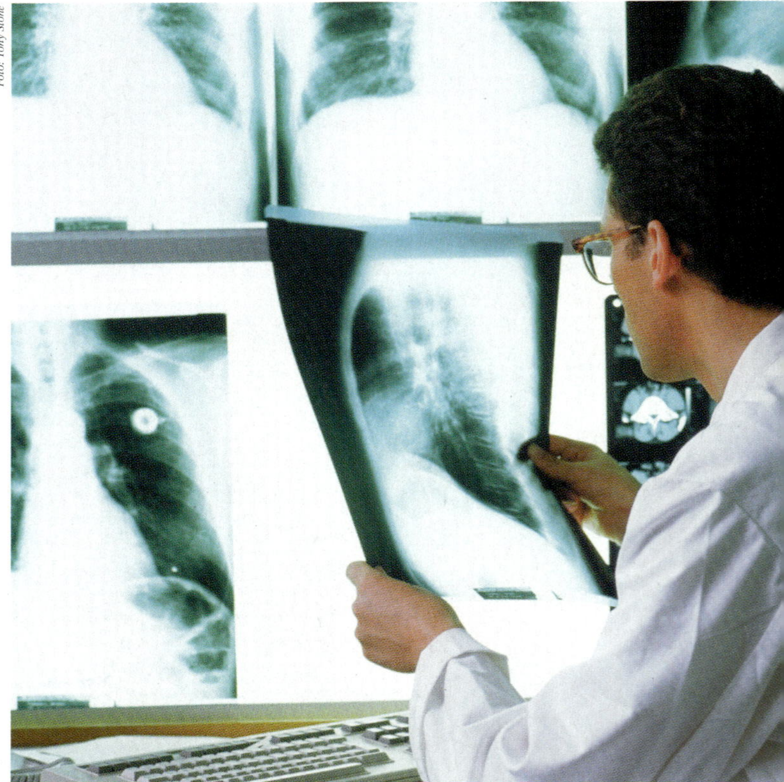

Foto: Tony Stone

Röntgentaufnahme

4.4.1 Radioaktivität und ionisierende Strahlung

Natürliche und zivilisatorische Strahlung

Ionisierende Strahlung und Radioaktivität sind einerseits natürliche Bestandteile der Umwelt. Andererseits werden ionisierende Strahlen und radioaktive Stoffe künstlich als Haupt- oder Nebenprodukt bei technischen Prozessen erzeugt. Natürliche und künstliche ionisierende Strahlung sind gleichermaßen gesundheitsschädlich.

Die mittlere jährliche Strahlenexposition der Bevölkerung in der Bundesrepublik Deutschland ist relativ konstant und beträgt etwa 4 Millisievert (mSv). Davon sind etwa 60 Prozent natürlichen Ursprungs und rund 40 Prozent stammen aus künstlichen Strahlenquellen.

Die effektive Dosis durch die natürliche Strahlenexposition aus dem Weltraum, dem Boden und der Nahrung liegt bei 2,4 Millisievert pro Jahr. Davon entfallen circa 1,4 Millisievert auf das natürliche radioaktive Edelgas Radon, das aus radonhaltigem Gestein stammt und vor allem in den südostdeutschen Bergbaugebieten erhöht auftritt. Hohe Radonbelastungen in Wohnräumen erhöhen das Lungenkrebsrisiko.

Die effektive Dosis an künstlicher Strahlung liegt bei 1,6 Millisievert pro Jahr und wird größtenteils durch die Anwendung radioaktiver Stoffe und ionisierender Strahlung in der Medizin verursacht, besonders in der Röntgendiagnostik. Die medizinisch bedingte Strahlenexposition ist ungleichmäßig auf die Bevölkerung verteilt.

Kernkraftwerke und sonstige kerntechnische Anlagen tragen im Normalbetrieb dazu gegenwärtig weniger als 0,01 Millisievert bei. Die Jahresemissionen radioaktiver Stoffe lagen in den vergangenen Jahren bei allen kerntechnischen Anlagen deutlich unterhalb der genehmigten Werte.

Das AKW Stade soll im Jahr 2003 stillgelegt werden

Foto: e.on Kernkraft GmbH

Die hiesige Belastung, die durch den Unfall im Atomkraftwerk Tschernobyl verursacht wurde, nimmt mit dem zeitlichen Abstand zum Unfalljahr ab. Sie lag 1998 im Mittel bei weniger als 0,015 Millisievert. Ebenfalls rückläufig ist die Strahlenbelastung durch die Kernwaffenversuche, die in den vergangenen Jahrzehnten in der Atmosphäre stattgefunden haben.

Bei den rund 330.000 beruflich mit Strahlung belasteten Personen nimmt die kollektive Strahlenexposition seit 1991 ab. Rund 85 Prozent der Dosiswerte bei den amtlich überwachten Personen liegen niedriger als die untere Messbereichsgrenze von 0,2 Millisievert.

Strahlenbelastung weiter senken

Die Bevölkerung der Bundesrepublik ist insgesamt einer geringen Strahlenbelastung ausgesetzt. Um dieses niedrige Belastungsniveau zu halten, bedarf es einer sorgfältigen Überwachung im Rahmen der Strahlenschutzvorsorge sowie eines angemessenen Regelwerks für den Umgang mit allen Arten von Strahlenquellen. Die Bewertungskriterien für die Risiken ionisierender Strahlung und die Grundlagen der Grenzwertsetzung müssen regelmäßig überprüft und aktualisiert werden. In diesen Zusammenhang gehört auch die Novellierung der Strahlenschutzverordnung auf der Grundlage der Vorgaben der EU-Grundnorm 96/29/EURATOM und der Patientenschutzrichtlinie 97/43/EURATOM.

Darüber hinaus ist es das Ziel der Bundesregierung, die Strahlenbelastung der Bevölkerung im Sinne der Nachhaltigkeit weiter zu senken. Die größten Potenziale zur Reduzierung der Strahlenexposition durch natürliche Strahlung bestehen in der Reduzierung der Radonbelastung in Wohnungen. Man geht davon aus, dass bei etwa einem Prozent der Gebäude Maßnahmen zur Reduzierung des Radonpegels angezeigt sind. In Sachsen und Thüringen müssen zudem die Altlasten des Uranbergbaus saniert werden, um die lokal erhöhte Strahlenbelastung zu senken.

Bei der künstlichen Strahlung kann im medizinischen Bereich am meisten gemindert werden. In jedem Einzelfall muss die Notwendigkeit einer Strahlenbelastung bei einer Untersuchung oder Therapie gegenüber dem medizinischen Nutzen für den Patienten abgewogen sein. In einer Arbeitsgruppe auf Bundesebene sollen dazu Empfehlungen zur Bewertung von medizinischen Untersuchungsverfahren – wie zum Beispiel diagnostische Referenzwerte – erarbeitet werden.

Die Bundesregierung will auf der Grundlage der Konsensvereinbarung vom Juni 2000 die Nutzung der Kernenergie beenden, um zwei Ziele zu erreichen. Das Risiko eines verheerenden Unfalls soll gemindert und die Strahlenbelastung der Bevölkerung reduziert werden. Da die Strahlung, die aus dem Normalbetrieb der Kernkraftwerke resultiert, nach derzeitiger Kenntnis kein vorrangiges umweltmedizinisches Problem darstellt, liegt das Schwergewicht hier auf der Vermeidung oder Verminderung von Risiken durch Stör- und Unfälle. Auf Bundesebene wird an der Weiterentwicklung von Methoden der Bewertung verschiedener Umweltrisiken gearbeitet.

Das Schutzniveau sichern

Die Strahlenbelastung durch Radon in Wohnräumen stellt in Hamburg kein Problem dar, weil die geologischen Voraussetzungen fehlen. Die Raumluftkonzentrationen liegen im Raum Hamburg zu mehr als 99 Prozent unterhalb des Wertes, ab dem überhaupt einfache Sanierungsmaßnahmen als gerechtfertigt eingestuft werden können. Altlasten des Bergbaus gibt es in Hamburg nicht.

Keine Umwelthandlungsziele im engeren Sinne sind die Reduzierung der Strahlenexposition bei der medizinischen Strahlenanwendung sowie die Überwachung der beruflich strahlenexponierten Personen in den Bereichen Medizin, Forschung und Technik. Diese Aufgaben liegen im Zuständigkeitsbereich der Behörde für Arbeit, Gesundheit und Soziales.

In einem von der Umweltbehörde beauftragten Unfallfolgegutachten wurden die Auswirkungen eines Unfalls eines Kernkraftwerkes für Hamburg untersucht. Danach hätte ein schwerer Unfall in einem der Kernkraftwerke in der Umgebung katastrophale Auswirkungen auf den Ballungsraum Hamburg. Bei einem sehr unwahrscheinlichen, aber nicht völlig auszuschließenden Unfall im Kernkraftwerk Krümmel mit hohen radioaktiven Freisetzungen und Wind in Richtung Hamburg müssten bis zu 1,2 Millionen Personen evakuiert werden.

Durch die Strahlenexposition während und unmittelbar nach dem Durchzug der Wolke müssten 45.000 bis 110.000 Menschen in den folgenden Jahrzehnten mit einer tödlichen Krebserkrankung rechnen. Aufgrund der Kontamination von Stadtflächen könnten Flächen von bis zu 460 Quadratkilometern nicht mehr oder nur eingeschränkt genutzt werden. Ein wesentliches Umwelthandlungsziel ist daher der Verzicht auf die Kernenergienutzung und für die Übergangszeit bis zum endgültigen Verzicht auf die Kernenergie die Risikovorsorge und die Risikominderung.

Die zukünftigen Aufgaben im Umweltbereich bestehen darin, das erreichte Schutzniveau zu sichern: erstens durch sorgfältige Überwachung der Umweltmedien auf Radioaktivität im Rahmen der Strahlenschutzvorsorge, zweitens in der Risikovorsorge durch Katastrophenschutzvorbereitungen gegenüber Stör- und Unfällen in kerntechnischen Anlagen sowie drittens in der Risikominderung durch geeignete politische Initiativen im Bereich der Kernenergiepolitik.

Von herausragender Bedeutung wird es sein, geeignete Kriterien zur Bewertung von Endlagerstandorten zu finden. In einem transparenten und öffentlich akzeptablen Verfahren ausgewählt, sollen diese Kriterien in einigen Jahren dazu dienen, einen Standort für ein Endlager für abgebrannte Brennelemente auszuwählen.

Überregionale Ziele

Zielebene	*Das Umweltqualitätsziel*	*Das Umwelthandlungsziel*
International	Die Gesundheit von Arbeitskräften und Bevölkerung soll vor den Gefahren durch ionisierende Strahlungen geschützt werden. (IAEA: Basic Safety Standards for the protection against ionizing radiation and for the safety of radiation sources (1996)) (EU-Rat: Richtlinie 9629/EURATOM des Rates zur Festlegung der grundlegenden Sicherheitsnormen für den Schutz der Gesundheit der Arbeitskräfte und der Bevölkerung gegen die Gefahren durch ionisierende Strahlungen (1996))	▪ Die drei Strahlenschutz-Grundprinzipien sind bei jeder kontrollierbaren Anwendung ionisierender Strahlung einzuhalten: - Rechtfertigung der Strahlenanwendung - Begrenzung durch Grenzwerte - Optimierung – die Exposition ist so gering wie sinnvollerweise erreichbar ▪ Es müssen organisatorische und planerische Vorbereitungen für den Fall möglicher radiologischer Notstandssituationen getroffen sowie die Bevölkerung informiert und aufgeklärt werden.
National	▪ Die Strahlenbelastung soll weiter gesenkt werden in den Bereichen: - Medizin - zivilisatorische Strahlenbelastung - natürliche Strahlung - durch menschlichen Eingriff erhöhte natürliche Strahlung ▪ Die Grundlagen für den gesellschaftlichen Umgang mit Risiken sind zu verbessern. (BMU: Nachhaltige Entwicklung in Deutschland – Entwurf eines umweltpolitischen Schwerpunktprogramms (1998)) (BMU/BMG: Dokumentation zum Aktionsprogramm Gesundheit und Umwelt (1999))	▪ Die Radonbelastung in Innenräumen soll auf die von der EU empfohlenen Werte vermindert werden. ▪ Die Altlasten des Uranbergbaus in den südöstlichen Bundesländern müssen saniert werden. ▪ Die EU-Grundnorm und die Patientenrichtlinie soll im Rahmen der Novelle der Strahlenschutzverordnung und der Röntgenverordnung umgesetzt werden. ▪ Eine umfassende Risikomanagementstrategie ist zu entwickeln. ▪ Es soll ein Konzept für eine ganzheitliche Betrachtung aller umweltbedingten Gesundheitsrisiken entwickelt werden (ganzheitliche Risikobewertung). ▪ Die Kernenergienutzung wird gemäß den Konsensvereinbarungen zwischen der Bundesregierung und den Energieversorgungsunternehmen vom 14.06.2000 beendet.

Ziele für Hamburg

Worum es geht	*Was die Umweltbehörde will*
Umweltmedium/Bereich	Boden, Luft, Wasser – Risikovorsorge –
Schutzgüter	▪ Menschliche Gesundheit
Qualitätsziel ▪ Welcher Zustand wird in der Zukunft angestrebt?	▪ Die menschliche Gesundheit wird nicht durch Radioaktivität und ionisierende Strahlung in der Umwelt beeinträchtigt. ▪ Die Energieversorgung basiert nicht mehr auf Kernenergie.
▪ Operationalisiert: Was bedeutet das konkret?	Die mittlere Strahlenexposition der Bevölkerung in Hamburg hat nicht zugenommen und tut es weiterhin nicht. (Hinweis: Dies gilt ohne Betrachtung der medizinischen Strahlenexposition.)
Handlungsziel langfristig ▪ Wie soll das Qualitätsziel langfristig erreicht werden?	▪ Auf die Weiterentwicklung des Strahlenschutzregelwerks soll mit dem Ziel Einfluss genommen werden, die Strahlenschutzgrundprinzipien Rechtfertigung, Begrenzung und Optimierung konsequent anzuwenden. ▪ Zur Risikovorsorge sind für den Fall unfallbedingter Freisetzungen von radioaktiven Stoffen aus kerntechnischen Anlagen im In- und Ausland angemessene Katastrophenschutzvorbereitungen zu treffen.
▪ Operationalisiert: Was bedeutet das konkret?	Künstliche radioaktive Stoffe in Boden, Wasser, Luft, Nahrungsmitteln, Futtermitteln und Bedarfsgegenständen nehmen nicht zu.
Handlungsziel mittelfristig ▪ Was soll konkret bis 2010 erreicht werden?	Die Kernkraftwerke in der Umgebung Hamburgs werden abgeschaltet.
Indikatoren zur Erfolgskontrolle	▪ Entwicklungen der Radioaktivitätskonzentrationen in Boden, Wasser, Luft, Nahrungsmitteln, Futtermitteln und Bedarfsgegenständen

4.4.2 Nichtionisierende Strahlung

Elektromagnetische Felder und Wellen kommen in der Natur vor – vom statischen elektrischen und magnetischen Feld der Erde bis zur Ultraviolettstrahlung als Komponente des Sonnenlichts. Sie sind Bestandteil der natürlichen Lebensumwelt des Menschen. Außerdem entstehen sie bei nahezu allen technischen Prozessen der Energie- und Informationsübertragung. Man bezeichnet sie auch als nichtionisierende Strahlung, weil ihre Energiequanten im Gegensatz zur ionisierenden Strahlung nicht stark genug sind, um die Bindungen von Biomolekülen aufzubrechen und sie zu ionisieren. Gleichwohl haben elektromagnetische Felder und Wellen Auswirkungen auf lebende Organismen. Sie können auf verschiedene Arten die Gesundheit beeinträchtigen.

48 Millionen Handys

In den jüngsten Jahrzehnten hat die Zahl und Vielfalt der Quellen elektromagnetischer Felder (EMF) in einem noch nie da gewesenen Ausmaß zugenommen. Ursache ist die ausufernde Nutzung der Elektrizität und ganz besonders die Informationstechnologie.

Mobiltelefonieren ist eine Quelle elektromagnetischer Strahlung

Foto: Premium

Hochspannungsleitungen, Mobiltelefone, Computer, Radio, Fernsehen, Mikrowellenherde, Diebstahlsicherungsanlagen, Radar und viele weitere Einrichtungen in Industrie und Medizin sind Bestandteile unseres Lebens geworden und tragen wesentlich zur Sicherheit, zum Komfort und zum Wohlstand unserer modernen Gesellschaft bei. Seit 1999 ist die Telekommunikation zusammen mit der Informationstechnik die umsatzstärkste Wirtschaftsbranche in Deutschland. Bis zum Ende des Jahres 2000 wird in Deutschland mit etwa 48 Millionen Mobilfunkteilnehmern gerechnet. Dies macht einen entsprechenden Ausbau der Netze erforderlich. In Hamburg sind zuletzt jährlich etwa 100 Standorte von Mobilfunkbasisstationen neu errichtet worden.

Gleichzeitig lösen diese Technologien Bedenken über mögliche gesundheitliche Gefahren aus, die von den elektromagnetischen Feldern ausgehen. Gut bekannt sind mittlerweile Effekte durch Reizwirkungen, zum Beispiel werden Körperströme induziert und Strahlungsenergie wird als Wärme absorbiert. Diese Reizwirkungen können vor allem als akute Effekte oberhalb bestimmter Wirkungsschwellen in Form von Nervenimpulsen und Muskelzuckungen in Erscheinung treten. Darüber hinaus gibt es aber auch Verdachtsmomente, die zum Beispiel auf die Möglichkeit hindeuten, es könnten bei lang andauernder Einwirkung Krebserkrankungen ausgelöst oder begünstigt werden.

In wissenschaftlichen Studien liegen die untersuchten Gesundheitseffekte oft am Rande des statistisch Nachweisbaren; man kennt keinen plausiblen Wirkungsmechanismus für die Krebsauslösung durch elektromagnetische Felder und es gibt kein wissenschaftlich bestätigtes Expositionsmaß. Das tatsächliche Ausmaß des gesundheitlichen Risikos lässt sich daher zurzeit noch nicht abschließend beurteilen.

Der Konflikt, der zwischen den Bedenken über mögliche gesundheitliche Gefahren elektromagnetischer Felder einerseits und dem Ausbau der Energieverteilungs- und Telekommunikationssysteme andererseits besteht, hat eine beträchtliche wirtschaftliche Bedeutung. Besonders wenn Hochspannungsfreileitungen und Mobilfunkbasisstationen errichtet werden, stößt das immer wieder auf den Widerstand der Öffentlichkeit. Aus diesem Grund gibt es weltweit Bestrebungen, zu einer international akzeptierten Bewertung zu finden, welche gesundheitlichen Auswirkungen elektromagnetische Felder haben, um auf dieser Grundlage verbindliche Regelungen für den Umgang mit ihnen festzulegen.

Internationale Empfehlungen

Die Weltgesundheitsorganisation (WHO) hat 1996 das internationale EMF-Projekt ins Leben gerufen. Über eine Laufzeit von 5 Jahren soll es die Erkenntnisse bedeutender nationaler und internationaler wissenschaftlicher Einrichtungen zusammentragen und Ressourcen koordinieren, um Wissenslücken zu schließen und zu einer wissenschaftlich fundierten und unabhängigen Empfehlung zu kommen. Die „International Commission for Non Ionizing Radiation Protection" (ICNIRP) hat als wissenschaftliches Expertengremium den bisherigen Wissensstand ausgewertet und zuletzt im Jahr 1998 Grenzwertempfehlungen für den Schutz von Arbeitnehmern und Bevölkerung vor den gesundheitlichen Auswirkungen von elektromagnetischen Feldern (EMF) veröffentlicht. Auf den ICNIRP-Empfehlungen beruht die Verordnung über elektromagnetische Felder (26. BImSchV). 1997 in Kraft getreten, regelt sie in Deutschland für die Allgemeinbevölkerung den Schutz vor elektromagnetischen Feldern, die von Anlagen im Regelungsbereich des Bundes-Immissionsschutzgesetzes ausgehen. Weitere Regelungen bestehen für den Arbeitsschutz.

Entwicklung der Mobilfunkteilnehmerzahlen in Deutschland

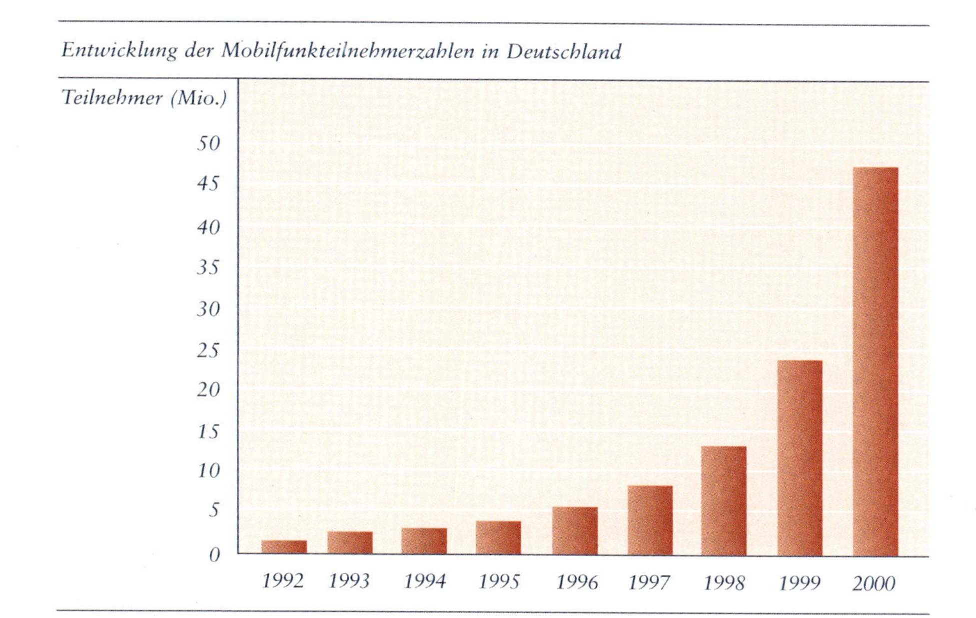

Die tatsächliche Belastung der Bevölkerung in der Bundesrepublik mit elektromagnetischen Feldern ist im Vergleich zu den Grenzwerten der 26. Bundes-Immissionsschutzverordnung niedrig. Im Niederfrequenzbereich liegen die Immissionen in der unmittelbaren Nähe von Anlagen etwa bei einem Zehntel der aktuellen Grenzwerte. Überschreitungen kommen an Orten, an denen sich dauerhaft Menschen aufhalten, kaum vor.

Messungen in Bayern haben ergeben, dass der Tagesmittelwert der Exposition durch niederfrequente magnetische Felder für Stadtbewohner bei 0,12 Mikrotesla liegt und für Bewohner ländlicher Gebiete unter 0,1 Mikrotesla. Der Grenzwert beträgt 100 Mikrotesla. Der Wert von 0,2 Mikrotesla wird in vielen epidemiologischen Studien als Schwelle angesehen, jenseits derer ein Kollektiv als „höher exponiert“ gilt. Dieser Wert wurde von 2,4 Prozent der Teilnehmer der bayrischen Studie überschritten. Im Hochfrequenzbereich hat eine bundesweite Messaktion der Regulierungsbehörde für Telekommunikation und Post ergeben, dass die Immissionen an nahezu allen Messpunkten um mehr als das 100fache unterhalb der Grenzwerte liegen.

Für den Bereich der elektromagnetischen Felder lautet die Aufgabe im nationalen Bereich vor allem, sich an der Vervollständigung und Absicherung der wissenschaftlichen Erkenntnisse zu beteiligen, die als Grundlage für die Festlegung von Grenzwerten und Schutzkonzepten dienen. Vor dem Hintergrund der Exposition durch elektromagnetische Felder, die mit dem technischen Fortschritt ständig zunimmt, hat dies auch das Ziel, eventuelle Fehlentwicklungen zu erkennen, um ihnen gegensteuern zu können. Der aktuelle Erkenntnisstand muss jeweils in ein geeignetes Regelwerk umgesetzt werden. Die 26. Bundes-Immissionsschutzverordnung von 1997 bedarf aus diesem Grund der Novellierung.

Solare UV-Strahlung schadet

Übermäßige Bestrahlung mit den natürlichen ultravioletten (UV) Bestandteilen des Sonnenlichts fördert die Entstehung von Hautkrebs und Trübungen der Augenlinse („grauer Star“) und steht zusätzlich im Verdacht, das Immunsystem zu schwächen. Eine Abnahme der Ozonschicht der Stratosphäre durch Einwirkung klimawirksamer Gase führt zu einer Verringerung der UV-Absorption in der Atmosphäre. Wenn die UV-Einstrahlung zunimmt, ist ein Ansteigen der genannten Erkrankungen zu befürchten.

Eine weitere wesentliche Ursache dafür, dass Hautkrebserkrankungen zugenommen haben, besteht in der erhöhten UV-Exposition infolge eines geänderten Freizeit- und Sozialverhaltens. Das gilt vor allem für den hellhäutigen Teil der Weltbevölkerung. Pro Jahr erkranken weltweit mehr als 2 Millionen Menschen neu an Hautkrebs, davon 200.000 an malignen Melanomen, mit zunehmender Tendenz. Ferner kommt es zu jährlich 3 Millionen Erblindungen durch grauen Star.

Die UN-Konferenz in Rio de Janeiro 1992 hat deshalb in die Agenda 21 die dringende Forderung aufgenommen, die gesundheitlichen Folgen einer zunehmenden UV-Exposition als Folge der Abnahme der stratosphärischen Ozonschicht zu erforschen und nach geeigneten Schutzmaßnahmen zu suchen.

Die solare UV-Einstrahlung hängt von der Dicke der Ozonschicht, vom Sonnenstand und der geographischen Breite, vom Wolkenbedeckungsgrad und vom Gehalt der Atmosphäre an Dunst, Luftverunreinigungen und Spurengasen ab. Als Maß für die biologisch wirksame Bestrahlungsstärke wird der UV-Index (UVI) benutzt. Im Sommer kann der UV-Index in Deutschland Werte von sechs (Norddeutschland) bis acht (Süddeutschland) annehmen. In Äquatornähe erreicht der UV-Index Werte bis 13. Ein Schwerpunkt der Maßnahmen zur Verbesserung des Schutzes vor solarer UV-Strahlung besteht in der Information der Bevölkerung und darin, Schutzmaßnahmen zu empfehlen und für eine Verhaltensanpassung zu werben. Allerdings ist diese Aufgabe, ebenso wie das Monitoring von UV-induzierten Gesundheitsschäden, nicht im Umweltbereich angesiedelt. Die Bundesrepublik beteiligt sich schwerpunktmäßig an der messtechnischen Erfassung der solaren UV-Einstrahlung, um Vorhersagen der Auswirkungen auf Gesundheit und Umwelt infolge des Abbaus der Ozonschicht mitentwickeln zu können. Zum Schutz vor einem globalen Anstieg der solaren UV-Einstrahlung will Deutschland diejenigen internationalen Vereinbarungen umsetzen, die die Emissionen der Treibhausgase vermindern, die die Ozonschicht schädigen.

Handlungsfelder in Hamburg

Hamburg hat als Metropolregion und Industriestandort eine hohe Dichte von Kommunikationsnetzen und Energieverteilungssystemen. Deshalb muss hier besonders vorausschauend mit möglichen Risiken durch elektromgnetische Felder umgegangen werden. Neben dem Vollzug bestehender Regelungen (26. Bundes-Immissionsschutzverordnung) steht daher die Aufgabe im Vordergrund, den jeweils aktuellen wissenschaftlichen Erkenntnisstand in angemessene Schutzkonzepte umzusetzen. Dazu gehören auch Vermeidungs- und Minderungsstrategien, die über den Geltungsbereich des gesetzlichen Regelwerks hinausgehen und die es auf kommunaler Ebene anzuwenden gilt (zum Beispiel Empfehlungen für Bauvorhaben in der Nähe von Hochspannungsfreileitungen).

Um einen angemessenen Umgang mit elektromagnetischen Feldern zu erreichen, soll der Dialog zwischen der betroffenen Bevölkerung, den Anlagenbetreibern und den Behörden weiterentwickelt werden. Beabsichtigt ist auch, ein Informationsangebot über bestehende und vermutete Risiken sowie über Schutzkonzepte und Vermeidungsstrategien bereitzustellen.

Foto: Bavaria

Hochspannungsleitung

Überregionale Ziele

Zielebene	*Das Umweltqualitätsziel*	*Das Umwelthandlungsziel*
International	▪ Die Menschen sollen vor den möglichen gesundheitlichen Auswirkungen elektromagnetischer Felder geschützt werden. ▪ Die Menschen sind vor den Auswirkungen einer erhöhten solaren UV-Strahlung zu schützen. (WHO: International EMF Project, Health and environmental effects of exposure to static and time varying electric and magnetic fields (1999); World Environment Conference, Agenda 21 (1992); WHO, UNEP, ICNIRP: Environmetal Health Criteria 160, Ultraviolet Radiation (1994))	▪ Die wissenschaftlichen Erkenntnisse über die Wirkung elektromagnetischer Felder auf den Menschen sollen durch ein internationales Forschungsprojekt vertieft werden. ▪ Es werden Leitlinien und Empfehlungen für Richtwerte zum Schutz vor elektromagnetischen Feldern auf der Basis des Forschungsprogramms erarbeitet. ▪ Es sind Vorhersagen zu entwickeln, wie sich die Veränderung der solaren UV-Einstrahlung infolge des Abbaus der Ozonschicht auf Gesundheit und Umwelt auswirken werden. ▪ Für UV-induzierte Gesundheitsschäden sollen praktische Monitoringmethoden entwickelt werden. ▪ Die nationalen Behörden sollen Informationen über die gesundheitsschädigenden Auswirkungen von erhöhter solarer UV-Strahlung und über geeignete Schutzmaßnahmen bereitstellen.
National	▪ Die Menschen sollen vor den möglichen gesundheitlichen Auswirkungen elektromagnetischer Felder geschützt werden. ▪ Die Menschen sind vor den Auswirkungen einer erhöhten solaren UV-Strahlung zu schützen. (BMU/BMG: Dokumentation zum Aktionsprogramm Gesundheit und Umwelt (1999); BMU: Nachhaltige Entwicklung in Deutschland – Entwurf eines umweltpolitischen Schwerpunktprogramms (1998))	▪ Die Verordnung über elektromagnetische Felder muss novelliert werden. ▪ Eine umfassende Risikomanagementstrategie soll entwickelt werden. ▪ Für die Etablierung einer ganzheitlichen Risikoabwägung soll ein Konzept erarbeitet werden, das alle umweltbedingten Gesundheitsrisiken betrachtet. ▪ Die solare UV-Einstrahlung ist zu überwachen. ▪ Die Treibhausgasemissionen sind gemäß den internationalen Protokollen von Montreal und Kyoto zu vermindern (siehe Kapitel 3 Klimaschutz).

Ziele für Hamburg

Worum es geht	*Was die Umweltbehörde will*
Umweltmedium/Bereich	Nichtionisierende Strahlung/Elektromagnetische Felder – Risikovorsorge –
Schutzgüter	▪ Menschliche Gesundheit
Qualitätsziel ▪ Welcher Zustand wird in der Zukunft angestrebt?	▪ Gesundheitsschädigende Einwirkungen durch elektromagnetische Felder werden verhindert. ▪ Einwirkungen durch solche elektromagnetischen Felder, die nach dem Stand der Technik unvermeidbar sind, werden beschränkt. ▪ Es muss Vorsorge getroffen werden, um auch bisher unbekannten oder unbestätigten Risiken durch die Einwirkung elektromagnetischer Felder begegnen zu können.
Handlungsziel langfristig ▪ Wie soll das Qualitätsziel langfristig erreicht werden?	▪ Der jeweils aktuelle wissenschaftliche Erkenntnisstand muss in angemessene Schutzkonzepte umgesetzt werden. ▪ Auf kommunaler Ebene sollen angemessene Vermeidungs- und Minderungsstrategien eingeführt werden, mit dem Ziel, Risiken durch vermutete, aber unbestätigte gesundheitliche Auswirkungen elektromagnetischer Felder unterhalb der Grenzwerte zu vermindern.
Handlungsziel mittelfristig ▪ Was soll konkret bis 2010 erreicht werden?	▪ Das Rechtsetzungsverfahren soll über Bundesrat und Bund-Länder-Arbeitskreise beeinflusst werden. ▪ Es müssen angemessene Vermeidungs- und Minderungsstrategien zwischen den beteiligten kommunalen Institutionen abgestimmt werden. ▪ Betreiber sollen bzgl. angemessener Vermeidungs- und Minderungsstrategien beraten werden. ▪ Die Bevölkerung wird über bestehende und vermutete Risiken, über Schutzkonzepte und Vermeidungs- und Minderungsstrategien informiert.
Indikatoren zur Erfolgskontrolle	(Eine geeignete Indikatorgröße ist gegenwärtig nicht verfügbar.)

5
Kommunale
LEBENS

QUALITÄT

„Da läßt sich gut sitzen wenn es Sommer ist und die Nachmittagssonne nicht zu wild glüht, sondern nur heiter lächelt und mit ihrem Glanze die Linden, die Häuser, die Menschen, die Alster und die Schwäne, die sich darauf wiegen, fast märchenhaft lieblich übergießt. Da läßt sich gut sitzen, und da saß ich gut, gar manchen Sommernachmittag, und dachte, was ein junger Mensch zu denken pflegt, nämlich gar nichts."

Heinrich Heine (1834)

Ob sich Menschen in ihrer Stadt zu Hause fühlen, ob sie sie überhaupt als ihre Stadt begreifen – das hängt auch davon ab, welchen Bewegungsraum sie ihnen bietet.

Hamburg ist als grüne Stadt weithin berühmt. Parks und Promenaden, Wälder und Wiesen reihen sich aneinander und bilden grüne Achsen der Stadt. Alleen, Alster und Elbstrand machen die Schönheit der Hansestadt aus.

Dieses Erscheinungsbild zu pflegen und gegen Gleichgültigkeit zu verteidigen, ist Aufgabe von Politik und Verwaltung. Diese Aufgabe gelingt dann besonders gut, wenn die Bürgerinnen und Bürger dabei ein Wörtchen mitreden. Denn für ihren Stadtteil sind sie die besten Experten!

Annäherung an den Wandel

Gesellschaftlicher und wirtschaftlicher Wandel drückt sich auch im Erscheinungsbild der Stadt aus. An vielen Stellen wurde und wird sie umgebaut: Wo früher Schornsteine rauchten, entstehen heute Büros und Hotels. Alte Fabriken sind zu Kulturzentren geworden, ehemalige Kasernen und Gleisanlagen warten auf neue Nutzung.

Aber auch die veränderten Ansprüche der Bürgerinnen und Bürger prägen den Wandel. So werden Planungsprozesse zwangsläufig komplexer und Bürgerbeteiligungsprozesse immer wichtiger. Mediationsverfahren, Stadtteilmanagement oder das Erproben neuer Formen des „Public Private Partnership" gewinnen an Bedeutung. Die Menschen wollen mitreden und mitentscheiden, die Programme, Verfahren und Instrumente müssen sich anpassen und neu bewähren. Die klassische ressortbezogene Fachplanung – als Beitrag zur Bauleitplanung – wird zunehmend durch ressortübergreifende, querschnittsorientierte Programme und Maßnahmen ergänzt. Solche Ansätze werden besonders in den Prioritätsgebieten der sozialen Stadtteilentwicklung verfolgt.

Neue Anforderungen stellt auch die Reinigung der öffentlichen Flächen. Durch stärkere Nutzung sowie verändertes Konsum- und Sozialverhalten breitet sich insbesondere in Brennpunktgebieten eine augenfällige Verschmutzung aus, die von den Bürgerinnen und Bürgern zwar selbst verursacht, aber auch zunehmend kritisiert wird. Hier geht es nur zweigleisig voran: Auf der einen Seite müssen Entsorgungsangebote besser angepasst und Reinigungsaufgaben effizienter erfüllt werden – besonders dort, wo sich verschiedene Zuständigkeiten überschneiden. Auf der anderen Seite gilt es, Teile der Bevölkerung wieder stärker an die eigene Verantwortung für ein gepflegtes Umfeld zu erinnern.

Moderne Architektur auf einer Recyclingfläche (Kampnagel)

Ehemaliger Bahnhof Wilhelmsburg

Foto: H. Baumgarten

Räumliche Schwerpunkte

Senat und Bürgerschaft haben im Jahr 1999 bestimmte Hamburger Stadtteile zu „Prioritätsgebieten der sozialen Stadtteilentwicklung" erklärt. Diese Stadtteile sind vor allem charakterisiert durch:

- einen hohen Anteil von Arbeitslosen und Sozialhilfebeziehern
- einen hohen Anteil ausländischer Bürger
- einen erhöhten Anteil Alleinerziehender
- mangelhafte soziale und grüne Infrastruktur

Die Behörden sind aufgefordert, ihre Fachpolitik so zu konzentrieren, dass sich die Situation in diesen Stadtteilen verbessert.

Schon seit 1992 setzt die Umweltbehörde Schwerpunkte beim Einsatz der investiven Mittel im Grünhaushalt durch entsprechende Vorgaben gegenüber den Bezirken. Sie stellt außerdem zusätzliche Haushaltsmittel für die Verbesserung des Erscheinungsbildes der Quartiere zur Verfügung. Dies geschieht im Rahmen des Sonderprogramms „Stadtteilpflege".

In den Prioritätsgebieten für die soziale Stadtentwicklung leben überproportional viele Menschen mit geringem Einkommen und sozialen Problemen. In jüngerer Zeit wird versucht, zur Verbesserung der Situation sozial- und wohnungspolitische Kurskorrekturen vorzunehmen. Fakt ist, dass etliche Stadtteile nach und nach ein Negativimage bekommen haben, das durch äußerlich sichtbare Merkmale wie Vermüllung und Vandalismus noch verstärkt und in den Augen vieler Betrachter bestätigt wird.

Zugleich leiden diese Stadtteile häufig unter einem geringen Grünanteil oder einer schlechten oder nicht auf den Bedarf abgestimmten Ausstattung im öffentlichen Grün. Insbesondere Jugendliche suchen ihren Platz häufig in den Grünflächen und verdrängen andere durch ihr zum Teil aggressives Auftreten.

Foto: J. Walter

Foto: R. Gohde-Ahrens

Bürgerinnen planen für ihren Stadtteil Sandbek

In fast allen hier einbezogenen Stadtteilen gibt es im Bereich des öffentlichen Grüns erhebliche Probleme: Grünanlagen befinden sich in schlechtem Pflegezustand, Spielplätze sind in der Ausstattung überaltert, teilweise abgebaut oder durch Vandalismus beschädigt.

Erfahrungen in Sanierungs- und Revitalisierungsgebieten sowie im Rahmen der Konzeption „Spielraum Stadt“ haben gezeigt, dass eine Planung mit Bürgerbeteiligung die Bedürfnisse im Stadtteil besser erkennen kann. Mängel lassen sich mit Unterstützung der Anwohner leichter abstellen. Hier bietet sich die echte Chance, einen fruchtbaren Dialog in Gang zu setzen und die Identifikation mit dem Stadtteil zu fördern.

Gerade Maßnahmen im öffentlichen Grün – oder in Zusammenarbeit mit Wohnungsbaugesellschaften im so genannten halböffentlichen Grün – können kurzfristig geplant und realisiert werden. Damit wird für die Stadtteilbewohner ein sichtbares Signal gesetzt, dass man sich um den Stadtteil kümmert. Das wirkt weiterem Imageverlust und dem Auseinanderdriften der Stadtteile entgegen.

Sechs Themenfelder, ein Ziel: grüne Infrastruktur verbessern

Die sechs Themenfelder dieses Kapitels zeigen unterschiedliche Wege, mit denen die Umweltbehörde eine höhere Lebensqualität in den Quartieren und eine bessere grüne Infrastruktur anstrebt. Grünflächenvernetzung, Spielraum Stadt, Freizeit und Erholung, Badegewässer, ökologische Pflege und Entwicklung des Grüns sowie Stadtteilpflege sind hier die Stichworte.

Die nachfolgenden Themenfelder sind im Schwerpunkt dem Schutzgut der Kommunalen Lebensqualität zugeordnet. Gleichwohl sind sie in der Zielsetzung mit den weiteren Schutzgütern Menschliche Gesundheit, Naturhaushalt, Klimaschutz sowie Ressourcenschonung verknüpft.

5.1 VERNETZUNG VON GRÜNFLÄCHEN UND KLEINGÄRTEN

70 km² Grün gehören zusammen!

Nicht nur die Vier- und Marschlande oder der Duvenstedter Brook, auch rund 3.000 Hektar Parkanlagen, 2.000 Hektar Kleingärten und 930 Hektar Friedhöfe machen Hamburg zu einer grünen Stadt. Viele Grünflächen sind entlang von Gewässern (Elbe, Alster, Wandse, Bille) oder als Großparks angelegt worden, so dass grüne Landschaftsachsen und grüne Ringe entstanden sind. Sie verbinden Waldflächen und Naturschutzgebiete und führen in landwirtschaftliche Nutzflächen in den Feldmarken.

Öffentlich nutzbare Grünflächen

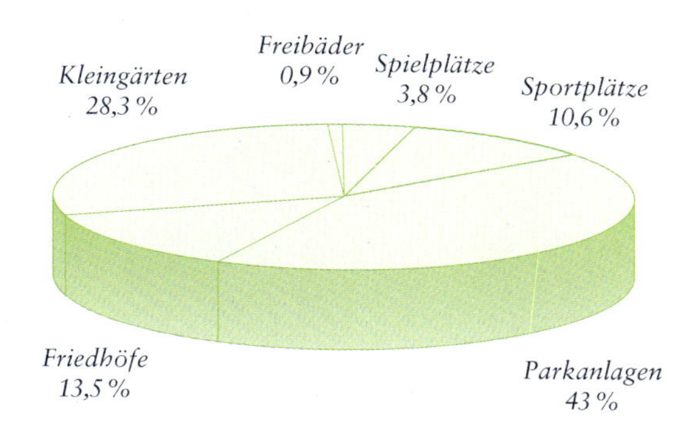

Der Anteil der öffentlichen Grünanlagen hat in Hamburg kontinuierlich zugenommen. Die Anlagen sind allerdings ungleich im Stadtgebiet verteilt, so dass es gut und weniger gut versorgte Stadtteile gibt. Besonders die Innenstadtbereiche sind zum Teil erheblich unterversorgt.

Rein rechnerisch verfügt jede Hamburgerin und jeder Hamburger bereits über 17,65 Quadratmeter Parkanlagen, die jedoch räumlich ihren Schwerpunkt im ehemals holsteinischen Westen haben. So wird in Altona ein Viertel der Fläche von Parks eingenommen, die dicht besiedelten inneren Stadtbezirke stehen hier erheblich schlechter. Das Schlusslicht bildet der Bezirk Eimsbüttel mit 6,5 Prozent.

Versorgung mit Parkanlagen

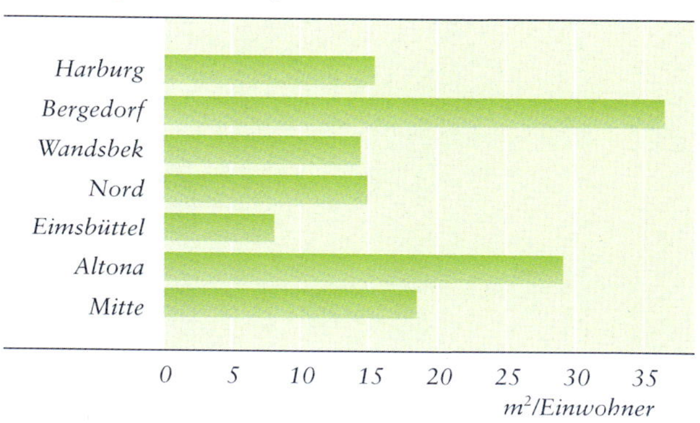

Durch Verbesserung der Verbindungen zwischen den bestehenden Grünflächen soll diese Ungleichverteilung aufgefangen werden. In den jüngsten Jahrzehnten sind immer wieder Sonderprogramme mit diesem Ziel durchgeführt worden:

- öffentliche Zugänglichkeit von Gewässerufern (Ende der siebziger Jahre)
- Radwanderwegeprogramm (achtziger Jahre)
- Konzept „Zweiter Grüner Ring“ (Anfang der siebziger Jahre sowie 1999)
- Entwicklung von Kleingartenparks (aktuell seit 1998)

Jedes Programm hat Fortschritte bei der Vernetzung der Grünflächen gebracht. In den Prioritätsgebieten der Stadtteilentwicklung konnten bisher jedoch nur punktuelle Erfolge erzielt werden.

Erholung schon auf dem Weg zum Park

In einer Großstadt sind die Flächen für eine Erholungsnutzung nicht beliebig vermehrbar. Deshalb steht neben der rein quantitativ ausreichenden Versorgung mit Parks und Kleingärten deren Qualität im Vordergrund. Wichtig ist dabei die räumliche und funktionale Verknüpfung miteinander. Wenn man im Grünen von Park zu Park wandern kann, der Weg zum Park bereits erholsam ist und die Bewegung per Fahrrad oder zu Fuß zwischen Grünflächen möglich ist, dann können auch kleine Flächen schon der Erholung dienen.

Die Vernetzung baut besonders in den verdichteten Stadtteilen Defizite ab: durch bessere Verknüpfung mit benachbarten Parkanlagen und mit grüneren Stadtteilen. So wird ein Beitrag gegen die soziale und räumliche Entmischung der Stadt geleistet.

Die Stadtentwicklung der vergangenen Jahrzehnte hat zur Verdichtung und zum Verbrauch von Freiflächen in der inneren Stadt geführt. Obendrein hat sie ehemals vorhandene Grünverbindungen unterbrochen oder eingeschnürt.

Entdeckungstour im Harburger Stadtpark

Foto: B. Eisenberg, G. Ochs

Oft ist damit eine sinkende Wohnqualität einhergegangen, was wiederum die soziale Polarisierung innerhalb der Stadt unterstützt hat. Einen Beitrag zur Lösung solcher Probleme kann die Grünplanung leisten, indem sie Grünverbindungen wiederherstellt oder neu entwickelt, Freiflächen für die öffentliche Nutzung zurückgewinnt und Fuß- und Radwege durch öffentliches Grün herrichtet.

Kleingartenparks können durch die Verbindung von öffentlicher mit privater Nutzung wesentlich zur Vernetzung von Grünflächen beitragen. Ein Kleingartenpark ist mindestens 2,5 Hektar groß und zu mehr als 30 Prozent öffentliche Grünfläche. Die Hauptwege sind jederzeit öffentlich zugänglich und können auch als Radwanderwege genutzt werden. Zukünftig sollen mehr geeignete Kleingartenanlagen als Kleingartenparks entwickelt, in die Grünflächenvernetzung einbezogen und mit Parkbänken, Spielbereichen, Trimm- und Lehrpfaden oder Lehrgärten ausgestattet werden.

Von Wedel bis zur „HafenCity“

Der Nutzen einer Grünfläche ist umso geringer, je isolierter sie liegt und je mehr Menschen mit großem Aufwand und über weite Wege hineingelangen. Die Umweltbehörde hat deshalb mit Konzepten wie „Grün in der Stadt – Die Stadt als Lebensraum“ (1991) Programme entwickelt, um das Grün besser zugänglich und besser erreichbar zu machen. Das sind zum Beispiel:

- die grüne Achse am nördlichen Elbufer zwischen Wedel und Wasserpark Dove Elbe
- das Programm „Von Stadtpark zu Stadtpark“ (von Winterhude nach Harburg)
- die Öffnung von Kleingartenanlagen und Umwandlung in Kleingartenparks, zum Beispiel im „Stadtpark Eimsbüttel“
- das Grünstrukturkonzept für die östliche innere Stadt einschließlich der „HafenCity“

Alle Programme und Konzepte werden unter Beteiligung der betroffenen Bewohnerinnen und Bewohner in den Stadtteilen erarbeitet.

Foto: H. Baumgarten

Kleingartenanlage in Wilhelmsburg

Ziele für Hamburg

Worum es geht	*Was die Umweltbehörde will*
Umweltmedium/Bereich	Stadtgrün und Erholung – Grünflächenvernetzung –
Schutzgüter	- Kommunale Lebensqualität - Menschliche Gesundheit - Naturhaushalt
Qualitätsziel - Welcher Zustand wird in der Zukunft angestrebt?	Bewohner und Besucher der Stadt Hamburg können auf kurzen Wegen miteinander vernetzte Grünflächen und Parks erreichen, um sich dort zu erholen, zu wandern, Fahrrad zu fahren etc. Die Lebensqualität in benachteiligten Stadtteilen hat sich durch eine Verbesserung der Grünausstattung und des nutzbaren Angebots an Freiflächen nachhaltig gesteigert.
- Operationalisiert: Was bedeutet das konkret?	- Pro Einwohner stehen mindestens 13 m^2 Grünfläche – unter Berücksichtigung der geografischen Verhältnisse – zur Verfügung. - Erholungs- und Grünflächen sind je nach Freiraumtyp in einer Zeit zwischen 5 und 15 Minuten zu Fuß oder höchstens 30 Minuten mit öffentlichen Verkehrsmitteln erreichbar. - Alle für die Erholung geeigneten Flächen sind miteinander verbunden (Wälder, Felder, Seen, öffentliche Grün- und Parkanlagen, Friedhöfe, Naturschutzgebiete). Zwischen diesen Flächen sind Grünverbindungen – mindestens als Wanderwegeverbindungen – entwickelt und werden erhalten. - In Innenstadtbereichen und unterversorgten Stadtgebieten, vorrangig in den jeweiligen Fördergebieten der sozialen Stadtteilentwicklung, sind Versorgungs- und strukturelle Defizite abgebaut.
Handlungsziel langfristig - Wie soll das Qualitätsziel langfristig erreicht werden?	- Zur Vernetzung von Grünflächen sollen Konzepte entwickelt und Pläne erarbeitet werden, insbesondere für die Grünflächenvernetzung: - die „HafenCity“ und östliche Innenstadt - „Zweiter Grüner Ring“ - eine grüne Achse „Von Stadtpark zu Stadtpark“ - die Alster, „Planten un Blomen“, den „Alten Elbpark“ - die Elbe - Diese Planungen sollen in Teilschritten umgesetzt werden.
- Operationalisiert: Was bedeutet das konkret?	- 80 % der Bevölkerung sollen in weniger als 15 Minuten eine Grünfläche zur Erholungsnutzung zu Fuß erreichen können.

Worum es geht	*Was die Umweltbehörde will*
Handlungsziel mittelfristig ▪ Was soll konkret bis 2010 erreicht werden?	▪ Planungen für die Grünflächenvernetzung werden umgesetzt: - entlang der Alster-Elbe-Achse - für die „HafenCity" - bei der Entwicklung der Nord-Süd-Achse – von Stadtpark zu Stadtpark, in Wilhelmsburg als Internationale Gartenbauausstellung (IGA) - mit dem Elbe-Radwanderweg - mit der Öffnung und Umgestaltung von Kleingärten und Friedhöfen zur Einbindung in das grüne Netz, zum Beispiel im Stadtpark Eimsbüttel ▪ Fachliche Handlungsfelder werden strukturiert und räumliche Schwerpunkte des Handlungsfeldes „Maßnahmen im öffentlichen Grün" auf die betroffenen Fördergebiete der sozialen Stadtteilentwicklung gesetzt, nämlich auf: - St. Georg (den Lohmühlengrünzug) - St. Pauli (St. Pauli-Nord und Karolinenviertel) - Rothenburgsort - Altona-Nord und -Altstadt (Grünzug Neu-Altona) - Dulsberg - Sandbek/Neuwiedenthal - Horner Geest - Lurup (das Flüsseviertel sowie Lüdersring/Lüttkamp) - Barmbek-Süd - Wilhelmsburg (Kirchdorf-Süd) - Lohbrügge-Nord - De Wildschwanbrook - Großlohe - Greifenberger Straße ▪ In mindestens zehn Stadtquartieren finden Beteiligungsverfahren statt und werden Entwicklungspläne aufgestellt. ▪ Entsprechende Entwicklungspläne entstehen im Gesamtkontext der jeweiligen Quartiers- und Stadtteilentwicklung.
Indikatoren zur Erfolgskontrolle	▪ Umsetzungsgrad der Fachplanungen ▪ Umsetzunggrad der Fachplanziele je Grünart (in %) ▪ Ist-Soll-Vergleich der Erweiterung des Radwanderwegenetzes ▪ Ist-Soll-Vergleich des Schließens von Netzflächen pro Jahr ▪ Vergleich des städtebaulichen Richtwertes mit der Flächenbilanz

Ziele für Hamburg

Worum es geht	*Was die Umweltbehörde will*
Umweltmedium/Bereich	Stadtgrün und Erholung – (Klein-)Gärten als städtische Lebensqualität –
Schutzgüter	▪ Kommunale Lebensqualität ▪ Menschliche Gesundheit ▪ Naturhaushalt
Qualitätsziel ▪ Welcher Zustand wird in der Zukunft angestrebt?	Der Bevölkerung, insbesondere den älteren Menschen und Familien mit Kindern, werden wohnungsnahe städtische (Klein-)Gärten zur aktiven und kreativen Erholung in und mit der Natur (in) der Stadt angeboten.
▪ Operationalisiert: Was bedeutet das konkret?	▪ Der Bestand von 13 m² Bruttokleingartenfläche pro Einwohner ist dauerhaft gesichert. ▪ Kleingärten sind in höchstens 15 bis 30 Minuten Fuß- oder Radweg von Geschosswohnungen aus erreichbar. ▪ Kleingartenparks weisen einen öffentlich nutzbaren Anteil von 40 % der Bruttofläche auf. ▪ Kleingärten in der inneren Stadt sind dauerhaft gesichert, der Trend zum Stadtrand gestoppt. ▪ Die Kleingartenentwicklung findet verstärkt im Bestand statt – durch Parzellenteilung wird der Flächenverbrauch reduziert.
Handlungsziel langfristig ▪ Wie soll das Qualitätsziel langfristig erreicht werden?	▪ Der Kleingartenbestand soll den Richtwert erreichen und planrechtlich abgesichert sein. Das Teilungspotenzial soll ausgeschöpft und die Kleingärten mit den Parkanlagen funktional und räumlich vernetzt werden.
▪ Operationalisiert: Was bedeutet das konkret?	▪ Der Richtwert – ein Kleingarten pro 14 gartenlose Geschosswohnungen – soll erreicht werden. ▪ 50 % der Kleingartenanlagen sollen zu Kleingartenparks entwickelt werden.
Handlungsziel mittelfristig ▪ Was soll konkret bis 2010 erreicht werden?	▪ Das Liefersoll der Stadt gegenüber dem Landesbund der Gartenfreunde ist abgebaut. ▪ Der Stadtpark Eimsbüttel ist Realität. ▪ 20 % der Kleingartenanlagen sind Kleingartenparks. ▪ Innenstadtnahe Kleingärten (innerhalb und im Verlauf des „Zweiten Grünen Ringes“) sind planrechtlich gesichert.
Indikatoren zur Erfolgskontrolle	▪ Anteil der Kleingartenparks zu den Kleingartenanlagen ▪ Verhältnis an Kleingärten zu den gartenlosen Geschosswohnungen im Vergleich zum Richtwert

5.2 SPIELRAUM STADT

Spielplätze oder Platz zum Spielen?

In Hamburg gibt es 724 öffentliche Spielplätze mit einer Gesamtfläche von 256 Hektar; davon sind 168 Bolzplätze und 58 pädagogisch geleitete Bauspiel- oder Abenteuerspielplätze. Sehr unterschiedlich ist die Verteilung dieser Spielplätze in der Stadt. Neben gut ausgestatteten Quartieren gibt es auch solche mit erheblichen Defiziten. Dazu gehören die verdichteten Innenstadtbereiche und die besonders und mehrfach benachteiligten Stadtviertel.

Alle fünf Jahre analysiert Hamburg die Spielplatzsituation nach dem Ausbau-, Ausstattungs- und Unterhaltungszustand, um die Prioritäten beim Umbau oder der Grundinstandsetzung richtig setzen zu können.
In jüngerer Zeit ist es gelungen, das Spielplatzangebot Schritt für Schritt zu erhöhen. Der städtebauliche Richtwert von 1,5 Quadratmeter pro Einwohner ist inzwischen erreicht.

Armut kennzeichnet in verdichteten Stadtteilen häufig die Situation von Familien. Der Anteil ausländischer Familien mit Kindern ist in diesen Stadtteilen besonders hoch. Zusätzlich leiden Kinder und Jugendliche darunter, dass es nur ein sehr begrenztes Angebot an Spiel- und Bewegungsräumen gibt. Um die wenigen vorhandenen Freiräume streiten sie sich noch mit Parkplatzsuchern, Hunden und deren Besitzern und anderen Nutzergruppen. Häufig sind die Kinder die Verlierer.

Spielen in der Stadt am Henry-Vahl-Park

Foto: J. Spalink-Sievers

Das Spielangebot des Geschosswohnungsbaus ist häufig nicht zeitgemäß

Foto: Büro Meyer, Schramm, Bontrup

Diese Situation ruft Aggression hervor oder verstärkt sie, Vandalismus ist eine von vielen Folgen. Spielplätze und Geräte werden absichtlich zerstört oder verschmutzt. Fehlende oder nicht nutzbare Spiel- und Bewegungsmöglichkeiten können gesundheitliche Probleme verursachen.

Inzwischen werden in vielen Stadtteilen die Spielplätze von den Jugendlichen und Kindern nicht mehr angenommen. Stattdessen suchen sie Spielräume auf anderen öffentlichen Flächen. Die ganze Stadt mit ihren Grün- und Verkehrsflächen, Parkplätzen und -häusern, Baustellen und öffentlichen Gebäuden wird zum Spielraum.

Entdecken, aktivieren, entwickeln

Die Probleme auf und mit den Spielplätzen in Hamburg haben im Fachamt für Stadtgrün und Erholung die Idee zu der Konzeption „Spielraum Stadt" reifen lassen. In einem Beteiligungs- und Planungsprozess mit Kindern, Jugendlichen, Initiativen und Vereinen werden die Spielplätze attraktiver gemacht. Verborgene Spielräume werden zugänglich gemacht und alle Angebote durch Spielwege verbunden, so dass sie besser erreichbar sind.

Die Quartiere müssen als Spielräume überplant und entwickelt werden. Neben den Spielplätzen sollen zum Beispiel auch Schulhöfe, Sportplätze, Wohnhöfe und Wohnumfeld sowie ungenutzte Grundstücke für Kinder und Jugendliche umgestaltet werden. Die unterversorgten Stadtgebiete haben absoluten Vorrang. Angebot und Bedarf müssen zur Deckung kommen.

Das Konzept „Spielraum Stadt" verbessert die Lebensqualität und wirkt der zunehmenden Rücksichtslosigkeit und Gewalt entgegen.

Ziele für Hamburg

Worum es geht	*Was die Umweltbehörde will*
Umweltmedium/Bereich	Stadtgrün und Erholung – Spielraum Stadt –
Schutzgüter	▪ Kommunale Lebensqualität ▪ Menschliche Gesundheit
Qualitätsziel ▪ Welcher Zustand wird in der Zukunft angestrebt?	Kindern und Jugendlichen stehen in den verschiedenen Stadtteilen wohnungsnahe Freiflächen in einer ausreichenden Größe und Qualität zur Verfügung, die ihren Lebensbedürfnissen entspricht.
▪ Operationalisiert: Was bedeutet das konkret?	▪ Es sind 1,5 m² öffentliche Spielplatzfläche pro Einwohner vorhanden; dies gilt im Durchschnitt der Stadt und der Bezirke und ist besonders in den verdichteten Innenstadtbereichen und vorrangig in den Fördergebieten der sozialen Stadtteilentwicklung erreicht worden. ▪ Die Spielplätze und Spielangebote sind mindestens 3.000 m² groß. Es besteht ein vielseitiges Angebot für alle Altersgruppen. Von jeder Wohnung aus ist nach spätestens 400 m ein Spielplatz oder -angebot erreicht.
Handlungsziel langfristig ▪ Wie soll das Qualitätsziel langfristig erreicht werden?	▪ Die Versorgung mit 1,5 m² öffentlicher Spielplatzfläche pro Einwohner wird gesichert, wobei das Wohnumfeld als gesamter Spiel- und Aufenthaltsraum berücksichtigt wird. ▪ Die Ausstattung der Spielplätze wird altersbedingten Bedürfnissen und Entwicklungen in den Stadtteilen angepasst. ▪ Es sollen stadtteilbezogene Spielplatzflächen-Konzepte nach der Konzeption „Spielraum Stadt“ mit den Nutzern erarbeitet werden. ▪ Die Ungleichheiten in der Versorgung werden abgebaut.
Handlungsziel mittelfristig ▪ Was soll konkret bis 2010 erreicht werden?	▪ 256 ha öffentliche Spielplatzfläche sind gesichert; in verdichteten Stadtteilen wird das Angebot ständig weiter verbessert. ▪ Auf allen vor 1985 erbauten Spielplatzflächen ist das Angebot aktualisiert und verbessert worden. ▪ Für 20 benachteiligte Stadtquartiere sollen Konzepte zur Verbesserung der Situation erarbeitet und umgesetzt werden; bei einem jährlichen Ansatz von zwei neuen Gebieten werden vorrangig die Fördergebiete der sozialen Stadtteilentwicklung berücksichtigt.
Indikatoren zur Erfolgskontrolle	▪ Anteil an öffentlicher Spielplatzfläche pro Einwohner im Vergleich zum Richtwert von 1,5 m² ▪ Größe der öffentlichen Spielfläche je Einwohner, aufgeschlüsselt nach Bezirken und Stadtteilen (auf Basis jährlicher Datenerhebung)

5.3 FREIZEIT UND ERHOLUNG

Öffentliches Grün steht hoch im Kurs

Im Rahmen einer Bestandsaufnahme hat die Umweltbehörde zahlreiche Daten zu Freizeit- und Erholungsangeboten im Hamburger Grün erhoben. Erfasst wurden sowohl öffentliche als auch kommerzielle Einrichtungen mit Freiraumbezug. Die Bestandsaufnahme dient als Grundlage für die Fachplanung und für themenbezogene Freizeit- und Ferientipps.

Das Ergebnis überrascht nicht: Die Angebote für Freizeit und Erholung sind im Hamburger Stadtgebiet sehr ungleich verteilt. Während in den innenstadtnahen Bereichen flächenbezogene Angebote fehlen und anlagenbezogene überwiegen, ist die Situation am Stadtrand genau umgekehrt.

Untersuchungen zu Freizeitverhalten und -bedürfnissen von Stadtbewohnern zeigen, dass das öffentliche Grün in seiner Bedeutung an oberster Stelle steht. Mit steigendem Anteil der Tages- oder Wochenfreizeit, zum Beispiel durch Flexibilisierung der Arbeitszeit, werden die Angebote in der Nähe der Wohnung immer bedeutender. Zudem müssen sich die Freizeitangebote an den konkreten Bedürfnissen und den aktuellen Trends orientieren. Erholung ist für viele nicht mehr das alleinige Ziel. Vielmehr geht der Trend zu einer aktiveren Freizeitgestaltung wie etwa Jogging, Fitness, Inlineskating und vieles mehr.

Kinder brauchen Platz zum Toben und Balgen

Foto: Gruppe Freiraumplanung, Hannover

Kürzere Wege zu mehr Freizeit

Das Freizeitbudget der Gesellschaft wächst weiter, so dass Freizeitangebote mehr nachgefragt werden. Für die Stadtentwicklung bedeutet das einerseits, dass der Bedarf an öffentlichen Grün- und Freiflächen weiterhin steigt. Andererseits werden kommerzielle Freizeitgroßeinrichtungen eine größere Rolle spielen. Neben den durchaus positiven wirtschaftlichen Effekten – es entstehen Arbeitsplätze im Dienstleistungsbereich – sind auch negative Tendenzen zu beobachten:

- Öffentliche Freizeiteinrichtungen werden entwertet und gefährdet
- Das Stadt- und Landschaftsbild wird beeinträchtigt
- Zusätzlicher Verkehr wird erzeugt
- Extensive Erschließungssysteme wie zum Beispiel Parkplätze verbrauchen Flächen
- Freiflächen für die Erholung wie zum Beispiel Parkanlagen oder Feldmarken werden übermäßig beansprucht

Auch Straßen und Plätze bieten Raum für Freizeitaktivitäten

Mehr als 50 Prozent des motorisierten Individualverkehrs sind – laut Deutschem Institut für Urbanistik – Freizeitverkehr, mit den bekannten negativen Auswirkungen. Dies liegt auch daran, dass die Freizeitangebote in der Stadt ungleichmäßig verteilt sind.

Bei zunehmender Finanzknappheit der öffentlichen Haushalte werden kommerziell betriebene Freizeiteinrichtungen die öffentlichen Angebote mehr und mehr ergänzen oder ganz ablösen. Eine nachhaltige Freizeit- und Erholungsplanung im Sinne der lokalen Agenda 21 fördert eine ausgewogene Mischung an kommerziellen und öffentlichen Freizeitangeboten und steuert diese räumlich so, dass sie zu einer Begrenzung des Freizeitverkehrs beiträgt. Darüber hinaus muss zum Beispiel auch für Familien mit wenig Geld Freizeitgestaltung in unmittelbarer Nähe der Wohnung möglich bleiben.

Mehr und bessere Information

Die Bestandserfassung von Freizeit- und Erholungseinrichtungen hat gezeigt, dass viele Einrichtungen vorhanden, häufig aber nicht bekannt sind. Außerdem sind die Angebote zu verstreut. Das Ziel einer Freizeit- und Erholungsplanung ist deshalb,

- ein Informationssystem aufzubauen, um die Angebote allgemein bekannt zu machen (digitales System, Internet, Informationsbroschüren)
- Defizite auszugleichen und räumliche Lücken zu schließen

Vorrang haben hierbei das öffentliche Grün, Wälder, Natur- und Landschaftsschutzgebiete – soweit die Erholungsnutzung und der Naturschutz miteinander vereinbar sind –, Frei- und Hallenbäder sowie Badegewässer.

Auch wohnungsnahe und bedarfsgerechte Freizeit- und Erholungsangebote können einen Beitrag zur nachhaltigen Entwicklung der Stadt leisten. Darüber hinaus ist der hohe Freizeit- und Erholungswert Hamburgs ein wichtiger Standortvorteil: Er kann helfen, der zunehmenden Abwanderung in den so genannten Speckgürtel entgegenzuwirken.

Foto: Bavaria

Foto: B. Eisenberg, G. Ochs

Klönen und Schnacken an der Außenalster

Ziele für Hamburg

Worum es geht	*Was die Umweltbehörde will*
Umweltmedium/Bereich	Stadtgrün und Erholung – Freizeit und Erholung –
Schutzgüter	▪ Kommunale Lebensqualität ▪ Menschliche Gesundheit
Qualitätsziel ▪ Welcher Zustand wird in der Zukunft angestrebt?	Alle Alters- und sozialen Gruppen finden ausreichende und qualitativ hochwertige Freizeit- und Erholungsangebote im Hamburger Grün vor. Parkanlagen, Wälder und Feldmarken bieten die Gelegenheit für aktive und besinnliche Nutzungen entsprechend der Sozialstruktur, der Lebenssituation und den Freizeittrends. Die Versorgung mit Erholungs- und Freizeitangeboten ist in allen, auch den sozial benachteiligten Hamburger Stadtgebieten, qualitativ gleichwertig. Die Freizeitangebote werden dem Bedarf gerecht.
Handlungsziel langfristig ▪ Wie soll das Qualitätsziel langfristig erreicht werden?	▪ Der Bedarf an Freizeitaktivitäten wird entsprechend der Sozialstruktur und den Freizeittrends in Hamburg gedeckt. ▪ Der motorisierte Freizeitverkehr soll reduziert werden.
▪ Operationalisiert: Was bedeutet das konkret?	▪ Räume, die für Freizeit und Erholung besonders geeignet sind, werden im Flächennutzungsplan und Landschaftsprogramm dargestellt. ▪ Es werden Schwerpunkte für intensive Freizeitangebote ausgewiesen.

Worum es geht	*Was die Umweltbehörde will*
Handlungsziel mittelfristig ▪ Was soll konkret bis 2010 erreicht werden?	▪ In Stadtteilen und -quartieren, die mit Grünflächen unterversorgt waren, soll das Angebot verbessert werden. ▪ In den Fördergebieten der sozialen Stadtteilentwicklung sind räumliche Schwerpunkte gebildet worden: - quartiers- und stadtteilbezogene Konzepte im Gesamtkontext der jeweiligen Quartiers-/Stadtteilplanung - konkrete Projekte und Maßnahmen auf der Basis abgestimmter Quartiersentwicklungskonzepte, die unter intensiver Einbindung vorhandener oder im Aufbau befindlicher Beteiligungsstrukturen realisiert werden ▪ Für die überregional bedeutsamen Parkanlagen werden Freizeitentwicklungskonzepte erstellt. ▪ Die Möglichkeiten, Fahrrad zu fahren, sind verbessert worden: - durch die Entwicklung eines Radwanderwegenetzes mit Karte - durch das Schließen von Lücken in Rad- und Wanderwegen (z. B. mit dem Radweg Övelgönne und zwischen Entenwerder und Deichtor) - durch das Radwegekonzept in Grünflächen ▪ Es sollen regionale Schwerpunkte gesetzt werden: - Freizeit- und Erholungskonzept Vier- und Marschlande - Jugend(sport)park im Altonaer Volkspark ▪ Für die Bürgerinnen und Bürger gibt es im Internet (und/oder in den Folgemedien) ein Auskunftssystem über Freizeit- und Erholungsangebote in Hamburg.
Indikatoren zur Erfolgskontrolle	▪ Länge des Radwanderwegenetzes im Vergleich zum Soll ▪ Ist-Soll-Vergleich der Radwege in Grünflächen ▪ Ist-Soll-Vergleich der Trendsporteinrichtungen (mit Analyse jährlicher Datenerhebung zu verändertem Freizeitverhalten)

5.4 BADEGEWÄSSER

Hinein ins Vergnügen

Baden in natürlichen Gewässern gehört zu den bevorzugten Freizeitvergnügungen und bedeutet ein Stück Lebensqualität. Wasser belebt, kühlt, entspannt und bietet Raum für zahlreiche Freizeitaktivitäten: Hamburg schwimmt, planscht, taucht, surft, rudert und segelt. Wasser bietet auch stille Erholung, ob man angelt, in der Sonne badet oder die Natur betrachtet. Deshalb werden die Gewässer bei der Grünflächenplanung als Erholungsraum einbezogen. Der Schutz des Naturhaushaltes muss dabei mit den Erholungsfunktionen abgewogen und in Einklang gebracht werden. Die gewässerökologischen Anforderungen sind bereits ausführlich im Kapitel 1.4 dargestellt; in dem vorliegenden Kapitel steht die menschliche Nutzung im Vordergrund.

Bevor ein Badegewässer ausgewiesen werden kann, müssen verschiedene Qualitätsanforderungen erfüllt sein. Diese sind in der EG-Richtlinie über die Qualität der Badegewässer von 1975 und deren Umsetzung in der „Hamburgischen Verordnung über Badegewässer" von 1990 geregelt. Schutzziel der Vorschriften ist die menschliche Gesundheit. In Hamburg, einschließlich der Insel Neuwerk, sind 18 Badestellen an insgesamt 14 verschiedenen Gewässern ausgewiesen, die regelmäßig auf ihre Eignung als EG-Badegewässer überprüft werden. Während der Badesaison finden in mindestens zweiwöchigem Abstand mikrobiologische, physikalische und chemische Untersuchungen sowie Besichtigungen statt. Die Bewertung orientiert sich an festgelegten Grenzwerten nach Infektionsgefahr sowie gesundheits- und sicherheitsrelevanten Kriterien. Die verschiedenen Grenzwerte markieren dabei einen Vorsorgebereich, der ungetrübte Badefreuden sicherstellt. Bei auftretenden gesundheitlichen Gefahren werden zeitweilige amtliche Badeverbote verhängt.

Hinein ins Badevergnügen

Foto: Save Bild

Eine weitere Vorbedingung zur Ausweisung eines Badegewässers ist eine umfangreiche Kenntnis seines ökologischen Zustandes. So sollte ein Badesee höchstens mit einem mittleren (mesotrophen) Nährstoffgehalt befrachtet sein und über einen möglichst großen und tiefen Wasserkörper verfügen. An einem solchen See können alle vorgeschriebenen Kenngrößen der Badegewässerverordnung und der EG-Richtlinie am ehesten ohne Beanstandung eingehalten werden. Die Seen der norddeutschen Tiefebene neigen aber schon von Natur aus zu großem Nährstoffreichtum. Zudem sind fast alle Hamburger Badegewässer ehemalige Abgrabungsseen, die aufgrund einer geologisch bedingten dichten Kleisohle nur über geringen Wasseraustausch mit dem Grundwasser verfügen.

Diese Gewässer sind nicht langsam organisch gewachsen, sondern ausgebaggert und haben deshalb nur eine geringe ökologische Pufferungskapazität. Sie altern schnell und entwickeln sich rasch von nährstoffarm (oligotroph) zu nährstoffreich (eutroph). So kommt es in Verbindung mit den sommerlichen niedrigen Sauerstoffgehalten und den ebenfalls sommerlichen Nährstoffeinträgen durch die Badegäste zu Grenzwertüberschreitungen.

Sobald in einem ausgewiesenen Badegewässer die Grenzwerte wiederholt überschritten werden, müssen Restaurierungsmaßnahmen eingeleitet werden oder aber der Badesee ist als EG-Badestelle abzumelden. Für eine Restaurierung kommen verschiedene ökotechnische Verfahren in Frage. Diese sollen die ökologische Pufferungskapazität der zu intensiv genutzten oder zu nährstoffreichen Gewässer stabilisieren und sichern. Insbesondere muss – zum Schutz der menschlichen Gesundheit – die Massenentwicklung der Blaualgen bekämpft werden. So wie ein angelegter Park gärtnerischer Unterhaltung bedarf, so braucht auch ein Badesee gewässergütewirtschaftliche Pflege.

Foto: O. Schmidt

Wasserspaß auf der Alster in Klein Borstel

Überregionale Ziele

Zielebene	*Das Umweltqualitätsziel*	*Das Umwelthandlungsziel*
International	Zum Schutz der menschlichen Gesundheit sowie des Naturhaushaltes sind Grenz- und Richtwerte für ▪ mikrobiologische, ▪ physikalische und ▪ chemische Parameter in der EG-Richtlinie 76/160/EWG festgelegt. **Ausblick:** Mittelfristig ist eine Neufassung der Richtlinie geplant.	
National	Die EG-Richtlinie wurde am 15.05.1990 in eine „Hamburgische Verordnung über Badegewässer" mit den Grenzwerten der o. g. Richtlinie umgesetzt. **Ausblick:** Die hamburgische Verordnung soll an die geänderte Richtlinie angepasst werden.	

Ziele für Hamburg

Worum es geht	*Was die Umweltbehörde will*
Umweltmedium/Bereich	Oberflächengewässer – Badegewässer –
Schutzgüter	▪ Menschliche Gesundheit ▪ Naturhaushalt ▪ Kommunale Lebensqualität
Qualitätsziel ▪ Welcher Zustand wird in der Zukunft angestrebt?	Die Qualität der hamburgischen Badegewässer ist gesichert.
▪ Operationalisiert: Was bedeutet das konkret?	▪ Die Richtwerte der EG-Richtlinie sollen in allen Hamburger Badegewässern eingehalten werden. Zum Schutz der menschlichen Gesundheit und zum Gewässerschutz gelten folgende Grenz- und Richtwerte (EG-Richtlinie 76/160/EWG): **Parameter** – **Richtwert** – **Grenzwert** Gesamtcoliforme Bakterien – 500/100 ml – 10.000/100 ml Fäkalcoliforme Bakterien – 100/100 ml – 2.000/100 ml
Handlungsziel langfristig ▪ Wie soll das Qualitätsziel langfristig erreicht werden?	▪ Eutrophierungstendenzen und Blaualgen-Massenentwicklungen werden bekämpft, indem der Nährstoffgehalt so reduziert wird, dass sich der ökologische Zustand der Badegewässer auf einem mesotrophen Niveau (mittleren Nährstoffgehalt) stabilisiert.
Handlungsziel mittelfristig ▪ Was soll konkret bis 2010 erreicht werden?	▪ Die Bade- und Freizeitnutzung einzelner Gewässer ist durch Sanierung und Restaurierung gesichert; erste Priorität haben der Öjendorfer See, der Eichbaumsee und der Hohendeicher See. ▪ Die Grenzwerte der EG-Richtlinie bzw. der hamburgischen Verordnung sind in allen Badegewässern und die Richtwerte in der Hälfte aller Badegewässer eingehalten. ▪ Die Mischwasserüberlaufe werden saniert, damit die Grenzwerte der EG-Richtlinie auch in bisher kritischen Teilbereichen urbaner Stadtgewässer eingehalten werden.
Indikatoren zur Erfolgskontrolle	▪ Ist-Soll-Vergleich mit den Daten aus der Badegewässerüberwachung ▪ Anteil der Gewässer, der die Richt- und Grenzwerte erfüllt

5.5 ÖKOLOGISCHE PFLEGE UND ENTWICKLUNG DES ÖFFENTLICHEN GRÜNS

Bodenpflege und standortgerechte Vegetation

Anfang der achtziger Jahre wurde das ganze Ausmaß der Waldschäden durch die Luftbelastung deutlich. Bodenversauerungen und dadurch bedingte Schäden an der Vegetation traten nicht nur in den Wäldern auf, sondern auch in den waldartigen Parkanlagen Hamburgs, die zusätzlich durch eine intensive Erholungsnutzung stark belastet wurden und werden. Mitte der achtziger Jahre entwickelte die Umweltbehörde in Zusammenarbeit mit dem Umweltbundesamt eine Methodik und ein Programm zur Sanierung geschädigter Böden und Vegetationsbestände. In allen sanierungsbedürftigen Hamburger Parks wurden Bodenschutzkalkungen und Kompensationsdüngungen durchgeführt. Ergänzend wurden systematisch Maßnahmen zum Umbau und zur Entwicklung der Vegetation zu standortgerechten, gut strukturierten Gehölzbeständen betrieben. Seit 1991 wurden für 18 Waldparks Pflegekonzepte auf standörtlich-ökologischer Grundlage erarbeitet; ein Maßnahmencontrolling zeigt die Erfolge auf. Zur Absicherung der Entwicklungs- und Sanierungsmaßnahmen werden Monitoringverfahren durchgeführt.

Durch die Sanierungsmaßnahmen konnten die Bodenversauerung und die Schadensentwicklung gestoppt werden. In den nächsten Jahren werden die Kontrollanalysen im Rahmen des Monitorings zeigen, ob eine generelle Trendwende eingetreten ist. Wenn sich die Bestände nachhaltig stabilisiert haben, kann die Intensität der Maßnahmen zurückgenommen werden.

Positiv wirkt sich allerdings schon jetzt die Umwandlung überalterter und monostrukturierter Bestände in mehrschichtige, standortgerechte Waldparkbestände aus.

Abwechslungsreiche Wasserlandschaften laden zur Naturbeobachtung ein

Foto: Wollkopf

Vorsorge, Sanierung, Entwicklung, Monitoring

Wälder und andere öffentliche Grünflächen haben einen hohen Stellenwert auch für die Stadtökologie. Sie bieten vielfältigen Lebensraum für Pflanzen und Tiere und tragen als Staub-, Abgas- und Lärmfilter zur Verbesserung des Stadtklimas bei. Voraussetzungen sind ein gesunder Boden und vitale, standortgerechte Vegetationsbestände. Besonders die Bäume leiden unter den umweltbedingten Schad- und Stressfaktoren wie Bodenversauerung, Nährstoffauswaschungen, Wassermangel oder Bodenverdichtungen. Deshalb liegt ein Schwerpunkt des Handelns im Schutz und Erhalt des wertvollen Baumbestandes.

In den nächsten Jahren soll zusätzlich ein Konzept erarbeitet werden, das eine ökologisch orientierte Pflege der Parks auch außerhalb der Wald- und Gehölzbestände ermöglicht. Auch hier besteht das Ziel darin, durch Bodenpflege, standortgerechte Pflanzenauswahl oder naturnahe Gestaltung die Pflegekosten zu begrenzen und Schäden trotz intensiver Erholungsnutzung zu vermeiden.

Angesichts der immer stärkeren Nutzung der Parks und Grünflächen bei gleichzeitig knapper werdenden Mitteln für ihre Pflege werden effizientere Konzepte benötigt. Die Stabilität einer Parkanlage und ihre Widerstandsfähigkeit sind tendenziell umso höher, je größer der Anteil standortgerechter Vegetation ist.

Standortgerechter Umbau

Für alle wichtigen Parkanlagen sollen Pflege- und Entwicklungspläne erarbeitet werden, in denen die Bedürfnisse der Freizeitnutzung ebenso berücksichtigt sind wie gestalterische und gartendenkmalpflegerische Anforderungen. Die Parkanlagen Jenischpark, Stadtpark Winterhude, Volkspark Altona, Öjendorf, Ohlsdorfer Friedhof, Wasserpark Dove Elbe und der Stadtpark Harburg haben dabei in den nächsten Jahren Vorrang. Bis zum Jahr 2010 sollen für weitere bedeutende Hamburger Parks Pflege- und Entwicklungsplanungen vorliegen. Die größeren Umbaumaßnahmen in den Waldparks zu mehrstufigen, standortgerechten Beständen sollen dann abgeschlossen sein, so dass auch die Pflegeintensität schrittweise geringer werden kann.

Mit dem Aufbau des digitalen Straßenbaumkatasters kann die Pflege und Erhaltung der Straßenbäume und damit auch unser Beitrag zur Verkehrssicherheit optimiert werden.

Foto: Wollkopf

Weiter, offener Wiesenbereich am Dahlengrund

Ziele für Hamburg

Worum es geht	*Was die Umweltbehörde will*
Umweltmedium/Bereich	Stadtgrün und Erholung – Ökologische Pflege und Entwicklung des öffentlichen Grüns –
Schutzgüter	▪ Kommunale Lebensqualität ▪ Naturhaushalt ▪ Menschliche Gesundheit ▪ Ressourcenschonung
Qualitätsziel ▪ Welcher Zustand wird in der Zukunft angestrebt?	Der Gesundheitszustand von Boden und Vegetation ist stabil. Von daher steht einer nachhaltigen Erholungsnutzung im öffentlichen Grün nichts im Wege.
▪ Operationalisiert: Was bedeutet das konkret?	▪ Die Artenzusammensetzung in Waldparks wird dem Standort gerecht. ▪ Die Bodenqualität ist im Rahmen der natürlichen Standortvoraussetzungen stabil. ▪ Nutzung und ökologische Verträglichkeit sind im Einklang.
Handlungsziel langfristig ▪ Wie soll das Qualitätsziel langfristig erreicht werden?	▪ Die Qualität von Boden und Vegetation in Parkanlagen und anderen Grünflächen soll verbessert werden, um die Nutzungsvielfalt und Erlebnisqualität mit den Erholungsbedürfnissen der verschiedenen Bevölkerungsgruppen in Einklang zu bringen. ▪ Der Pflegezustand von Parkanlagen und anderen Grünflächen soll optimiert werden.
▪ Operationalisiert: Was bedeutet das konkret?	▪ Ökologische Umbaumaßnahmen sollen in allen Waldparks abgeschlossen sein. ▪ Für Grünflächen ist ein Monitoring installiert.
Handlungsziel mittelfristig ▪ Was soll konkret bis 2010 erreicht werden?	▪ Für 20 bedeutende Parks sind Pflege- und Entwicklungspläne aufgestellt. Sie beinhalten die aufeinander abgestimmten sozialen, ökologischen, gestalterischen und denkmalpflegerischen Ziele und werden damit den unterschiedlichen Anforderungen gerecht. ▪ Technische Richtlinien sind entwickelt und ein digitales Grünflächen- und Straßenbaumkataster aufgebaut worden; sie sind Grundlage der Kosten- und Maßnahmenplanung. ▪ Ein Prioritätenkatalog für ökologische, gestalterische und gartendenkmalpflegerische Maßnahmen ist aufgestellt. ▪ Die Steuerungsinstrumente „digitales Straßenbaumkataster“ und „digitales Grünflächeninformationssystem“ sind vollständig eingeführt.

Worum es geht	*Was die Umweltbehörde will*
Indikatoren zur Erfolgskontrolle	- Anteil der Flächen mit einem pH-Wert größer als 4,2 - Stand der Umsetzung der Pflege- und Entwicklungsplanung (Ist-Soll-Vergleich) - Stand der Umsetzung des Prioritätenkataloges

5.6 STADTTEILPFLEGE

Das Bild der Stadt pflegen

Das Erscheinungsbild der Stadt wird vom Pflegezustand der öffentlich genutzten Flächen wesentlich mit geprägt. Gleiches gilt für die Bebauung, die an den Straßenraum angrenzt. Die öffentlichen Flächen und Bauwerke zu pflegen und zu unterhalten ist im Wesentlichen Aufgabe der Bezirke, während für Grundstücksflächen und Gebäude die Eigentümer verantwortlich sind. Unterschiedliche Zuständigkeiten bestehen für die Reinigung der öffentlichen Flächen.

Intensivere Nutzung und verändertes Konsum- und Sozialverhalten haben dazu geführt, dass zahlreiche öffentliche Flächen vermüllt werden. Die Stadtreinigung Hamburg hat daraufhin schrittweise ihre Reinigungsleistungen erhöht. Sie säubert im Zuge des öffentlichen Reinigungsdienstes regelmäßig das etwa 3.600 Kilometer lange Fahrbahnnetz und entfernt ein- bis vierzehnmal wöchentlich Verunreinigungen auf rund 40 Prozent der Gehwege – die eigentlich von den Anliegern gereinigt werden müssten – einschließlich der dort verlaufenden Radwege. Ferner ist sie für das Aufstellen, Leeren und Instandhalten der Papierkörbe auf öffentlichen Wegen verantwortlich.

Zurzeit sind rund 9.000 Papierkörbe flächendeckend im Stadtgebiet aufgestellt. Sie werden durchschnittlich dreimal pro Woche geleert. Wilde Müllablagerungen werden schneller beseitigt, seit bei der Stadtreinigung Hamburg eine Hotline besteht.

Die auf Straßen, Plätzen und in Grünanlagen sichtbare Verschmutzung ist in den verschiedenen Stadtteilen unterschiedlich stark und damit unterschiedlich störend. Zusätzlich treten an den Schnittstellen, wo verschiedene Stellen für die Reinigung zuständig sind, lokale Verunreinigungen auf. Durch Graffitis steigt der Pflege- und Unterhaltungsbedarf von Gebäuden.

Dosensammelaktion in Altona-Nord – Annahmestelle

Foto: C. Drapal

Das Erscheinungsbild der Stadt bewegt die Bürgerinnen und Bürger in zunehmendem Maße. Ungepflegte Flächen und Bauwerke sowie Verschmutzungen im öffentlichen Raum werden verstärkt wahrgenommen und als störend empfunden. Sie beeinträchtigen das persönliche Wohlbefinden und die Lebensqualität. In den Gebieten der sozialen Stadtteilentwicklung treffen mit der verdichteten Bebauung, Unterhaltungsdefiziten an der Bausubstanz, der Bevölkerungsstruktur sowie der sozialen und wirtschaftlichen Lage der Bewohnerinnen und Bewohner verschiedene Faktoren zusammen, die das Wohnumfeld negativ beeinflussen. Hier sind verstärkte Anstrengungen der verschiedenen Fachressorts erforderlich, um die Lebensbedingungen in den Quartieren zu verbessern. Die Umweltbehörde unterstützt mit Hilfe der Haushaltsmittel, die im Sonderprogramm „Stadtteilpflege" zur Verfügung stehen, diese gemeinsamen Bemühungen.

Eine Verstärkung der Unterhaltungsarbeiten der öffentlichen Hand bringt kurzfristige Erfolge, bekämpft jedoch nicht die Ursachen des Problems. Ein nachhaltig verbessertes Erscheinungsbild der Stadt kann so nicht hergestellt werden, zumal die Einsparverpflichtungen zur Konsolidierung des Haushaltes dem entgegenstehen.

Die knapper werdenden Ressourcen müssen daher gezielter eingesetzt werden. Auf zeitlich begrenzt auftretende Verschmutzungen gilt es flexibel und kurzfristig zu reagieren. Die Unterhaltungsaufgaben müssen effektiv gelöst werden, doch nicht zuletzt gilt es, in der Bevölkerung das Bewusstsein der eigenen Verantwortung für ein gepflegtes Wohnumfeld zu fördern.

Wegereinigung aus einer Hand

Da unterschiedliche Zuständigkeiten für die Reinigung und Pflege der verschiedenen Flächen und Bauwerke bestehen, werden die Aufgaben je nach finanziellen und personellen Möglichkeiten zu unterschiedlichen Zeiten wahrgenommen. Dies führt zu einem uneinheitlich gepflegten Straßenbild. Ferner werden bereits gesäuberte Flächen durch Verwehungen von angrenzenden Bereichen wieder verschmutzt. Ziel der Umweltbehörde ist eine verbesserte Koordination der Unterhaltungsarbeiten. Die Reinigung der öffentlichen Wege soll mit der Gehwege- und Fahrbahnreinigung – inklusive „Begleitgrün" – in einer Hand zusammengeführt werden.

Um Verschmutzungen zu vermeiden und den erhöhten Pflegeaufwand wieder zurückzufahren, sind verschiedene vorbeugende Maßnahmen erforderlich. Wo dies notwendig ist, müssen mehr Papierkörbe aufgestellt oder ihr Fassungsvermögen vergrößert werden. Die Müllsackentsorgung soll in Quartieren, in denen sie noch einen hohen Anteil hat, reduziert werden. Bürgerinnen und Bürger werden in Reinigungsaktionen und sonstige Aktivitäten eingebunden, die zur Verbesserung des Wohnumfeldes dienen. Außerdem sind übergreifende Stadtteilpflegeprojekte in Kooperation mit örtlichen Trägern geplant.

Foto: C. Drapal

34.299 Dosen – gesammelt in Grünanlagen, auf Spielplätzen und Gehwegen

Ziele für Hamburg

Worum es geht	*Was die Umweltbehörde will*
Umweltmedium/Bereich	Sauberkeit in der Stadt – Stadtteilpflege –
Schutzgüter	▪ Kommunale Lebensqualität
Qualitätsziel ▪ Welcher Zustand wird in der Zukunft angestrebt?	Die Stadt erfreut sich einer nachhaltigen augenscheinlichen Sauberkeit, auch in den Fördergebieten der sozialen Stadtteilentwicklung.
▪ Operationalisiert: Was bedeutet das konkret?	▪ Die Verschmutzungen sind verringert, dies vorrangig in den Fördergebieten der sozialen Stadtteilentwicklung und in Kooperation mit örtlichen Trägern sowie der Stadtreinigung Hamburg. ▪ Das Erscheinungsbild von Müllsackentsorgungsgebieten, in denen die Sauberkeitssituation durch dieses Entsorgungssystem maßgeblich beeinträchtigt wurde, ist besser geworden. ▪ Auffällige Verschmutzungen auf den öffentlichen Flächen sind im Rahmen des finanziell Möglichen beseitigt worden.
Handlungsziel langfristig ▪ Wie soll das Qualitätsziel langfristig erreicht werden?	▪ Öffentliche Flächen sollen bedarfsgerecht sowie den jeweiligen örtlichen Erfordernissen und den jahreszeitlichen Gegebenheiten angepasst gereinigt werden. ▪ Die Eigenverantwortlichkeit der Bürgerinnen und Bürger soll gefördert werden.
Handlungsziel mittelfristig ▪ Was soll konkret bis 2010 erreicht werden?	▪ Die Fahrbahnen und von der Stadtreinigung Hamburg zu reinigenden Gehwege – einschließlich der in diesen Bereichen vorhandenen Begleitgrünflächen – werden aus einer Hand gereinigt. ▪ Anzahl oder Fassungsvermögen der Papierkörbe an Standorten mit erkennbaren Bedarfen sind entsprechend erhöht. ▪ Stadtteilpflegeprojekte finden vorrangig in den betroffenen Fördergebieten der sozialen Stadtteilentwicklung und in Kooperation mit örtlichen Trägern statt. ▪ Der Müllsackbestand soll um 20 bis 30 % verringert werden. ▪ Bürgerinnen und Bürger sind in Maßnahmen zur Verbesserung des Wohnumfeldes eingebunden. ▪ Das Angebot an öffentlichen Toiletten ist durch deren Privatisierung und Modernisierung gesichert und besser geworden.

Worum es geht	*Was die Umweltbehörde will*
Indikatoren zur Erfolgskontrolle	▪ Anzahl der Beschwerden bei der Umweltbehörde und der Stadtreinigung Hamburg über Verschmutzungen insbesondere auf öffentlichen Flächen ▪ Anzahl der an die Müllsackentsorgung angeschlossenen Benutzungseinheiten ▪ Jährliche Gesamtmenge der wilden Müllablagerungen ▪ Anzahl der Stadtteilpflegeprojekte insbesondere mit örtlichen Beschäftigungsträgern in benachteiligten Stadtteilen ▪ Anzahl der Abfallsammelaktionen von Initiativen, Vereinen, Schulen und anderen

Zusammen- **fass**

ung

Schutz des Naturhaushalts

Ressourcenschonung

Klimaschutz

Schutz der menschlichen Gesundheit

Kommunale Lebensqualität

Neue Aufgaben neu angehen

In Hamburg ist in den letzten Jahrzehnten ein hoher Standard im Umweltschutz erreicht worden. Das ist der Erfolg einer Politik, die sich vor allem auf die Verminderung des Schadstoffausstoßes und die Abwehr von Gefahren für die menschliche Gesundheit konzentriert hat. Diese Politik muss durch neue strategische Ansätze ergänzt werden – denn heute stehen wir vor neuen Aufgaben.

„Sustainable Development" oder „Nachhaltige umweltgerechte Entwicklung" heißt das Leitbild, auf das sich die Staatengemeinschaft 1992 auf der UN-Konferenz über Umwelt und Entwicklung in Rio de Janeiro geeinigt hat. Es steht für eine Entwicklung, in der die Bedürfnisse heutiger Generationen befriedigt werden, ohne die Entwicklungsmöglichkeiten kommender Generationen zu gefährden. Dazu müssen die Industrieländer ihre ressourcenintensive und umweltbelastende Lebens- und Wirtschaftsweise – unter Berücksichtigung des wachsenden Ressourcenbedarfs der Entwicklungsländer – grundlegend erneuern, um sie mit den natürlichen Lebensgrundlagen in Einklang zu bringen. Dies erfordert eine Modernisierung der Gesellschaft, die ökonomische Effizienz und soziale Gerechtigkeit mit ökologischer Verantwortung verbindet.

Klare und konkrete Ziele

Der Weg in die zukunftsfähige Gesellschaft kann nur erfolgreich beschritten werden, wenn das Ziel klar und konkret benannt ist und damit eine ständige Kontrolle und Steuerung von Richtung und Geschwindigkeit ermöglicht wird. Sonst läuft man Gefahr, angesichts einzelner erfolgreicher Maßnahmen die Gesamtentwicklung aus dem Blick zu verlieren. So darf beispielsweise der rasante Zuwachs bei Fotovoltaik und solarthermischen Anlagen in Hamburg nicht darüber hinwegtäuschen, dass der CO_2-Ausstoß trotzdem insgesamt gestiegen ist.

Mit dem „Kursbuch Umwelt – Ziele für ein zukunftsfähiges Hamburg" legt die Umweltbehörde ein Fachprogramm vor, das das Leitbild der Nachhaltigkeit für den Bereich des Umweltschutzes konkretisiert und solche klaren und konkreten Ziele formuliert.

Qualitätsziele, Handlungsziele und Indikatoren

Welcher Umweltzustand soll erreicht werden? Und was muss geschehen, damit dieser Zustand erreicht wird? Diese Fragen sollen Umweltqualitäts- und Umwelthandlungsziele beantworten, die im Kursbuch formuliert sind.

Für die zentralen Schutzgüter Naturhaushalt, Ressourcenschonung, Klima, Menschliche Gesundheit und Kommunale Lebensqualität sind langfristige (2050) und mittelfristige (2010) Ziele erarbeitet worden. Sie bieten Orientierung für den gegenwärtigen Umweltschutz. Die dazugehörigen Sollindikatoren ermöglichen, den bereits zurückgelegten Weg und den erbrachten oder auch unterlassenen Beitrag der jeweiligen Akteure zu messen.

Die Ziele des Kursbuches sind Vorgaben für die Umweltbehörde und damit Grundlage ihrer fachlichen Arbeit – beim Formulieren von Fachprogrammen, bei Vereinbarungen mit gesellschaftlichen Akteuren, Stellungnahmen zu den Vorhaben anderer Fachbehörden und anderer politischer Ebenen. Dass die Ziele verbindlich werden, soll daher durch Vereinbarungen mit gesellschaftlichen Akteuren, mit Hilfe eigener Fachplanungen wie zum Beispiel zum Bereich Arbeit und Klimaschutz, zur Lärmminderung, zum Grundwasserschutz oder zur Abwasserbeseitigung und durch Einwirkung auf die Fachplanungen anderer Behörden erreicht werden. Die verbindlichen Fachplanungen werden schließlich durch den Senat beschlossen.

Die Steuerung über Ziele wird ergänzt um weitere Strategieansätze:

- Umweltschutz ist stärker in den Politikfeldern und gesellschaftlichen Handlungsbereichen zu verankern, von denen Umweltbelastungen ausgehen (wie Wirtschaft, Verkehr, Siedlungswesen)
- Bürgerbeteiligung, Bürgerengagement, Kooperationen von Verwaltung, Bürgerinnen und Bürgern im Umweltschutz sollen verstärkt und gefördert werden
- Als Grundlage für das Umweltengagement der Bürgerinnen und Bürger kommt der Umweltbildung, gerade bei Kindern und Jugendlichen, ein besonders hoher Stellenwert zu
- Die Entwicklung neuer Technologien, die mit Energien und Stoffen sparsam haushalten und erneuerbare Ressourcen mehr nutzen, ist zu fördern
- Umweltschutz ist mit sozialer Gerechtigkeit und globaler Verantwortung verbunden, weil Zukunftsfähigkeit nicht ohne stabile soziale und internationale Verhältnisse denkbar ist
- Umweltschutzstandards sind international rechtlich verbindlich zu machen, damit die ökonomische Globalisierung nicht zur Aushöhlung hoher nationaler Standards führt
- Diese Ansätze sollen durch die Modernisierung der Umweltverwaltung gefördert werden, die modernes Management und Bürgerorientierung miteinander verbindet

Im Folgenden werden die Zielbereiche kurz im Überblick dargestellt.

Schutz des Naturhaushalts

Schutz des Naturhaushalts

Dieses Kapitel umfasst den Schutz der Lebensräume für Pflanzen und Tiere, den vorsorgenden Bodenschutz, die nachhaltige Bewirtschaftung von Flächen sowie den Gewässerschutz.

Lebensräume für Pflanzen und Tiere

Naturschutz im engeren Sinne beinhaltet den Schutz der Tier- und Pflanzenarten, ihrer Lebensräume und Lebensbedingungen. Aus internationaler Sicht leistet Hamburg zum Beispiel mit EG-Vogelschutzgebieten wie dem Moorgürtel einen wichtigen Beitrag zum europaweiten Netz Natura 2000.

Mit einem Anteil der Naturschutzgebiete von über 6 Prozent der Fläche liegt die Stadt an der Spitze der Bundesländer.

Ziele für Hamburg

Wild lebende Tiere, Pflanzen und ihre Lebensräume mit europaweiter Bedeutung sollen erhalten und gefördert werden als hamburgischer Beitrag zum Aufbau des europaweiten ökologischen Netzwerkes von Schutzgebieten (Natura 2000). Die seltenen und gefährdeten Lebensräume von europäischer Bedeutung sollen als Schutzgebiete nach den EU-Richtlinien ausgewiesen, gepflegt und entwickelt werden. Dies umfasst in Hamburg 32 Lebensräume und 17 Arten nach der EU-Flora-Fauna-Habitat-Richtlinie und eine bedeutende Zahl von Arten nach der EG-Vogelschutzrichtlinie. Zu den Lebensräumen zählen beispielsweise Auwälder, Buchenwälder, trockene Heiden, Bracks, Hochmoore und Wattflächen, zu den Arten Seehund, Kamm-Molch, Bitterling, Wachtelkönig, Löffelente, Seeadler und Schierlings-Wasserfenchel.

Ziele für Hamburg

Landschafts- und Artenschutzprogramm geben die Entwicklungsrichtung der großräumigen Kulturlandschaften Hamburgs wie Marschen, Geesten und Gewässerläufe an. Diese sind in ihrer Funktion zum Schutz von Boden, Wasser und Klima zu erhalten. Wertvolle Biotopkomplexe und Einzelbiotope, selten gewordene Lebensräume wie Moore, Heiden, Dünen, Trockenrasen, wertvolles Grünland mit ihren selten gewordenen Tier- und Pflanzenartenbeständen (Paragraph 20c-Biotope), sind besonders zu schützen und als „Trittsteinbiotope" Teil eines Biotopverbundsystems. Der Anteil der Naturschutzgebiete soll bis 2010 circa 8,2 Prozent an der Landesfläche betragen. Der Anteil der Landschaftsschutzgebiete soll rund 35 Prozent an der Landesfläche (rund 25.300 Hektar) betragen. Hierzu sollen bis 2010 Gebiete in den Vier- und Marschlanden, dem Obstbaugürtel und der Wilhelmsburger Elbinsel als Landschaftsschutzgebiete ausgewiesen werden.

Die städtisch geprägten Lebensräume für wild lebende Tier- und wild wachsende Pflanzenarten sollen erhalten beziehungsweise gefördert und entwickelt werden. Artenschutzgesichtspunkte sollen fester Bestandteil beim Umgang mit Brachflächen und bei der Pflege von Grünflächen und Kleingärten sein. Förderprogramme für artgerechte Lebensräume im besiedelten Bereich, beispielsweise für Fledermäuse, Spatzen und Mauersegler, werden entwickelt.

Vorsorgender Bodenschutz

Zusammen mit Wasser und Luft bilden Böden die Grundlage allen Lebens an Land und sind gleichzeitig Ausgangs- und Endpunkt der meisten wirtschaftlichen Aktivitäten der Menschen. Der Boden erfüllt unterschiedliche Funktionen, die sich in konkurrierenden Ansprüchen an die Flächennutzung niederschlagen.

Er ist Lebensgrundlage und Lebensraum für Menschen, Tiere, Pflanzen und Bodenorganismen und gleichzeitig Archiv der Natur- und Kulturgeschichte. Stoffeinträge und Bodenversiegelungen verändern beziehungsweise zerstören die natürlichen Funktionen der Böden.

Ziele für Hamburg

Die natürlichen Bodenfunktionen und die Archivfunktion der Böden sollen gesichert und – soweit möglich – wiederhergestellt werden. Der Boden ist vor dem Eintrag von Nährstoffen und Schadstoffen zu schützen, die biologische Vielfalt in Böden, die Bodenfruchtbarkeit und -struktur sollen erhalten werden.

Um diese Ziele zu erreichen, sollen beispielsweise die Einträge von Stoffen, die die Bodenfunktionen nachhaltig gefährden, vermindert werden. Dabei sind kritische Pfade (wie Straßenverkehr, Staubniederschläge) und kritische Stoffe (wie Nährstoffe, Säurebildner, Pflanzenschutzmittel, Schwermetalle) zu berücksichtigen.

Bis 2010 soll unter anderem der Verbrauch von natürlichen und naturnahen Böden reduziert werden – durch die Darstellung der naturnahen Böden in Hamburg als Bodenschutz-Vorranggebiete und die Bewertung der Bodenfunktionen im Rahmen von Planungs- und Zulassungsverfahren, insbesondere in solchen Bodenschutz-Vorranggebieten. Außerdem sollen Kriterien zum bodenspezifischen Ausgleich von Eingriffen im Rahmen der naturschutzrechtlichen Eingriffsregelung erarbeitet werden.

Nachhaltige Flächenbewirtschaftung

Um eine nachhaltige Bewirtschaftung von Flächen zum Schutz des Naturhaushalts zu erreichen, werden ökologische Landwirtschaft und nachhaltige Waldbewirtschaftung gefördert. Mehr als ein Fünftel der Hamburger Fläche (über 14.000 Hektar) wird durch 1.500 Betriebe in Landwirtschaft, Obst- und Gartenbau genutzt.

Ökologische Forst- und Landbewirtschaftung wie auch die Teilnahme am Biotopschutz- und Extensivierungsprogramm sind wesentliche Beiträge zum Schutz des Naturhaushalts in der Landschaft. Drei Viertel aller Waldflächen in Hamburg sind Staatswald. Diese Wälder werden nachhaltig bewirtschaftet und sind nach den Regeln des Forest Stewardship Council zertifiziert.

Ziele für Hamburg

Das Leitbild ist der ökologische Landbau. Es soll erreicht werden, dass möglichst große Anteile in Landwirtschaft, Obst- und Gartenbau ökologisch bewirtschaftet werden, mit regionalen Absatz- und Verarbeitungsstrukturen und verbesserten Einkommenschancen der Betriebe. Bis 2010 wird eine Erhöhung des Anteils der ökologisch bewirtschafteten Landwirtschaftsfläche von derzeit 6 Prozent auf 15–20 Prozent angestrebt.

Die Waldfläche von derzeit rund 4.800 Hektar soll erhalten und vermehrt werden, die Naturnähe und der Arten- und Strukturreichtum der Wälder ausgebaut und ihre Schutzfunktionen wie Erholung, Lärmschutz, Bodenschutz, Biotopschutz bewahrt werden.

Wasserhaushalt und Gewässerschutz

Wasser bietet Lebensraum für Pflanzen und Tiere, hat eine überragende Bedeutung als Trinkwasserressource sowie als Betriebs- und Brauchwasser für Industrie und Gewerbe. Wasser ist eine erneuerbare Ressource, die aber Gefährdungen durch menschliche Einwirkungen, wie beispielsweise punktuelle oder diffuse Schadstoffeinträge aus industrieller oder landwirtschaftlicher Nutzung, ausgesetzt ist. Dem Gewässerschutz und der nachhaltigen Bewirtschaftung der Wasserressourcen kommt somit eine entscheidende Bedeutung für den Schutz des Naturhaushalts wie für die Daseinsvorsorge des Menschen zu.

8 Prozent (rund 6.000 Hektar) der Gesamtfläche Hamburgs sind Gewässerfläche. Etwa die Hälfte davon liegt im Hafen. Elbe und Hafengewässer haben eine große Bedeutung für die Stadt. Sie stehen für wirtschaftliche Leistung durch Handel, Umschlag und Verkehr, aber auch für Naherholung, Natur- und Gewässerschutz.

Wesentliche Handlungsfelder und Zielbereiche sind:

- Verbesserung der biologischen und chemischen Gewässergüte
- Herstellung ökologisch hochwertiger Gewässerstrukturen
- Verbesserung der Sedimentqualität und ökologisch verträglicher Umgang mit Baggergut

Ziele für Hamburg

Gewässergüte der Elbe

Langfristig soll es in der Elbe nur noch Stoffe geben, die auf natürliche Weise aus dem Einzugsgebiet in das Gewässer gelangen. Angestrebt werden:

- Gewässergüteklasse II (Saprobiensystem nach LAWA)
- chemische Gewässergüteklasse II (Klassifikationssystem nach LAWA)
- Güteklasse II für Schwebstoffe und Sedimente (Klassifikationssystem nach ARGE Elbe)

Bis 2010 sollen die Schadstoffeinträge zur Einhaltung der folgenden Gewässerzielvorgaben verringert werden:

- Tributylzinn (TBT) – 0,1 Nanogramm pro Liter im Wasser und 0,5 Mikrogramm pro Kilogramm im Schwebstoff
- Quecksilber – 0,04 Mikrogramm pro Liter im Wasser und 0,8 Milligramm pro Kilogramm im Schwebstoff

Gewässerstruktur Elbe und Hafen

Angestrebt werden standortgerechte und ökologisch hochwertige Gewässerstrukturen in Elbe und Hafen. Die vorhandenen 2,2 Prozent an naturnahen Uferbereichen sollen erhalten und auf 5 Prozent ausgeweitet werden. Um diese Ziele zu erreichen, sollen Ufer, Flachwasserzonen und Wattflächen gesichert und ökologisch aufgewertet werden.

Ziele für Hamburg

Sediment Elbe und Hafen

Das Sediment soll unbelastet von Schadstoffen sein, damit es zu 100 Prozent im Gewässer verbleiben kann und bei Baggerungen umgelagert werden kann. Hierzu soll bis 2010 die Zielvorgabe Güteklasse II für Schwebstoffe der ARGE Elbe erreicht werden.

Gewässergüte innerstädtischer Fließgewässer und Stadtkanäle

Handlungsziele bis 2010 sind:

- Einhaltung der Grenzwerte der Fischgewässer-Verordnung für alle und Einhaltung der Richtwerte in der Hälfte der Fischgewässer
- Entwicklung der oberen Alster und der Wandse zum Salmonidengewässer
- Bau von Niederschlagsbehandlungsanlagen im Einzugsgebiet von besonders stark befahrenen Straßen

Gewässerstruktur innerstädtischer Fließgewässer und Kanäle

Die Gewässerstrukturgüteklasse II (gering verändert) soll für alle Oberflächengewässer langfristig erreicht werden, soweit es sich nicht um künstliche Gewässer handelt. Bis 2010 sollen Bewirtschaftungspläne aufgestellt und Qualitätskriterien für den bestmöglichen Zustand künstlicher Gewässer erarbeitet werden.

Gewässernutzung von Alster und Kanälen

Der Naturraum des Alsterreviers soll einschließlich seines Wertes als Erholungs-, Erlebnis- und Wassersportgebiet erhalten und aufgewertet werden. Ein gewässerökologisch verträgliches Nutzungskonzept für die innerstädtischen Gewässer, Uferanlagen und Anlagen im, am und über den Gewässern soll entwickelt werden. Hierzu gehört insbesondere die Erarbeitung von Rahmenbedingungen für die Nutzung innerstädtischer Wasserflächen als Veranstaltungsraum.

Grundwasserbeschaffenheit

Eine natürliche Grundwasserbeschaffenheit soll erreicht werden, das heißt ein guter Zustand des Grundwassers in allen Grundwasserleitern ohne anthropogene Inhaltsstoffe.

Ressourcenschonung

Ressourcenschonung

Der schonende Umgang mit den natürlichen Ressourcen ist ein zentrales Anliegen einer nachhaltigen, umweltgerechten Entwicklung.

Die natürlichen Ressourcen sollen nicht in höherem Maße verbraucht werden, als sie sich regenerieren, und mit (Schad-)Stoffen nicht stärker belastet werden, als für den Naturhaushalt verträglich ist.

Umweltverträgliche Stoff-Kreislaufwirtschaft

Stoffströme, Energieverbrauch und Schadstoffverschleppung haben mit der Industriegesellschaft erheblich zugenommen und müssen minimiert werden. Strategischer Ansatz hierfür ist eine weiter auszubauende Produktverantwortung. Ziel ist die weit gehende Vermeidung von Umweltbelastungen eines Produktes über den gesamten Lebensweg.

Dies kann erreicht werden durch geringen Materialeinsatz, Verwendung nachwachsender Ressourcen, kurze Transportwege, geringen Energieverbrauch, geringen Ausstoß von klimawirksamen Stoffen, geringe Schadstofffreisetzung, Eignung des Produktes zum Recycling, Langlebigkeit des Produktes, geringen Restabfall bei Herstellung, Recycling und der endgültigen Beseitigung. Für die Verwertung und für die Beseitigung ist eine hohe Umweltqualität zu sichern.

Ziele für Hamburg

Das Ziel des Ausbaus einer umweltverträglichen Kreislaufwirtschaft bedeutet:

- Verringerung des Ressourcenverbrauches um den Faktor 2,5 bis 10
- Umkehr des Nachsorgeprinzips zum Vorsorgeprinzip durch Produktverantwortung
- Weiterentwicklung der Abfallwirtschaft zur Stoffstromwirtschaft
- Lenkung der Abfälle in die umweltverträglichste Entsorgungsart

Bis 2010 können auf Hamburger Ebene dazu beitragen:

- Ressourcenschutz durch Vermeidung – Ansätze zu einer saisonal und regional angepassten Versorgung sollen unterstützt und Anreize zur Abfallvermeidung durch entsprechende Gebührengestaltung gegeben werden. Das Angebot nachhaltiger Produkte durch den Handel soll unterstützt werden, beispielsweise durch Entwicklung entsprechender Normen und Zertifikate
- Ressourcenschutz durch Verwertung – zum Beispiel durch verstärkte Werbung zu Sammelaktivitäten für Stoffe, die besonders gut für das Recycling geeignet sind
- Ressourcenschutz bei der Beseitigung – die Mengen an Abfall zur Beseitigung sollen um 30 bis 40 Prozent reduziert und ein Konzept zur Steigerung der Energieeffizienz Hamburger Abfallverbrennungsanlagen durch erweiterte Wärmenutzung soll erarbeitet werden

Ressourceneffizienz bei Produktion und Dienstleistung

Zentraler Ansatzpunkt zur Reduzierung des Ressourcenverbrauchs ist die Steigerung der Ressourceneffizienz; diese muss sowohl im Bereich der Produktion wie auch der Dienstleistung deutlich erhöht werden. In den meisten Industrieländern lässt sich eine Entkopplung des Wirtschaftswachstums von der Umweltbelastung und dem Ressourcenverbrauch feststellen.

Während sich die Arbeitsproduktivität – also die Wertschöpfung pro Arbeitsstunde – im früheren Bundesgebiet von 1960 bis 1990 mehr als verdreifacht hat, stieg die Energieproduktivität nur um circa 36 Prozent und die Rohstoffproduktivität um circa 90 Prozent.

Ziele für Hamburg

Um das Qualitätsziel einer ressourcenschonenden und -effizienten Organisation von Produktion und Dienstleistung zu erreichen, ist langfristig geplant,

- in Hamburger Betrieben Stoffstrom- und Umweltmanagementsysteme flächendeckend und integrierten Umweltschutz bei Produktion und Dienstleistung als Standard einzuführen.
- die Produktverantwortung der Hersteller über die gesamte Produktkette zu stärken.

Hierzu werden bis 2010 beispielsweise folgende Ziele angestrebt.

- Produktionsintegrierter Umweltschutz: Förderung umwelt- und ressourcenschonender, effizienter Produktionstechniken, Produkte und branchenspezifischer Standards durch Pilotprojekte wie das Projekt „Nachhaltige Metallwirtschaft“.

- Beratungsnetzwerke: Ausbau der Hamburger Infrastruktur hinsichtlich Beratung, Informations- und Erfahrungsaustausch, Forschung sowie Technologietransfer zur gezielten Förderung ressourceneffizienter Produktion und nachhaltiger Produkte.

- Umweltmanagementsysteme: Die Einführung von Umweltmanagementsystemen, Umweltkostenrechnung et cetera soll gefördert werden, sowohl in Produktions- wie auch in Dienstleistungsbetrieben. Im Bereich der kleinen und mittelständischen Unternehmen soll das Instrument ÖKOPROFIT intensiver (beispielsweise durch verstärkte Beratungsinitiative) gefördert werden.

- Öffentliche Verwaltung: Umweltmanagementsysteme sollen flächendeckend eingeführt werden. Nach dem Rathaus wird sich auch die Umweltbehörde nach der Öko-Audit-Verordnung validieren lassen. Kampagnen wie „fifty/fifty“ sollen weiterentwickelt werden. Die öffentliche Beschaffung soll nachhaltige Produkte und Dienstleistungen unterstützen.

Nachhaltige Flächenentwicklung

Die Entwicklung der Verstädterung und Landschaftszersiedelung, der „Flächen- oder Landschaftsverbrauch", erreichte in den siebziger Jahren ihren Höhepunkt. Sie hat sich seitdem zwar verlangsamt, ein Ende ist allerdings nicht in Sicht. Die Entwicklung der Stadt Hamburg wird wie die anderer Großstädte durch eine Zunahme an Siedlungsflächen innerhalb der Stadt und im Umland bestimmt. Dabei weist Hamburg als Kernstadt – dem Bundestrend entsprechend – einen unterproportionalen Zuwachs an Siedlungsfläche auf, die Ränder einen höheren Zuwachs.

Seit 1990 betrug der Zuwachs an Siedlungsfläche in Hamburg 3 Prozent, dies entspricht einem mittleren jährlichen Zuwachs von 140 Hektar pro Jahr. Aktuell sind 57 Prozent Hamburgs Siedlungs- und Verkehrsfläche, 28 Prozent Landwirtschaftsfläche, 8 Prozent Wasserfläche, 4,5 Prozent Waldfläche und 2,5 Prozent Flächen anderer Nutzungsarten. Der Zuwachs an Siedlungsfläche erfolgte fast ausschließlich zu Lasten landwirtschaftlicher Flächen. Die Reduzierung des Flächenverbrauchs dient dem Ziel, die Flächen und den Naturhaushalt für den Bodenschutz, den Grundwasserhaushalt, den Arten- und Biotopschutz, die Erholungsnutzung, die Landwirtschaft, die nachhaltige Forstwirtschaft sowie die urbane Qualität städtischen Lebens zu erhalten.

Ziele für Hamburg

Die im Flächennutzungsplan enthaltenen Siedlungsflächenreserven (1999 Gesamtplanungsreserve von 3.386 Hektar) sollen bis 2050 Bestand haben, möglichst ohne die Inanspruchnahme der im Landschaftsprogramm und Artenschutzprogramm gekennzeichneten Flächen mit Klärungsbedarf. Dies erfordert die Reduzierung des jährlichen Siedlungsflächenanstiegs um über 50 Prozent bis 2050 (vorläufiger Steuerungswert): durchschnittlich 66 Hektar pro Jahr.

Um dies zu erreichen, sind bis 2010 unter anderem erforderlich:

- Verminderung der Inanspruchnahme der Flächenreserven des geltenden Flächennutzungsplans durch weit gehende Herausnahme der im Landschaftsprogramm gekennzeichneten Flächen mit Klärungsbedarf aus der planerischen Flächendisponierung
- beschleunigte Bereitstellung von Flächenreserven in Bestandsgebieten durch aktives Flächenmanagement und Verstärkung des Flächenrecyclings
- Förderung von flächensparenden Baumethoden und optimale Nutzung städtebaulicher Dichte
- sozial und ökologisch verträgliche Weiterentwicklung und ergänzender Neubau in bestehenden Wohn- und Gewerbegebieten, beispielsweise durch Nachverdichtung, Baulückenschließung, Dachausbau
- Entwicklung von Strategien zur Standortsicherung und von gewerblich-industriellen Funktionen und zur Aufwertung untergenutzter Dienstleistungsstandorte im Rahmen einer bestandsorientierten Standort- und Flächenpolitik
- Maßnahmen zur Verbesserung der ökologischen Qualität der vorhandenen Siedlungsstruktur, Verringerung der Versiegelung, Verbesserung der Freiraumversorgung und des Freiraumverbundes sowie der Nutzungs- und Aufenthaltsqualität vorhandener Grün- und Freiflächen
- Flächen- und Standortmanagement im Hafen zur hafenwirtschaftlichen und städtebaulichen Optimierung der Flächennutzungen und -auslastungen bei Sicherung der ökologischen Funktionen (Gewässer-, Arten- und Biotopschutz) innerhalb des Hafengebiets
- Abstimmung einer nachhaltigen, flächenschonenden Siedlungsentwicklung mit dem Umland

Nachsorgender Bodenschutz/Altlastensanierung

Jahrzehnte industrieller Entwicklung ohne ausreichende Umweltschutzmaßnahmen und die Kriegsereignisse haben Spuren im Boden hinterlassen. In Hamburg werden seit 1979 altlastverdächtige Flächen systematisch erfasst, untersucht und wenn nötig saniert. Das Altlastenhinweiskataster enthält derzeit rund 2.200 Verdachtsflächen.

Im Rahmen der Altlastenbearbeitung gilt es, Boden- und Grundwasserbelastungen auf Gefahren und Schäden zu untersuchen und auf ein umweltverträgliches Maß zu beschränken. Da angesichts begrenzter Ressourcen nicht alle Altlastverdachtsflächen gleichzeitig untersucht, saniert oder gesichert werden können, müssen Prioritäten gesetzt werden.

In Hamburg hat sich in den letzten Jahrzehnten ein Wandel innerhalb der wirtschaftlichen Strukturen vollzogen. Die Entwicklung führte weg von den maritimen, rohstofforientierten und arbeitsintensiven Branchen hin zu technologie- und Know-how-orientierter Fertigung, zu neuen Dienstleistungen und zu moderner Logistik- und Medienwirtschaft.

Die daraus resultierenden Umstrukturierungs- und Rationalisierungsmaßnahmen führten letztlich zur Schließung oder Teilschließung vieler industrieller Betriebe. Viele stillgelegte Industrie- und Gewerbestandorte blieben als Altlasten zurück und warten auf neue Nutzung.

Ziele für Hamburg

Gefahrenabwehr bei Altlasten

Anthropogene Boden- und Grundwasserbelastungen sind auf ein umweltverträgliches Maß zu reduzieren oder gegen eine weitere Ausbreitung zu sichern. Um dies zu erreichen, werden langfristig alle Verdachtsflächen überprüft, die Handlungsbedarfe bestimmt und die Altlastenbearbeitung abgeschlossen. Die Bearbeitung der Altlasten und Flächen, für die die öffentliche Hand verantwortlich ist, soll bis zum Jahr 2010 abgeschlossen werden. Dabei ist die Sanierung von Flächen unter Berücksichtigung der Behandlungskosten einer reinen Sicherung vorzuziehen.

Flächenrecycling

Ehemalige Industrie- und Gewerbegrundstücke sollen wiedergenutzt werden. Damit wird der Verbrauch naturnaher Flächen reduziert und das Angebot bereits infrastrukturell erschlossener Flächen erhöht.

Die planerische Vorbereitung von Flächen soll daher mit Priorität im bebauten Bereich vorangetrieben werden. Um die Nachfrage von Unternehmen zu befriedigen, soll ein möglichst hoher Anteil von Flächen durch Reaktivierung, Recycling oder Nutzungsintensivierung gewonnen werden. Dafür soll eine Übersicht über brachliegende beziehungsweise zu reaktivierende Flächen erstellt werden (Altlastenbrachflächenkataster). Durch umwelttechnische Maßnahmen lassen sich aus heutiger Sicht jährlich circa 30 Hektar Recyclingflächen für gewerbliche Nutzungen und Wohnungsbau aktivieren. Schwerpunkte bis zum Jahr 2010 sind große Bau- und Planungsvorhaben wie das Projekt „HafenCity“ und die Reaktivierung von Brachflächen (Flächen von Bahn, Post, Bundeswehr und Industrie).

Schonung der Grundwasserressourcen

Grundwasser ist eine erneuerbare Ressource, bei der es im Sinne eines nachhaltigen Ressourcenmanagements gilt, ein Gleichgewicht zwischen Entnahme und Erneuerung zu erreichen. Grundwasser ist eine regionale Ressource.

Für Hamburg bedeutet dies, dass insbesondere die Nutzung der tiefen Grundwasserleiter für die Trinkwasserversorgung kritisch zu überprüfen ist, da sich die Erneuerungsprozesse hier aufgrund der langen Fließstrecken nur in großen Zeitabständen vollziehen können. In tiefen Grundwasserleitern ist das Wasser teilweise mehrere tausend Jahre alt.

In Hamburg soll nur naturbelassenes Trinkwasser an die Verbraucher abgegeben werden, das heißt, eine Aufbereitung von Grundwasser für die Trinkwasserversorgung über die Entfernung von geogenem Eisen und Mangan hinaus findet nicht statt.

Die Vorteile liegen sowohl im Bereich der Ökonomie als auch auf dem Gebiet des gesundheitlichen Verbraucherschutzes. Naturbelassenes Trinkwasser ist kostengünstig, umweltschonend und für den Endverbraucher das Lebensmittel Nummer eins.

Ziele für Hamburg

Nachhaltige Nutzung der Wasserressourcen

Das Qualitätsziel einer nachhaltigen Nutzung zur Sicherstellung der Trinkwasserversorgung ist, dass die Grundwasserentnahme kleiner als oder höchstens gleich groß wie die Grundwasserneubildung ist. Hierzu muss insbesondere dort weniger entnommen werden, wo das Risiko der weiteren Versalzung des Grundwassers besteht (tiefe Grundwasserleiter). Der Wasserverbrauch der Bevölkerung muss reduziert und Regenwasserbewirtschaftung und Brauchwassernutzung gefördert werden.

Bis 2010 werden unter anderem folgende Handlungsziele angestrebt:

- Reduzierung und Verlagerung der Entnahmen in kritischen Bereichen wie Billbrook/Billstedt von derzeit 15,5 Millionen auf weniger als 9 Millionen Kubikmeter pro Jahr
- Senkung des Trinkwasserverbrauchs in Hamburg um weitere rund 10 Prozent gegenüber 1998 (105,4 Millionen Kubikmeter nach Reduzierung um rund 20 Prozent seit 1980) durch Umrüstung von WC-Anlagen in öffentlichen Einrichtungen, Installation von Wohnungswasserzählern, Ersatz alter Haushaltsgeräte durch wassersparende Geräte und Förderung wassersparender Produktionsverfahren in Gewerbebetrieben und bei Großabnehmern

Ziele für Hamburg

Trinkwasserversorgung und -qualität in Hamburg

Qualitätsziel ist die Deckung des Wasserbedarfs der Bevölkerung mit naturbelassenem Trinkwasser. Dazu muss das Grundwasser vor anthropogenen Einträgen geschützt werden.

Bis 2010 sollen deshalb:

- die ausgewiesenen Wasserschutzgebiete (94 Quadratkilometer) wirkungsvoll überwacht und die Notwendigkeit der Ausweisung eines weiteren Wasserschutzgebietes (Stellingen, 40 Quadratkilometer) geprüft werden
- die vorsorgeorientierte Flächenbewirtschaftung in der Landwirtschaft gefördert werden
- die besonderen Anforderungen in Wasserschutzgebieten zum Umgang mit wassergefährdenden Stoffen umgesetzt werden
- die Grenzwerte der Trinkwasserverordnung sowohl im Reinwasser als auch im geförderten Rohwasser (ausgenommen Eisen, Mangan) weiterhin unterschritten werden

Klimaschutz

Klimaschutz und Energie: übergreifende Ziele für Hamburg

Klimawandel und steigender weltweiter Energiebedarf stellen die derzeit größte umweltpolitische Herausforderung dar. Begründet ist die Klimaproblematik in der zunehmenden Konzentration so genannter Treibhausgase, vor allem des Kohlendioxids (CO_2), in der Erdatmosphäre durch zunehmende Verbrennung von Kohle, Öl, Erdgas und daraus hergestellten Produkten.

Auf der UN-Konferenz über Umwelt und Entwicklung 1992 in Rio de Janeiro ist die „Stabilisierung der Treibhausgaskonzentration auf einem Niveau" beschlossen worden, „auf dem eine gefährliche anthropogene Störung des Klimasystems verhindert wird". Dies erfordert eine schrittweise Verminderung der gesamten Treibhausgasemissionen um 50 Prozent bis zur Mitte des Jahrhunderts. Laut Klimaprotokoll von Kyoto sollen die Industrieländer ihre CO_2-Emissionen um 80 Prozent bis zur Mitte des Jahrhunderts vermindern und die Entwicklungsländer den Anstieg der Emissionen begrenzen.

Die Bundesregierung hat bereits 1990 beschlossen, die Verminderung der CO_2-Emissionen um 25 Prozent bis 2005 (auf der Basis von 1990) sowie die „Begrenzung und Minderung der übrigen Treibhausgase" anzustreben. Der Schlüssel zur Verminderung der Emissionen liegt in der Einsparung von Energie, in ihrer effizienten Bereitstellung sowie in der Nutzung erneuerbarer Energien.

Die Stromerzeugung mittels Atomenergie ist mit bedeutsamen Risiken verbunden. Im Sinne einer nachhaltigen, zukunftsfähigen Energiepolitik müssen daher Energieeinsparung, rationelle Energiebereitstellung und der verstärkte Einsatz erneuerbarer Energien mit dem Ausstieg aus der Atomenergie verknüpft werden. Die Grundvoraussetzungen für einen Ausstieg sind jetzt durch entsprechende Rahmenbedingungen auf Bundesebene geschaffen worden.

Ziele für Hamburg

Angestrebt wird zur Realisierung der Klimaschutzziele und einer Energieversorgung ohne Kernenergie langfristig:

- die Verminderung der CO_2-Emissionen der Industrieländer um 80 Prozent
- ein Anteil erneuerbarer Energien an der Energieerzeugung von 50 Prozent
- die vollständige Abschaltung der Kernkraftwerke

Hierzu werden bis 2010 die folgenden übergreifenden Ziele für Hamburg angestrebt:

- Ziele und Maßnahmen des Bundes werden im eigenen Bereich unterstützt
- Die CO_2-Emissionen werden bis 2005 durch Energieeinsparung und rationelle Energieerzeugung um 25 Prozent vermindert (das entspricht dem nationalen Zielwert, Bezugsjahr 1990)
- Der Anteil regenerativer Energien wird mindestens verdoppelt (Bezugsjahr 1998)
- Die vom Verkehr verursachten CO_2-Emissionen werden bis 2005 um 10–25 Prozent reduziert (Bezugsjahr 1990)
- Kernkraftwerke in der Umgebung Hamburgs werden abgeschaltet

Energieeinsparung

Einen nennenswerten Beitrag zur CO_2-Einsparung kann Hamburg aus eigener Kraft im Bereich der Haushalte leisten. Drei Viertel des Energieverbrauchs in privaten Haushalten gehen in die Beheizung von Räumen. In diesem Bereich besteht auch das größte Einsparpotenzial an Endenergie. Das durchschnittliche Hamburger Wohngebäude verbraucht 220 Kilowattstunden Heizwärme pro Quadratmeter und Jahr. Das entspricht einem Verbrauch von 22 Litern Heizöl (22-Liter-Haus), ein modernes Niedrigenergiehaus verbraucht lediglich 3 bis 7 Liter. Die Berücksichtigung energetischer Belange beim Bau und bei der Sanierung von Gebäuden muss deshalb höchste Priorität haben. Auf Initiative der Umweltbehörde haben sich daher 1998 die am Bau beteiligten Akteure – Planer, Architekten, Baugewerbe, Handwerk, Wohnungswirtschaft, Vermieter- und Mieterverbände, Ingenieure, Energieversorgungsunternehmen und Hochschulen – in der Initiative „Arbeit und Klimaschutz" zusammengeschlossen.

Im Laufe der kommenden Jahre soll das Energiemanagement für öffentliche Gebäude mit dem Ziel einer Einsparung von Heizenergie und Strom auf eine neue Grundlage gestellt werden. Bestandteile dieses Managements sind Beratung und Schulung, systematische Überwachung von Energieverbrauchsdaten, Vorgaben zur Einführung energiesparender Techniken, modellhafte, energiesparende Projekte sowie das Vertragswesen mit Versorgungsunternehmen.

Allein mit intensiverer Erfassung, Auswertung und Überwachung lässt sich der Heizenergieverbrauch um mindestens 5 Prozent verringern. Schon erzielte Erfolge beim Senken des Stromverbrauchs sind allerdings durch den Einzug des Computers in zahlreiche Lebens- und Verwaltungsbereiche wieder ausgeglichen worden.

Ziele für Hamburg

Arbeit und Klimaschutz

Das Ziel der Initiative „Arbeit und Klimaschutz" besteht darin, mit dem nächsten Modernisierungszyklus den Energieverbrauch und die damit verbundenen CO_2-Emissionen zu halbieren. Konkret soll der Durchschnittsverbrauch des Hamburger Gebäudebestandes an Heizwärme langfristig auf 11 Liter pro Quadratmeter und Jahr halbiert werden. Mittelfristig soll bis 2010:

- der Heizwärmebedarf im Gebäudebestand auf 18 Liter abgesenkt werden
- im Neubau die Niedrigenergiehaus-Bauweise (3 bis 7 Liter) zum Standard gemacht werden

Energiemanagement für öffentliche Gebäude

Das Handlungsziel im Bereich des Heizenergieverbrauchs der öffentlichen Gebäude ist, den Verbrauch bis 2010 um 15 bis 20 Prozent gegenüber 1998 zu senken.

Das Handlungsziel im Bereich Strom besteht darin, den Verbrauch desselben in den öffentlichen Gebäuden in den Bereichen Licht, Klima/Lüftung und Antriebe durch den Einsatz effizienter Techniken bezogen auf 1998 langfristig um ein Drittel zu senken. Bis 2010 sollen:

- der bisherige Trend des wachsenden Gesamtstromverbrauchs umgekehrt werden
- im Neubau Stromspartechniken zum Standard werden

Rationelle Bereitstellung von Energie

Die Kraft-Wärme-Kopplung ist eine bedeutende Technologie, die kurz- und mittelfristig einen wesentlichen Beitrag zur Energieeffizienz und damit zur rationellen Energienutzung leisten kann.

Bei der reinen Stromerzeugung in Kondensationskraftwerken gehen heute noch rund 60 Prozent der eingesetzten Energie als Abwärme verloren. Durch den Prozess der Kraft-Wärme-Kopplung, der gleichzeitigen Produktion von Strom und Heizwärme, lassen sich die Verluste auf rund 20 Prozent verringern.

Ziele für Hamburg

Mittelfristige Handlungsziele bis 2010 sind:

- Unterstützung des Ziels der Bundesregierung, den Beitrag der Kraft-Wärme-Kopplung gegenüber 1999 zu verdoppeln
- 450.000 Wohneinheiten sollen an die Fernwärmeversorgung angeschlossen sein
- Neuerrichtung von jährlich rund 30 Blockheizkraftwerk-Anlagen im gewerblichen und industriellen Bereich sowie in der Wohnungswirtschaft (entspricht jährlich circa 0,7 Megawatt (elektrisch))

Regenerative Energien

Regenerative (erneuerbare) Energieträger sind ebenso wie Energiesparen und rationelle Energiebereitstellung eine tragende Säule im zukunftsfähigen System der Energieversorgung und -nutzung. Regenerative Energien vermindern den Verbrauch an konventionellen Primärenergieträgern (Kohle, Gas, Öl, Uran) und tragen so dazu bei, diese nicht regenerierbaren Energieressourcen zu schonen und die CO_2-Emissionen zu verringern.

Heute kommt es darauf an, die regenerativen Energien zu erproben und ihre Markteinführung zu stützen. Wenn in der Zukunft die Potenziale für das Einsparen von Energie und die rationelle Energienutzung immer weiter erschlossen sind, müssen die erneuerbaren Energieträger zu Schrittmachern des weiteren Klimaschutzprozesses werden.

Ziele für Hamburg

Bis 2050 soll die Hälfte der Energieversorgung von den regenerativen Energien, namentlich Sonne, Wind, Wasser und Biomasse, getragen und sichergestellt werden.

Bis 2010 wird mindestens die Verdoppelung des erneuerbaren Anteils an der Primärenergie und an der Stromerzeugung in Hamburg gegenüber dem Stand von 1998 angestrebt.

- Solarthermie: Solarthermische Anlagen zur Warmwasserbereitung und Heizungsunterstützung sollen zum Standard bei Neubau und Modernisierung gehören. Der Marktanteil von Kombianlagen „Heizung + Solar“ soll bei erneuerten Anlagen 15 Prozent und im Neubaubereich 20 Prozent betragen.
- Windnutzung: Die installierte Leistung wird auf das 2,5fache gegenüber 1998 (50 Megawatt) gesteigert.
- Fotovoltaik: Ihre Leistung soll auf circa 5 Megawatt verdreifacht werden (Basis 1998).

Schutz der menschlichen Gesundheit

Schutz der menschlichen Gesundheit

In diesem Kapitel werden klassische Felder des Umweltschutzes wie Lärm, Radioaktivität und Luftqualität behandelt, bei denen Risiken bekannt, Schutzstandards zu halten oder teilweise erst zu erreichen sind.

Es beinhaltet aber auch Themen, bei denen die Sorge um die menschliche Gesundheit Auslöser für das öffentliche Interesse ist, deren Risikopotenzial aber bislang nicht gesichert beurteilt werden kann.

Luft

In der bodennahen Atmosphäre wirken erhöhte Konzentrationen von Ozon als Reizgas für die Atemwege und schädigen Pflanzen und Materialien. Vorläuferstoffe der Ozonbildung sind Stickstoffoxide (NO_x) und flüchtige organische Kohlenwasserstoffe (VOC).

Nur durch deutliche Absenkung der Emissionen dieser Stoffe, vor allem aus dem Kraftfahrzeugverkehr, kann einer hohen zusätzlichen Ozonbildung entgegengewirkt werden.

Für Luftschadstoffe mit Krebs erregender Wirkung und für inhalierbare feine Partikel in der Luft ohne Berücksichtigung der Inhaltsstoffe besteht das grundsätzliche Ziel, ihre Konzentrationen in der Umwelt so gering wie möglich zu halten.

In stark befahrenen Straßen mit angrenzender dichter Bebauung werden in Hamburg die Zielwerte für Benzol und Dieselruß generell deutlich überschritten. Lokal begrenzte Überschreitungen gibt es auch bei den industriell verursachten Staubinhaltsstoffen Arsen und Cadmium. Die Belastungen sind für fast alle Stoffe rückläufig, für Benzol seit Anfang des Jahres 2000 sogar stark.

Ziele für Hamburg

Bodennahes Ozon, Sommersmog

Langfristiges Qualitätsziel (Entwurf der EU-Tochterrichtlinie für Ozon) ist es, den Konzentrationswert von 120 Mikrogramm pro Kubikmeter als Mittelwert über 8 Stunden flächendeckend einzuhalten.

Die Vorläuferstoffe NO_x sowie VOC sollen bis 2010 um rund 70 bis 80 Prozent vermindert werden (Bezugsjahr 1990).

Partikel und kanzerogene Luftschadstoffe

Minimierung der Luftbelastung durch Partikel sowie durch Krebs erregende Luftschadstoffe.

- 1. Stufe: Einhaltung der Zielwerte des Länderausschusses für Immissionsschutz für ein Summenrisiko von 1 zu 2.500
- Langfristig: weitere Absenkung in Richtung Risikominimierung (Bagatellrisiko $1 \cdot 10^{-6}$ pro Einzelstoff)
- Einhaltung der Luftqualitätsziele der EU für Partikel mit einem Durchmesser von weniger als 10 Mikrometer (PM 10)

Es sollen alle Möglichkeiten ausgeschöpft werden, die Emissionen in allen Quellgruppen weiter zu verringern, besonders beim Kraftfahrzeugverkehr, den Hüttenbetrieben und Feuerungsanlagen.

Umweltchemikalien

Nach der weit gehenden Sanierung von Abluft, Abwasser und Abfall sind die Produkte inzwischen die Hauptemission der Industrie. Sie enthalten eine Vielzahl chemischer Stoffe (wie Weichmacher, Farbstoffe). Wesentliches Ziel einer integrierten Produktpolitik ist es, den Ressourcenverbrauch von Produkten zu verringern und gleichzeitig die Verwendung gefährlicher und umweltschädlicher Stoffe schrittweise zu reduzieren.

Die Aktivitäten der Umweltbehörde sowohl im Hinblick auf überregionale Initiativen als auch auf Umweltuntersuchungsprojekte konzentrieren sich vor allem auf Innenraumbelastung, Arzneimittel und endokrin (hormonell) wirksame Stoffe.

Ziele für Hamburg

Innenraumluft

Qualitätsziele:

- gesundheitlich unbedenkliche Konzentrationen von chemischen Stoffen in der Innenraumluft
- Minimierung der Gehalte von chemischen Stoffen in Hausstaubproben (in der Regel weniger als ein Milligramm pro Kilogramm Hausstaub, bei weit verbreiteten Stoffen weniger als 10 Milligramm pro Kilogramm Hausstaub)

Handlungsziele bis 2010:

- kontinuierliche Weiterentwicklung der Stoffbewertung (Verbreiterung der Stoffpalette und Ableitung weiterer Richtwerte) und Erstellung einer Relevanzreihe für die gesundheitlich relevanten Stoffe in der Innenraumluft und im Hausstaub
- Erarbeitung von Minderungsstrategien für die in Innenräumen relevanten Stoffe, von der Information (beispielsweise Umweltzeichen für Produkte) über Ersatzstoffe bis hin zum Einsatzverbot von Stoffen

Ziele für Hamburg

Arzneimittel in Umwelt und Trinkwasser

Arzneistoffe und deren Metaboliten sollen keine Auswirkungen auf die Umwelt haben und im Hamburger Trinkwasser nicht vorkommen.

Bis 2010 will sich die Umweltbehörde einsetzen für:

- die schnelle Umsetzung von Umweltprüfungen in Zulassungsverfahren für Arzneimittel und pharmakologisch wirksame Futtermittelzusatzstoffe
- die Erarbeitung und Umsetzung von bundeseinheitlichen Prüfwerten und eines bundesweit koordinierten Untersuchungsprogramms

Hormonell wirksame Umweltchemikalien

In Hamburger Gewässern sollen keine Umwelteinwirkungen aufgrund hormonell wirksamer Umweltchemikalien auftreten; aktuell wichtigster Parameter dabei ist Tributylzinn (Zielwerte siehe Naturhaushalt/Gewässerschutz).

Handlungsziel bis 2010:

- Ein kurzfristiges vollständiges Herstellungs- und Anwendungsverbot von organozinnhaltigen Schiffsanstrichen und Herstellungs- und Anwendungsverbote von identifizierten umweltrelevanten hormonell wirksamen Umweltchemikalien sollen erreicht werden
- Die Umweltbehörde will die Entwicklung und Erprobung biozidfreier – das heißt nicht nur organozinnfreier – Schiffsanstriche fördern

Lärmschutz

Die dominierende Geräuschquelle für den überwiegenden Teil der lärmbetroffenen Bevölkerung ist der Straßenverkehr. Ab Einwirkung eines Dauerschallpegels von 65 Dezibel sind gesundheitliche Risiken und Schäden durch eine Zunahme des Herzinfarktrisikos nicht mehr auszuschließen.

Neuere Untersuchungen in Hamburg haben ergeben, dass allein an den Hauptverkehrsstraßen (das sind Straßen mit einer Verkehrsbelastung von über 15.000 Fahrzeugen pro Tag), circa 7 Prozent der Hamburger Wohnbevölkerung dort Dauerschallpegeln über 65 Dezibel ausgesetzt sind.

Der Flugverkehr steht an zweiter Stelle in der Rangfolge der bedeutenden Lärmquellen, obwohl er in Deutschland lediglich knapp 3 Prozent zur Personenbeförderungsleistung beiträgt.

Seit 1980 haben die Flugbewegungen am Flughafen Hamburg um rund 50.000 auf 152.000 zugenommen. Ein weiterer Anstieg um knapp 50.000 Flugbewegungen wird bis zum Jahre 2010 erwartet.

Ziele für Hamburg

Straßenverkehrslärm

Qualitätsziel: Es sollen ruhige Wohnverhältnisse und ruhigere Verhältnisse in schutzwürdigen Gebieten geschaffen und gesichert werden. Dazu sollen die Dauerschallpegel am Tage unter 55 Dezibel und in der Nacht unter 45 Dezibel liegen.

Handlungsziel bis 2010 ist die Lärmsanierung mit dem Ziel, dass die Hamburger Bevölkerung keinen Dauerschallpegeln oberhalb 65 Dezibel ausgesetzt sein soll. Höchste Priorität haben die Straßen und Gebiete, in denen die relativ meisten Menschen vom größten Lärm betroffen sind.

Fluglärm

Ein Anstieg der Lärmbelastungen soll trotz zunehmender Zahl von Flugbewegungen verhindert werden mit Hilfe der eingeführten Obergrenze der Lärmbelastung (Lärmkontingent) sowie durch Freihalten stark belasteter Flächen von zusätzlicher Wohnbebauung. Bis 2010 werden unter anderem die Einführung beziehungsweise stärkere Differenzierung von emissionsabhängigen Landeentgelten und die Einschränkung von Flugbewegungen in den Tagesrandzeiten und der Nacht angestrebt.

Strahlenschutz

Ionisierende Strahlung und Radioaktivität gehören wegen der mit ihnen verbundenen Gefahren heute zu den Risikofaktoren in der Umwelt, die am besten untersucht sind.

Bezüglich nichtionisierender Strahlung hat die Zahl und Vielfalt der Quellen elektromagnetischer Felder (EMF) mit der Durchdringung unserer Lebensumwelt durch die Informationstechnologie in einem noch nie da gewesenen Ausmaß zugenommen.

In Hamburg sind in den letzten beiden Jahren jährlich etwa 100 Standorte von Mobilfunkbasisstationen neu errichtet worden. Gleichzeitig lösen diese Technologien Bedenken über mögliche gesundheitliche Gefahren aus. Die tatsächliche Belastung der Bevölkerung in der Bundesrepublik ist niedrig im Vergleich zu den festgelegten Grenzwerten.

Ziele für Hamburg

Radioaktivität und ionisierende Strahlung

Übergreifende Ziele sind, dass die menschliche Gesundheit durch Radioaktivität und ionisierende Strahlung in der Umwelt nicht beeinträchtigt wird und der Betrieb von Atomkraftwerken beendet wird.

Nichtionisierende Strahlung, elektromagnetische Felder

Die menschliche Gesundheit soll durch die Einwirkung elektromagnetischer Felder nicht beeinträchtigt werden.

Kommunale Lebensqualität

Kommunale Lebensqualität

Die Handlungsfelder Grünflächenvernetzung, Spielraum Stadt, Freizeit und Erholung, Badegewässer, ökologische Pflege und Entwicklung des Grüns sowie Stadtteilpflege zeigen unterschiedliche Wege zu einer besseren grünen Infrastruktur und einer höheren Lebensqualität in den Quartieren auf. Räumliche Schwerpunkte sind die Gebiete der sozialen Stadtteilentwicklung.

Vernetzung von Grünflächen und Kleingärten

Naturschutzgebiete und Wälder, aber auch die rund 3.000 Hektar Parkanlagen, 2.000 Hektar Kleingärten und 930 Hektar Friedhöfe machen Hamburg zu einer grünen Stadt. Viele Grünflächen sind entlang von Gewässern (Elbe, Alster, Wandse, Bille) oder als Großparks angelegt worden, so dass grüne Landschaftsachsen und Ringe entstanden sind. Sie verbinden Waldflächen, Naturschutzgebiete und führen in landwirtschaftliche Nutzflächen in den Feldmarken. Viele Park- und Grünanlagen liegen im Westen der Stadt, die dicht besiedelten inneren Stadtbezirke sind demgegenüber zum Teil erheblich unterversorgt.

Neben der Versorgung ist aber auch die räumliche und funktionale Verknüpfung von Bedeutung. Wenn man im Grünen von Park zu Park wandern kann und der Weg zum Park bereits entspannend ist, dann können auch kleine Flächen schon der Erholung dienen. Durch bessere Verknüpfung mit benachbarten Parkanlagen und mit grüneren Stadtteilen werden besonders in den verdichteten Stadtteilen Defizite abgebaut.

Ziele für Hamburg

Grünflächenvernetzung

Langfristig sollen die miteinander vernetzten Grünflächen und Parks auf kurzen Wegen zu erreichen sein. Die Lebensqualität in benachteiligten Stadtteilen soll sich durch eine Verbesserung der Grünausstattung nachhaltig steigern. Pro Einwohner werden deshalb mindestens 13 Quadratmeter Grünfläche zur Verfügung stehen. 80 Prozent der Bevölkerung sollen in weniger als 15 Minuten eine Grünfläche zu Fuß erreichen können.

Dies soll langfristig erreicht werden durch die Grünflächenvernetzung, insbesondere für die „HafenCity" und die östliche Innenstadt, den „Zweiten Grünen Ring", eine grüne Achse „Von Stadtpark zu Stadtpark", für die Alster, „Planten un Blomen", den Alten Elbpark sowie für die Elbe. Bis 2010 sollen unter anderem in mindestens zehn Stadtquartieren Beteiligungsverfahren stattfinden und Entwicklungspläne aufgestellt werden.

Kleingärten

Der Bevölkerung, insbesondere den älteren Menschen und Familien mit Kindern, sollen zur Erholung in der Stadt wohnungsnahe städtische (Klein-)Gärten angeboten werden: Der Bestand von 13 Quadratmeter Bruttokleingartenfläche pro Einwohner muss dazu dauerhaft gesichert werden und Kleingärten müssen in höchstens 15 bis 30 Minuten Fuß- oder Radweg von Geschosswohnungen aus erreichbar sein.

Bis 2010 will die Umweltbehörde erreichen, dass:

- das Liefersoll der Stadt gegenüber dem Landesbund der Gartenfreunde abgebaut ist
- der Stadtpark Eimsbüttel Realität ist
- 20 Prozent der Kleingartenanlagen Kleingartenparks sind
- innenstadtnahe Kleingärten (innerhalb und im Verlauf des „Zweiten Grünen Ringes") planrechtlich gesichert sind

Spielraum Stadt

In Hamburg gibt es 724 öffentliche Spielplätze mit einer Gesamtfläche von 256 Hektar. Der städtebauliche Richtwert von 1,5 Quadratmetern pro Einwohner ist inzwischen erreicht. Sehr unterschiedlich ist aber die Verteilung dieser Spielplätze in der Stadt. In verdichteten Innenstadtbereichen und benachteiligten Stadtvierteln gibt es erhebliche Defizite.

Andererseits haben sich aber auch die Erwartungen von Jugendlichen und Kindern an die Spielräume verändert. Diese Probleme werden mit der Konzeption „Spielraum Stadt" aufgegriffen. In einem Beteiligungs- und Planungsprozess mit Kindern, Jugendlichen, Initiativen und Vereinen werden die Spielräume attraktiver gemacht. Die Quartiere sollen als Spielräume überplant und entwickelt werden. Die unterversorgten Stadtgebiete haben Vorrang.

Ziele für Hamburg

Kindern und Jugendlichen sollen wohnungsnahe Freiflächen zur Verfügung stehen, die ihren Lebensbedürfnissen entsprechen. Dazu müssen unter anderem 1,5 Quadratmeter öffentliche Spielplatzfläche pro Einwohner vorhanden sein. Dies gilt im Durchschnitt der Stadt und der Bezirke, besonders in den verdichteten Innenstadtbereichen, und muss vorrangig in den Fördergebieten der sozialen Stadtteilentwicklung erreicht werden. Die Spielplätze und -angebote sollen mindestens 3.000 Quadratmeter groß sein und ein vielseitiges Angebot für alle Altersgruppen haben. Von jeder Wohnung aus soll nach spätestens 400 Metern ein Spielplatz oder Spielangebot erreicht werden können.

Ziele bis 2010:

- Auf allen vor 1985 erbauten Spielplatzflächen soll das Angebot aktualisiert und verbessert worden sein
- Für 20 benachteiligte Stadtquartiere sollen Konzepte zur Verbesserung der Situation erarbeitet und umgesetzt werden; bei einem jährlichen Ansatz von zwei neuen Gebieten müssen dabei vorrangig die Fördergebiete der sozialen Stadtteilentwicklung berücksichtigt werden

Freizeit und Erholung

Die Angebote für Freizeit und Erholung sind im Hamburger Stadtgebiet sehr ungleich verteilt. Während in den innenstadtnahen Bereichen flächenbezogene Angebote fehlen und anlagenbezogene überwiegen, ist die Situation am Stadtrand umgekehrt.

Untersuchungen zu Freizeitverhalten und -bedürfnissen von Stadtbewohnern zeigen, dass das öffentliche Grün in seiner Bedeutung an oberster Stelle steht. Dabei müssen sich die Freizeitangebote an den konkreten Bedürfnissen und den aktuellen Trends ausrichten. Erholung ist für viele nicht mehr das alleinige Ziel, vielmehr geht der Trend zu einer aktiveren Freizeitgestaltung wie Jogging, Fitness und Inlineskating.

Ziele für Hamburg

Langfristig soll erreicht werden, dass alle Altersgruppen und sozialen Gruppen ausreichende und hochwertige Freizeit- und Erholungsangebote im Hamburger Grün vorfinden. Die Versorgung mit Erholungs- und Freizeitangeboten soll dabei in allen Hamburger Stadtgebieten gleichwertig und bedarfsgerecht sein.

Bis 2010 sollen beispielsweise:

- für die überregional bedeutsamen Parkanlagen Freizeitentwicklungskonzepte erstellt werden
- die Möglichkeiten Fahrrad zu fahren verbessert werden durch die Entwicklung eines Radwanderwegenetzes mit Karte, das Schließen von Lücken in Rad- und Wanderwegen (zum Beispiel mit dem Radweg Övelgönne und zwischen Entenwerder und Deichtor) sowie durch ein Radwegekonzept für die Grünflächen

Badegewässer

Baden in natürlichen Gewässern gehört zu den bevorzugten Freizeitvergnügen und bedeutet ein Stück Lebensqualität. Bevor ein Badegewässer ausgewiesen werden kann, müssen verschiedene Qualitätsanforderungen erfüllt sein.

Diese sind in der EG-Richtlinie über die Qualität der Badegewässer von 1975 und deren Umsetzung in der Hamburgischen Verordnung über Badegewässer von 1990 geregelt. Schutzziel der Vorschriften ist die menschliche Gesundheit. In Hamburg, einschließlich der Insel Neuwerk, sind 18 Badestellen an insgesamt 14 verschiedenen Gewässern ausgewiesen, die regelmäßig auf ihre Eignung als EG-Badegewässer überprüft werden.

Ziele für Hamburg

Die Richtwerte der EG-Richtlinie sollen in allen Hamburger Badegewässern eingehalten werden. Zum Schutz der menschlichen Gesundheit und zum Gewässerschutz gelten folgende Grenz- und Richtwerte (EG-Richtlinie 76/160/EWG):

Parameter	Richtwert	Grenzwert
Gesamtcoliforme Bakterien	500/100 ml	10.000/100 ml
Fäkalcoliforme Bakterien	100/100 ml	2.000/100 ml

Ziele bis 2010:

- Die Bade- und Freizeitnutzung einzelner Gewässer soll durch Sanierung und Restaurierung gesichert werden; erste Priorität haben der Öjendorfer See, der Eichbaumsee und der Hohendeicher See
- Die Grenzwerte der EG-Richtlinie beziehungsweise der Hamburgischen Verordnung sollen in allen Badegewässern und die Richtwerte in der Hälfte aller Badegewässer eingehalten werden

Ökologische Pflege und Entwicklung des öffentlichen Grüns

Wälder und andere öffentliche Grünflächen haben einen hohen Stellenwert auch für die Stadtökologie. Sie bieten vielfältigen Lebensraum für Pflanzen und Tiere und verbessern als Staub-, Abgas- und Lärmfilter das Stadtklima. Voraussetzungen sind ein gesunder Boden und vitale standortgerechte Vegetationsbestände.

Ein Schwerpunkt liegt im Schutz und Erhalt des wertvollen Baumbestandes. Positiv wirkt sich die Umwandlung überalterter und monostrukturierter Bestände in mehrschichtige, standortgerechte Waldparkbestände aus. Die Schadensentwicklung konnte gestoppt werden. Künftig soll zusätzlich ein Konzept für eine ökologisch orientierte Pflege der Parks auch außerhalb der Wald- und Gehölzbestände erarbeitet werden.

Ziele für Hamburg

Ziel ist ein stabiler Gesundheitszustand von Boden und Vegetation.

Bis 2010 wird unter anderem angestrebt, dass:

- für 20 bedeutende Parks Pflege- und Entwicklungspläne mit aufeinander abgestimmten sozialen, ökologischen, gestalterischen und denkmalpflegerischen Zielen aufgestellt werden
- die Steuerungsinstrumente „digitales Straßenbaumkataster“ und „digitales Grünflächeninformationssystem“ vollständig eingeführt werden

Stadtteilpflege

Das Erscheinungsbild der Stadt bewegt die Bürgerinnen und Bürger in zunehmendem Maße. Ungepflegte Flächen und Bauwerke sowie Verschmutzungen im öffentlichen Raum beeinträchtigen die Lebensqualität.

Die Umweltbehörde unterstützt mit dem Sonderprogramm „Stadtteilpflege“ die Verbesserung der Lebensbedingungen in Gebieten der sozialen Stadtteilentwicklung. Dabei gilt es auch, in der Bevölkerung das Bewusstsein der eigenen Verantwortung für ein gepflegtes Wohnumfeld zu fördern.

Ziele für Hamburg

Die Stadt erfreut sich einer nachhaltigen augenscheinlichen Sauberkeit, auch in den Fördergebieten der sozialen Stadtteilentwicklung.

Dazu soll bis 2010 zum Beispiel erreicht werden:

- dass die Fahrbahnen und von der Stadtreinigung Hamburg zu reinigenden Gehwege – einschließlich der in diesen Bereichen vorhandenen Begleitgrünflächen – aus einer Hand gereinigt werden
- dass in Kooperation mit örtlichen Trägern den Bürgerinnen und Bürgern vorrangig in den Fördergebieten der sozialen Stadtteilentwicklung Stadtteilpflegeprojekte stattfinden

QUELLENANGABEN

Die Umweltbehörde ist immer dann Quelle der Karten, Grafiken, Tabellen und Einzeldaten, wenn im Text hierzu keine weiteren Angaben gemacht werden.

DRUCK

von Stern'sche Druckerei GmbH & Co KG
100 % Recyclingpapier, Druckfarben mit Bindemitteln aus nachwachsenden Rohstoffen

ANMERKUNGEN ZUR VERTEILUNG

Diese Druckschrift wird im Rahmen der Öffentlichkeitsarbeit des Senats der Freien und Hansestadt Hamburg herausgegeben. Sie darf weder von Parteien noch von Wahlwerbern oder Wahlhelfern während eines Wahlkampfes zum Zwecke der Wahlwerbung verwendet werden. Dies gilt für Bürgerschafts-, Bundestags- und Europawahlen sowie die Wahlen zur Bezirksversammlung.

Missbräuchlich ist insbesondere die Verteilung auf Wahlveranstaltungen, an Informationsständen der Parteien sowie das Einlegen, Aufdrucken oder Aufkleben parteipolitischer Informationen oder Werbemittel. Untersagt ist gleichfalls die Weitergabe an Dritte zum Zwecke der Wahlwerbung.

Auch ohne zeitlichen Bezug zu einer bevorstehenden Wahl darf die Druckschrift nicht in einer Weise verwendet werden, die als Parteinahme der Landesregierung zugunsten einzelner politischer Gruppen verstanden werden könnte.

Die genannten Beschränkungen gelten unabhängig davon, wann, auf welchem Weg und in welcher Anzahl diese Druckschrift dem Empfänger zugegangen ist.

Schutzgebühr DM 10,-